ゼロからはじめる 3種

冷凍試験

オーム社 編

改訂3版

まえがき

現在の社会では，冷凍機を使った冷凍技術が全産業のあらゆる部門に活用されています．冷凍機は，冷媒ガスを高圧に圧縮して液化し，そして蒸発させて空気や水を冷却の仕事を行い，高圧ガスの製造を行っているため，高圧ガス保安法に適応した運転をしなければなりません．そのため，冷凍機械責任者の国家資格があります．

冷凍機械責任者の資格には，取り扱う冷凍設備の監督できる職務の範囲から第一種，第二種，第三種に分けられます．第三種冷凍機械責任者（三冷）は，1日の冷凍能力が100冷凍トン未満までの冷凍設備の運転・保安ができる資格です．

本書は，はじめて第三種冷凍機械責任者の国家資格の取得を目指す皆さんが，容易に理解できるように，基本的な事項から合格に内容を盛り込んでいます．

＜本書の特徴＞

・試験問題は，過去の文章の一部を変更した出題が多く，例えば，温度が上昇したという記述が温度が下降したと変更するような出題です．そこで，本書中の文書は過去の国家試験問題の記述を多く取り入れるようにしています（過去問題を熟読し理解しようとする試みです）．

・各テーマの終わりの例題では過去問題を使用しています．解けるまで何度もくり返し，本書を読み返し学習してください．

・各章には，随所にPointのマークやコラム欄を設け，重点説明，用語などの解説，まとめなどの補足説明を加え，理解を深める工夫をしています．

・図や表を多く挿入し，目で見てもわかりやすいようにしています．

応用産業分野における急速な冷凍技術の発展にともない，必要な有資格者が不足している現状の中で，ぜひ，本書により一人でも多く方がこの資格を取得し，冷凍保安責任者として，公共の安全と保安の先端に立っていただきたいと心から願っています．

2023年4月

オーム社編集局

目　次

受験ガイダンス

1-1　三冷とは …… 1
1-2　受験ガイド …… 3

第１編　保安管理技術

第１章　冷凍の基本的事項 …… 10
1-1　熱の基本的事項Ⅰ（温度，潜熱と顕熱）…… 10
1-2　熱の基本的事項Ⅱ（熱の移動）…… 17
1-3　冷凍機の原理 …… 24
1-4　p-h 線図と冷凍サイクル …… 29

第２章　冷媒およびブライン …… 48
2-1　冷　媒 …… 48
2-2　冷凍機油（潤滑油）およびブライン …… 56

第３章　圧縮機 …… 61
3-1　圧縮機の種類と構造 …… 61
3-2　圧縮機の性能（往復圧縮機）…… 67
3-3　圧縮機の運転と保守 …… 74

第４章　凝縮器 …… 83
4-1　凝縮器の凝縮負荷と伝熱作用 …… 83
4-2　凝縮器の種類 …… 87
4-3　凝縮器の保安管理 …… 95

第５章　蒸発器 …… 99
5-1　蒸発器の種類 …… 99
5-2　着霜，除霜（デフロスト）および凍結防止 …… 108

第6章　附属機器 …… 112
6-1　受液器（レシーバ） …… 112
6-2　油分離器（オイルセパレータ） …… 113
6-3　液分離器（アキュムレータ） …… 114
6-4　液ガス熱交換器 …… 115
6-5　リキッドフィルタ，サクションストレーナ …… 116
6-6　ドライヤ（乾燥器） …… 116
6-7　サイトグラス …… 117

第7章　自動制御機器 …… 121
7-1　自動膨張弁 …… 121
7-2　圧力調整弁，圧力スイッチおよび電磁弁など …… 129

第8章　冷媒配管 …… 137
8-1　冷媒配管の基本 …… 137
8-2　冷媒配管の施工 …… 142

第9章　安全装置 …… 150

第10章　機器の材料および圧力容器 …… 159
10-1　材料力学の基礎 …… 159
10-2　圧力容器の強さ …… 166

第11章　据付けおよび試験 …… 172
11-1　機器の据付け …… 172
11-2　圧力試験 …… 173
11-3　試運転 …… 177

第12章　冷凍装置の運転と状態 …… 182
12-1　冷凍装置の運転 …… 182
12-2　冷凍装置の運転状態の変化 …… 185
12-3　運転時の点検 …… 187

第 13 章　冷凍装置の保守管理 ……………………………… **191**

第２編　法　令

第 1 章　高圧ガス保安法の目的・定義 ……………………… **200**
1-1　高圧ガス製造と高圧ガス保安法の目的 ……………… 200
1-2　高圧ガスの定義と適用除外 ……………………………… 203
1-3　冷凍保安規則における用語の定義と冷凍能力 ……… 208

第 2 章　事　業 ……………………………………………………… **212**
2-1　高圧ガス製造の許可と届出 ……………………………… 212
2-2　高圧ガスの貯蔵 ……………………………………………… 217
2-3　高圧ガスの販売，消費および機器の製造 …………… 223
2-4　第一種製造者の法的規制Ⅰ（許可および施設の変更）… 226
2-5　第一種製造者の法的規制Ⅱ（完成検査）……………… 231
2-6　第二種製造者の法的規制 ………………………………… 235
2-7　定置式製造設備に係る技術上の基準 ………………… 238
2-8　製造方法に係る技術上の基準 …………………………… 249
2-9　高圧ガスの移動・廃棄 …………………………………… 253
2-10　指定設備 …………………………………………………… 259

第 3 章　保　安 ……………………………………………………… **263**
3-1　危害予防規程と保安教育 ………………………………… 263
3-2　冷凍保安責任者 ……………………………………………… 268
3-3　保安検査および定期自主検査 …………………………… 273
3-4　危険時の措置，事故届および帳簿 ……………………… 284

第 4 章　容器等 ……………………………………………………… **289**
4-1　容器検査等 …………………………………………………… 289
4-2　容器の刻印等および表示 ………………………………… 296

索　引 ……………………………………………………………………300

受験ガイダンス

1-1　三冷とは

1　冷凍機の用途

三冷とは，第三種冷凍機械責任者免状のことで，高圧ガス保安法（昭和 26 年法律第 204 号）によって決められた冷凍機の運転を行うための国家試験資格である．

冷凍機は，冷凍食品の製造，保管のための倉庫，コンビニエンスストア，スーパーマーケットのショーケースはもちろん，魚や食肉の流通基地における大型保管倉庫など，私たちの食生活に欠かせない食品流通産業に膨大な数が使用されている．

家庭では，冷蔵庫以外にルームエアコンがある．冷凍機はルームエアコンなどの空調機の心臓部であり，住宅から事務所，店舗，中・大型ビルディング，劇場，学校，病院，遊技場，地下街，工場など，あらゆるところに使われている．

住関係以外にも，スケートリンクは人工リンクがほとんどであり，大容量の冷凍機がその氷を支えている．また，水族館，動物園などの環境調節用にも数多く使われている．

産業用では，こんなところにもと思うほどの用途に使われているのが冷凍機で，私たちの目にとまらないところで大きな力を果たし，社会に貢献している．たとえば，電子部品生産や精密工作，無菌室などのクリーンルームに必要な機器設備である．

このように，あげれば数限りない冷凍機の応用はまだまだ広がっていくだろう．

2　冷凍機の法規制

冷凍機は，冷媒ガスを高圧に圧縮し，液化し，蒸発させることによって冷却，冷凍の仕事をさせ，ここに冷媒ガスを循環連続使用のために再圧縮する，いわゆる高圧ガスの製造を行っている（高圧ガスの製造とは，圧力や状態を変化させ高圧ガスを製造することや高圧ガスを容器に充填することをいい，一般的な製造とは定義が異なる）．冷凍機が運転されている間は常に高圧ガスの製造が行われており，そこには高圧力と冷媒ガスの存在という二つの危険をともなっている．

このため，高圧ガス保安法によって冷凍の保安に関する取決めを行っている．冷凍装置を運転するには，冷凍技術をもつ有資格者（冷凍機械責任者）が行わなければならない．

3　冷凍機械責任者免状

高圧ガス製造は三つの設備能力（その事業所の冷凍トン）の大きさの段階によって，それぞれ第一種，第二種，第三種の冷凍機械責任者免状を交付し，その設備の保安責任者を選任することを義務づけている．

第三種冷凍機械責任者免状の所有者は，1日の冷凍能力が100冷凍トン（386.1 kW）未満までのあらゆる冷凍設備の運転，保安を行うことができ，また，高圧ガスを製造しようとする事業所は，これら資格を所有した者などを必要とする．

したがって，この第三種冷凍機械責任者免状をもつことは，かなり大きな設備の冷凍保安や，冷凍工事の仕事を行うライセンスともなる．

先にも述べたように，冷凍の分野は広がる一方で，ライセンス所有者はどこでも引っ張りだこである．

この三冷の免状を取得するためにはどうすればよいか．それには，毎年行われる国家試験があり，この試験に合格することである．合格後すぐに免状が交付される．就職後所定の冷凍機の運転に従事して1年以上の経験で，冷凍保安責任者に選任されることができる．

このように，三冷の免状は，隠れたグッドライセンスである．本書で効率よく学習し，試験に合格すれば，あなたも簡単にこのグッドライセンス“三冷”を取得することができるのである．

1-2 受験ガイド

1 免状の種類とその職務の範囲

冷凍機械責任者免状には，第一種冷凍機械責任者免状，第二種冷凍機械責任者免状，第三種冷凍機械責任者免状の 3 種類があり，その監督できる職務の範囲は表 1.1 のとおりである.

表 1.1 製造保安責任者免状の種類による職務の範囲

製造保安責任者免状の種類	職務の範囲
第一種冷凍機械責任者免状	製造施設における製造に係る保安
第二種冷凍機械責任者免状	1 日の冷凍能力が 300 トン未満の製造施設における製造に係る保安
第三種冷凍機械責任者免状	1 日の冷凍能力が 100 トン未満の製造施設における製造に係る保安

※第一種冷凍機械責任者免状を所有していれば，すべての冷凍設備の製造保安責任者として，その設備の監督をすることができ，第二種，第三種の免状の場合は，それぞれの設備能力（その事業所の冷凍トン）により職務を行うことができる範囲が限定されている.

2 受験資格

冷凍機械責任者の受験資格はとくに定められていないので，学歴，年齢，実務経験などによらず，受験が可能である.

3 試験の科目

高圧ガス製造保安責任者試験（冷凍機械責任者）は，筆記による学科試験（五肢択一）で，試験科目とその範囲は表 1.2 のように実施される.

この試験科目は法令，保安管理技術，学識の 3 種類となっているが，第三種には学識科目はなくて保安管理技術科目で，冷凍機の運転に必要な理論，保安管理技術全般についての出題となっている.

Ch.1
Ch.2
Ch.3
Ch.4
Ch.5
Ch.6
Ch.7
Ch.8
Ch.9
Ch.10
Ch.11
Ch.12
Ch.13

受験ガイダンス

表 1.2　試験科目

製造保安責任者免状の種類	試験科目		
	法　令	保安管理技術	学　識
第一種冷凍機械責任者免状	高圧ガス保安法に係る法令	冷凍のための高圧ガスの製造に必要な高度の保安管理の技術	冷凍のための高圧ガスの製造に必要な通常の応用化学および機械工学
第二種冷凍機械責任者免状	同　上	冷凍のための高圧ガスの製造に必要な通常の保安管理の技術	冷凍のための高圧ガスの製造に必要な基礎的な応用化学および機械工学
第三種冷凍機械責任者免状	同　上	冷凍のための高圧ガスの製造に必要な初歩的な保安管理の技術	—
出題数（三冷）	20 問	15 問	
試験時間（三冷）	60 分	90 分	

4　出題形式

冷凍機械責任者試験の出題形式は，五つの選択肢の中で正解を一つ選ぶ五肢択一式である．ただし，冷凍機械責任者試験の場合は，通常の五肢択一式の出題形式とは多少異なり複雑になっている．

第三種冷凍機械責任者の保安管理士試験の問題は，次のように出題される．

次の各問について，正しいと思われる最も適切な答をその問の下に掲げてある（1），（2），（3），（4），（5）の選択肢の中から 1 個選びなさい．

問 1　次のイ，ロ，ハ，ニの記述のうち，冷凍の原理について正しいものはどれか．

イ．圧縮機で圧縮された冷媒ガスを冷却して液化させる装置が，凝縮器である．

ロ．蒸発器では，冷媒液が周囲から熱のエネルギーを受け入れて蒸発し，周囲の物質を冷却する．

ハ．高圧の冷媒液が膨張弁を通過するとき，弁の絞り抵抗により圧力は下がるが，比エンタルピーが一定で状態変化する．これを絞り膨張と呼んでいる．

ニ．蒸発器の冷却能力を冷凍装置の冷凍能力といい，その値は凝縮器の凝縮負荷に圧縮機の軸動力を加えたものに等しい．

（1）イ，ロ　（2）イ，ニ　（3）ハ，ニ　（4）イ，ロ，ハ　（5）ロ，ハ，ニ

このように，設問イ～ニの記述で正しいものだけを選択し，その選択した組合せを解答欄（1)～(5）の中から1個選ぶことになる.

具体的には，設問の正誤は，イの記述（正），ロの記述（正），ハの記述（正），ニの記述（誤）より，設問記述で正しいのはイ，ロ，ハの組合せとなるので，解答欄の（4）が正解となる.

したがって，解答用紙のマークシート番号（4）の枠内を鉛筆（HB）で塗りつぶすことになる（マークシート方式).

5　合格基準（全科目受験方式）

合格基準は，法令，保安管理技術の両科目について，それぞれ正答率が60点（60%）以上が必要である．つまり，法令では20問中12問，保安管理技術では，15問中9問以上正解しなければ合格できない．したがって，2科目のうち，1科目でも60%未満のものがあると不合格となる.

例えば，法令が，20問中20問の全問を正解（100%）しても，保安管理技術で15問中8問（53%）の正解では，2科目平均76%以上でも不合格となる.

6　受験方式

冷凍機械責任者試験の受験方式には，次の2種類がある.

(1)　全科目受験方式

第三種の場合は，法令，保安管理技術の2科目とも国家試験で受験する方式である.

(2)　一部科目免除受験方式

高圧ガス保安協会が行う技術検定試験に合格した人が，国家試験で法令のみを受験する方式である.

表1.3　科目免除の内容

試験の種類（略称で表記）	試験科目		
	法　令	保安管理技術	学　識
第一種冷凍機械	受験	免除	免除
第二種冷凍機械	受験	免除	免除
第三種冷凍機械	受験	免除	―

7　技術検定試験（高圧ガス保安協会の行う講習）

高圧ガス保安協会が行う講習を受講し技術検定（法令を除く）に合格すると，講習終了者として試験科目一部免除の制度がある．また，この試験科目の一部免除は失効することはない．

(1)　受験資格

受験資格はとくに制限がなく，国籍，性別，年齢，学歴を問わない．

(2)　講習科目

表 1.4　高圧ガス保安協会の行う講習内容

講習の種類	講習科目		
	法　令	保安管理技術	学　識
第一種冷凍機械責任者講習	高圧ガス保安法に係る法令	冷凍のための高圧ガスの製造に必要な高度の保安管理の技術	冷凍のための高圧ガスの製造に必要な通常の応用化学および機械工学
第二種冷凍機械責任者講習	同　上	冷凍のための高圧ガスの製造に必要な通常の保安管理の技術	冷凍のための高圧ガスの製造に必要な基礎的な応用化学および機械工学
第三種冷凍機械責任者講習	同　上	冷凍のための高圧ガスの製造に必要な初歩的な保安管理の技術	—

表 1.5　講習会の頻度

講習の種類と名称	頻　度	日　数	時　期
第一種冷凍機械責任者講習	年 1 回	3 日間	5 ～ 6 月
第二種冷凍機械責任者講習	年 2 回	3 日間	2 ～ 3 月および 5 ～ 6 月
第三種冷凍機械責任者講習	年 2 回	3 日間	2 ～ 3 月および 5 ～ 6 月

検定試験では，法令は実施しないが，3 日間の講義を受講しないと，検定試験を受検できないことに注意する．

(3)　検定試験

・第一種，第二種

下記の 2 科目のみ実施＜法令は実施しない＞

○保安管理技術　　○学　　識

・第三種

下記の 1 科目のみ実施＜法令は実施しない＞

○保安管理技術

(4) 技術検定の申込み

検定試験を受けるときは，講習の1か月くらい前までに高圧ガス保安協会または関係団体に，高圧ガス保安協会講習および技術検定の申込みを行うこと．

8 国家試験を受けるための手続きと必要書類

試験は各種類ごとに毎年1回以上行われることになっているが，毎年11月の第2日曜日に実施されることが多い．

第三種冷凍の受験手続きに必要な書類は次のものがある．

○製造保安責任者試験受験願書

○受験票写真

① 受験票に貼付する写真の規格

・縦4.5 cm×横3.5 cmの大きさのもの（パスポート用写真と同じサイズ）

・願書提出の6か月前以降に撮影されたもの（カラー・白黒のいずれでも可）

・無帽で正面を向いた上半身像（肩口までで，その大きさは写真貼付欄を目安とする）のもので，本人とすぐ判別できる鮮明なもの

・背景（影を含む）がないもの

注） 規格外の写真，不鮮明な写真および写真のコピーなどを受験票に貼付している場合には受験できない．

② 写真裏面への記載事項など

写真裏面に氏名，生年月日および試験の種類を自署し，受験票の撮影年月日欄に撮影した日付を記入したものを貼付する．

なお，科目免除の申請をしようとする者は，このほかに高圧ガス保安協会講習修了証または，その写しを添付すること．

9 試験願書の配布・受付期間

受験願書などは7月中旬頃，高圧ガス保安協会などで配布され，願書の受付期間は，毎年8月下旬～9月上旬頃である．

10 受験願書提出先（試験担当事務所）

提出期限は，試験日の2か月ぐらい前に公報などによって発表されるが，念のために8月頃には願書提出先の各試験事務所に問い合わせるなど，早めに確認をすること．なお，インターネットでの出願もできる．

試験事務のすべては高圧ガス保安協会が行っているので，高圧ガス保安協会のホームページなどで確認する．

高圧ガス保安協会試験センター

URL：https://www.khk.or.jp/

11　試験結果の発表

第三種冷凍機械責任者試験合格者の発表は，翌年の1月初旬頃に行われ，試験後，約2か月で合否通知がくる．

12　国家試験受験状況

受験者は毎年8 000人程度で，合格率はその年度によっても多少異なるが，ほぼ40～50%となっている．

13　免状交付

冷凍機械責任者免状に係る製造保安責任者試験に合格することにより，免状交付申請をすれば免状は交付されるが，冷凍保安責任者として選任する場合には，実務経験が必要である．

合格の場合は，申請をすれば免状の交付を受けることができる．申請後，約10日で免状が郵送される．

第1編

保安管理技術

第 1 章　冷凍の基本的事項 …………………… 10
第 2 章　冷媒およびブライン ………………… 48
第 3 章　圧縮機 ……………………………… 61
第 4 章　凝縮器 ……………………………… 83
第 5 章　蒸発器 ……………………………… 99
第 6 章　附属機器 …………………………… 112
第 7 章　自動制御機器 ……………………… 121
第 8 章　冷媒配管 …………………………… 137
第 9 章　安全装置 …………………………… 150
第10章　機器の材料および圧力容器 …… 159
第11章　据付けおよび試験 ……………… 172
第12章　冷凍装置の運転と状態 ………… 182
第13章　冷凍装置の保守管理 …………… 191

1-1 熱の基本的事項 I（温度，潜熱と顕熱）

1 摂氏温度と絶対温度

・物質の冷熱の度合いを表す温度には，摂氏温度〔℃〕と絶対温度〔K〕がある．

絶対温度〔K〕＝摂氏温度〔℃〕＋**273.15**

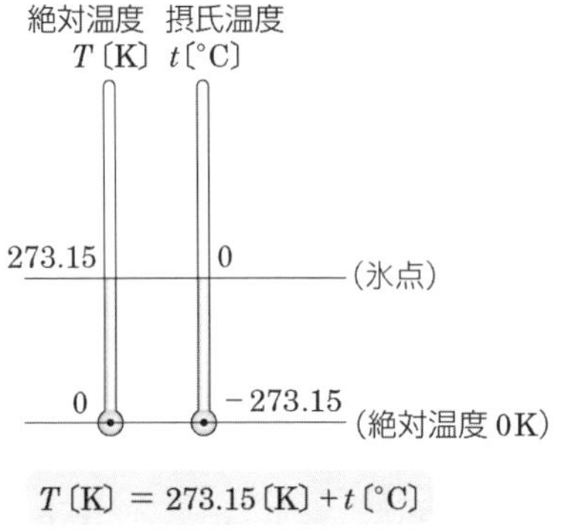

絶対温度 摂氏温度
T〔K〕 t〔°C〕
273.15　0　（氷点）
0　−273.15　（絶対温度 0K）
T〔K〕＝273.15〔K〕＋t〔°C〕

要点整理

・摂氏温度〔℃：セルシウス度〕
標準気圧（大気圧：0.1 MPa）のもとで水の氷点温度を 0℃，沸点温度を 100℃としたときの温度.
・絶対温度〔K：ケルビン〕
分子運動が停止して，全く圧力がなくなる温度（摂氏温度で−273℃）を基準とした温度.

図 1.1 温度

・SI 単位（国際単位）では，熱力学温度の単位として〔K〕を用いるが，〔℃〕も使用が認められている．通常，冷凍では〔℃〕を使用し，冷媒の状態を表す *p-h* 線図の温度も〔℃〕で表している．

2 潜熱と顕熱

(1) 熱の種類

熱には顕熱と潜熱がある（図 1.2）.

・顕熱：温度上昇に必要な熱量〔kJ〕
・潜熱：物質の状態変化（固体，液体，気体のことを状態という）に必要な熱量〔kJ〕（温度変化なし）

(2) 比エンタルピー

一定の圧力では，物質がもっている全熱量（顕熱と潜熱の和）をエンタルピーといい，物質 1〔kg〕の熱量を〔kJ〕に換算したものが比エンタルピー〔**kJ/kg**〕という.

熱
- 顕熱　物質の温度変化に使われる熱量
  $Q=mc\Delta t$〔kJ〕
  m：質量〔kg〕，Δt：温度差〔K〕
  c：比熱〔kJ/(kg·K)〕…質量 1 kg の物質の温度を 1 K（または 1℃）高めるのに要する熱量
- 潜熱　物質の状態変化に使われる熱量
  $Q=mg$〔kJ〕
  m：質量〔kg〕，g：質量 1 kg あたりの潜熱〔kJ/kg〕
  - 蒸発熱（凝縮熱）液体から気体（気体から液体）に変化するのに使われる熱量
  - 融解熱（凝固熱）固体から液体（液体から固体）に変化するのに使われる熱量
  - 昇華熱　固体から直接気体に変化するのに使われる熱量

図 1.2　熱の種類

(3)　物質の温度変化に必要な熱量（顕熱）

一般に物質に熱を加えるとその物質の温度は上がり，逆に物質から熱を放出するとその物体の温度は下がる．このように，温度の変化は，熱の出入りによって起こる．

質量 m〔kg〕，温度 t_1〔℃〕の物質（比熱：c〔kJ/(kg·K)〕）が熱を吸収して温度 t_2〔℃〕になったとき，物質が吸収した熱量 Q〔kJ〕は，次式になる．

$$Q=m\cdot c\cdot\Delta t=m\cdot c(t_2-t_1)\text{〔kJ〕}$$

例えば，水 10〔kg〕（$m=10$）を温度 $t_1=20$〔℃〕から $t_2=30$〔℃〕まで上昇した場合，水が吸収した熱量は，水の比熱 $c\fallingdotseq 4.2$〔kJ/(kg·K)〕として

$$Q=10\times 4.2\times(30-20)=420\ \text{kJ}$$

Point
水の比熱は，1 kg の水の温度を 1 K 上昇させるのに必要な熱量で，4.18 kJ/(kg·K) であり，多くの物質の比熱はそれより小さい．

なお，この熱量は温度変化のみに使われたので顕熱になる．

(4)　物質の３態（固体・液体・気体）の状態変化に吸収（＝放出）した熱量（潜熱）

物質への加熱または冷却で，物質の 3 態の相変化が生じる（図 1.3）．物質が一つの状態から他の状態へと変化するのに必要とする出入りの熱を潜熱（状態が変化するだけで温度変化のない熱）といい，次の種類がある．

① 融解熱：固体が液体に状態変化する場合の必要な熱量
② 凝固熱：液体が固体に状態変化する場合の必要な熱量
③ 蒸発熱：液体が気体に状態変化する場合の必要な熱量
④ 凝縮熱：気体が液体に状態変化する場合の必要な熱量

⑤　昇華熱：固体が気体に，気体が固体に状態変化する場合の必要な熱量

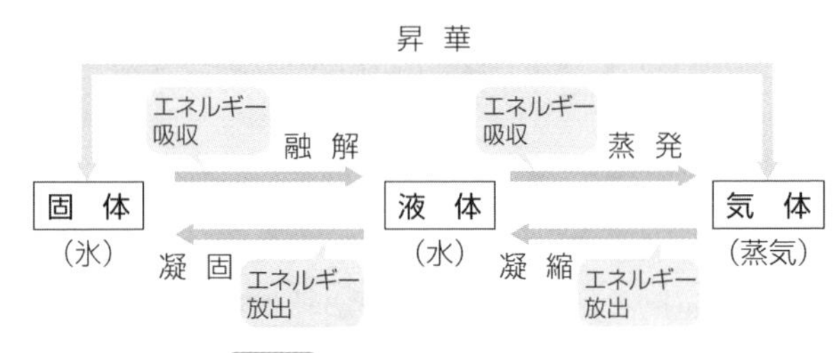

図 1.3　物質の 3 態と状態変化

この 3 態の相変化のとき，必ず熱のやり取りが必要で，とくに液体が蒸発するとき，周囲から熱を奪うことが冷凍の原理の基本となっている．

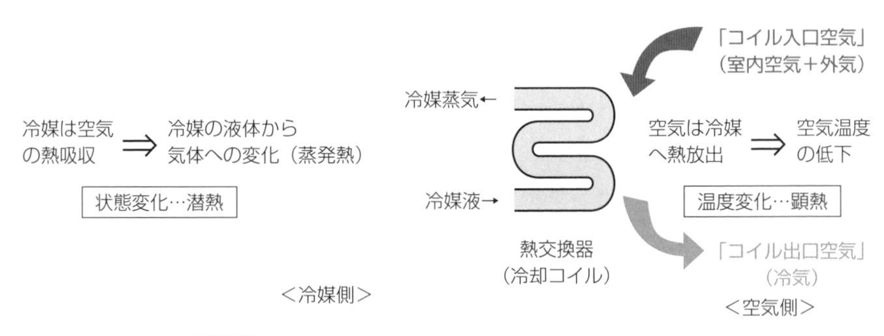

図 1.4　室内の空気を冷やす（冷房）時の顕熱と潜熱

Point
エアコンで室内を涼しくしたりする冷房も，冷凍に含まれる．

Point
冷凍機の中の冷媒は，この蒸発熱，凝縮熱を利用して熱を移動させる役割をしている物質である．冷媒には水に比べて非常に蒸発しやすい（沸点が低い）フルオロカーボンやアンモニアが用いられる．

(5)　水の状態変化

1)　標準大気圧における水の状態変化（図 1.5）

・①〜②の過程　氷点下の氷を加熱すると 0℃の氷になる（顕熱）．

・②〜③の過程　0℃の氷が 333.6 kJ/kg の熱量を吸収して 0℃の水になる．
　この間の温度は 0℃のままで，氷（固体）から水（液体）に変わる（融解潜熱）．

・③〜④の過程　0℃の水が 418 kJ/kg の熱量を吸収して 100℃の水になる（顕熱）．

・④～⑤の過程　100℃の水が2 258 kJ/kgの熱量を吸収して100℃の蒸気になる.

この間の温度は100℃のままで，水（液体）から気泡（蒸気の塊）が発生（沸騰）し，液体と気体が混在した状態（湿り蒸気）からすべて蒸気（気体）に変わる（蒸発潜熱）.

ここで，④の状態を飽和液，⑤の状態を飽和蒸気で，その温度を飽和温度，そのときの圧力を飽和圧力という.

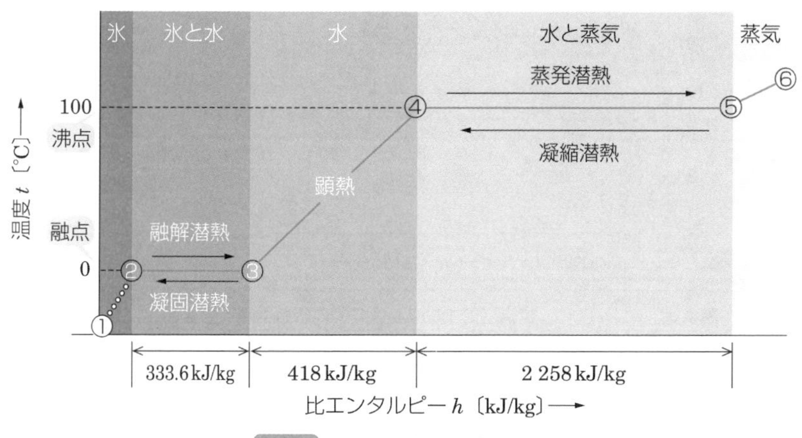

図 1.5　水の状態変化（大気圧）

・⑤～⑥の過程　100℃の蒸気をさらに加熱すると密閉状態では，温度が上昇して過熱蒸気になる（顕熱）.

2）圧力変化による水の状態変化

・圧力を上げると沸点（沸騰が起こる温度）は高くなり，圧力を下げると沸点は低くなる.

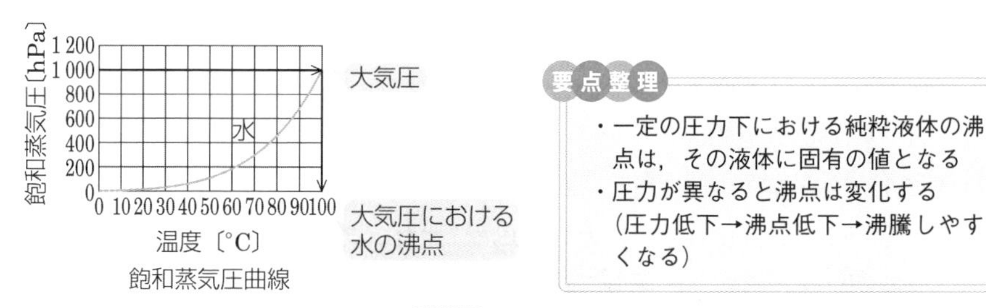

図 1.6　沸点と圧力

・液体を圧力一定のもとで加熱して蒸気にする場合，圧力を上げていくと飽和液と飽和蒸気の状態が次第に近づき，ついに両者の状態が全く一致するに至る（蒸発潜熱がゼロ）．このK点（臨界点）以上で液体と気体の境界がなくなる．

・水の場合，臨界温度は647 K（374℃），臨界圧力は22.064 MPa（218気圧）である．

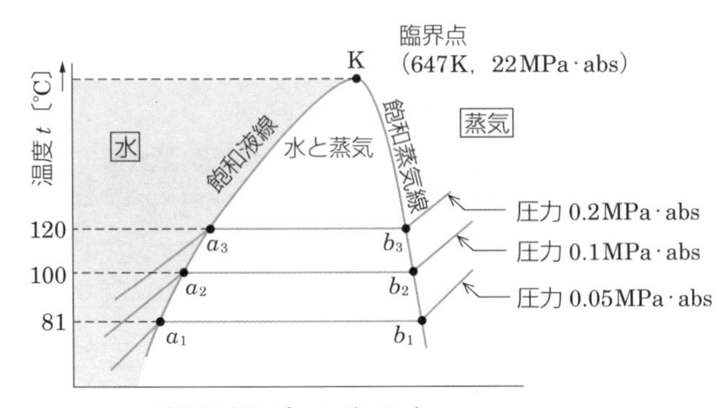

図中 a_1，a_2，a_3，…，K点（図1.5における④の状態：沸点）を結んだ線が飽和液線であり，b_1，b_2，b_3，…，K点（図1.5における⑤の状態）を結んだ線が飽和蒸気線である．

図1.7　圧力変化による水の状態変化

Point

真空状態で0℃の水を蒸気（気体）に変える熱量（蒸発潜熱）は，約2 500 kJ/kgである．

Point

液体は減圧すると蒸発しやすい状態になり，気体を加圧すると凝縮しやすくなる．冷凍システムでは，あまり低くない圧力で沸騰，蒸発し，かつ蒸発潜熱がなるべく大きい液体の冷媒液を膨張弁で減圧して蒸発しやすくし，冷媒蒸気を圧縮機で高圧にして液化しやすくしている．

(6)　熱の移動と温度

温度の高いものと温度の低いものがふれあうと，高い温度のものは熱が奪われ，温度が下がり，温度の低いものは熱を受け取り，温度が上がる．

例えば，20℃の水200 gの中に50℃の水100 gを入れると，はじめは20℃の水は急に上がり，50℃の水は急に下がる．その後二つの温度の変化がゆるやかになり，やがて同じ温度になり，熱の移動が行われなくなる（冷却停止）．

そこで，空気や水などを連続して冷却するためには，それより温度の低い物質（冷媒：熱媒体）の蒸発潜熱を利用することで，一定温度で吸熱するようにしたのが冷凍装置である.

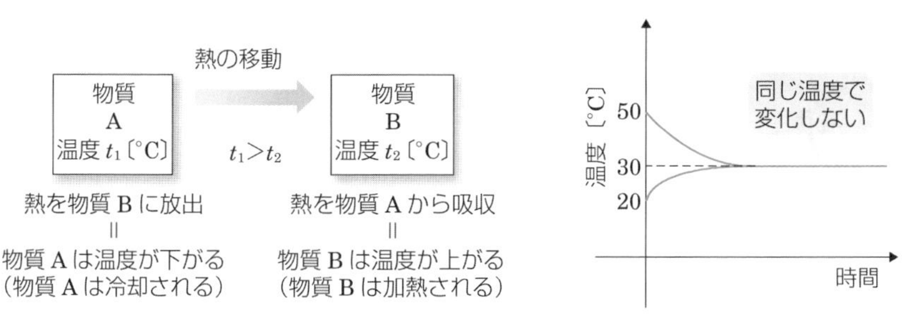

図1.8 熱の移動と温度

圧力

圧力は物質の表面あるいは内部の任意の面に向かい垂直に押す力で,その大きさは,単位面積当たりに働く力〔N/m^2〕で表される.国際単位系(SI)における圧力の単位は,パスカル〔Pa〕で,$1\ Pa = 1\ N/m^2$ である.

接頭語

記号	接頭語	係数	記号	接頭語	係数
T	テラ	10^{12}	d	デシ	10^{-1}
G	ギガ	10^{9}	c	センチ	10^{-2}
M	メガ	10^{6}	m	ミリ	10^{-3}
k	キロ	10^{3}	μ	マイクロ	10^{-6}
h	ヘクト	10^{2}	n	ナノ	10^{-9}

なお,1標準気圧〔atm〕=1 013.25 hPa=101 325 Pa=101.325 kPa=0.101325 MPa である.

冷凍装置では,圧力の単位として〔MPa:メガパスカル〕が使われる.高圧ガス保安法では,1 MPa以上の圧縮ガス(圧縮アセチレンガスを除く),0.2 MPa以上の液化ガスを高圧ガスと規定している.

例題

次のイ，ロ，ハ，ニの記述について，冷凍の基礎的事項について正しいものはどれか．

イ．液体 1 kg を等圧のもとで蒸発させるのに必要な熱量を，蒸発潜熱という．

ロ．冷媒は，冷凍装置内で熱を吸収して蒸気になったり，熱を放出して液になったりして，状態変化を繰り返す．

ハ．比エンタルピー h は，冷媒 1 kg の中に含まれるエネルギーであって，〔kJ/h〕の単位で表される．

ニ．質量 m〔kg〕，温度 t_1〔℃〕の物質が熱を吸収して温度 t_2〔℃〕になったとすれば，物質の比熱 c〔kJ/(kg·K)〕のとき，吸収した熱量 Q〔kJ〕は，$Q=m\cdot c\ (t_2-t_1)$ である．

(1) イ，ロ　(2) ロ，ニ　(3) ハ，ニ　(4) ロ，ハ，ニ　(5) イ，ロ，ニ

▶解説

イ：(正) 気体，液体，固体の物体の状態変化に必要な熱量は，潜熱である．

ロ：(正) 冷凍装置内の冷媒は，蒸発熱，凝縮熱を利用して熱を移動させる役割をしている物質である．

ハ：(誤) 比エンタルピーは，質量 1 kg あたりの全熱量（エンタルピー）で，単位は〔**kJ/kg**〕である．

ニ：(正) 物質が吸収した熱量 Q〔kJ〕は，次式になる．

$$Q = 質量 \times 比熱 \times 温度差 = m\cdot c\cdot \Delta t = m\cdot c\ (t_2-t_1)\ 〔kJ〕$$

[解答]　(5)

1-2 熱の基本的事項Ⅱ（熱の移動）

1 熱の移動

熱は温度の高いところから低いところへ移動し，熱の移動（伝熱）の作用には，熱伝導，熱伝達，熱放射（熱輻射）の三つの形式がある．これらは単独で起こる場合より，二つあるいは三つが同時に起こることが多い．一般の冷凍装置における伝熱は，熱伝導や熱伝達による伝熱が支配的である．

> **Point**
> 伝熱とは，熱エネルギーが空間のある場所から別の場所に移動する現象である．

(1) 熱伝導

熱伝導とは，固体内を高温端から低温端に向かって，熱が移動する現象である（図 1.9）．

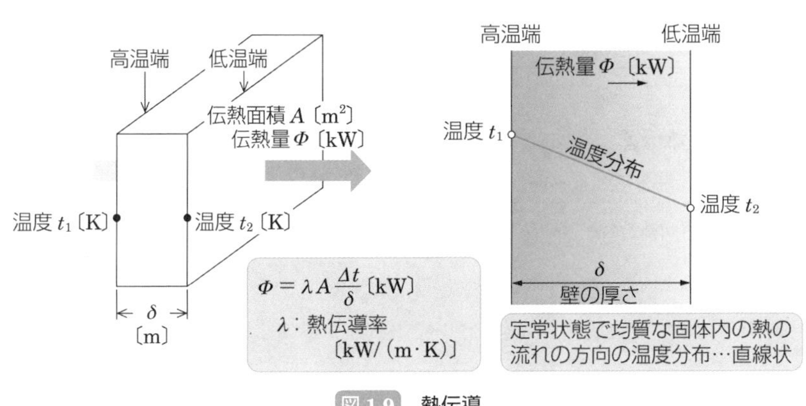

図 1.9 熱伝導

定常状態で，伝熱面積全体から移動する熱伝導による伝熱量 Φ〔kJ/s＝kW〕は，次式で表される．

$$\text{熱伝導による伝熱量}\quad \Phi=\lambda\cdot A\cdot\frac{\Delta t}{\delta}\ \text{〔kW〕}$$

・熱伝導による伝熱量は伝熱面積 A〔m^2〕，高温端 t_1〔K〕と低温端 t_2〔K〕との間の温度差 $\Delta t = t_1 - t_2$〔K〕に正比例し，熱移動の距離 δ〔m〕に反比例する．

> **Point**
> 定常状態においては，均質な物体内の熱の流れる方向の温度分布の勾配は，直線状になる．

・比例係数のλ〔kW/(m·K)〕は，熱伝導率といい，物質内の熱の流れやすさを数値で表す（表 1.1）．

・$\dfrac{\delta}{\lambda \cdot A}$〔K/kW〕を熱伝導抵抗といい，熱の流れにくさを表す．

表 1.1　物質の熱伝導率

物質名	熱伝導率 λ〔W/(m·K)〕	備　考
鋼	35 ～ 58	配管材料
アルミニウム	230	
銅	370	
ポリウレタンフォーム	0.023 ～ 0.035	防熱材料
グラスウール	0.035 ～ 0.046	
空気	0.023	—
水	0.59	
氷	2.2	
水あか	0.93	管付着物
油膜	0.14	
雪層	0.1 ～ 0.49	

要点整理

常温，常圧において，鉄鋼，空気，グラスウールのなかで，熱伝導率の値が一番小さいのは空気である．

(2)（対流）熱伝達

（対流）熱伝達とは，固体壁の表面とそれに接して流れている空気や水などの流体との間の伝熱作用である（図 1.10）．

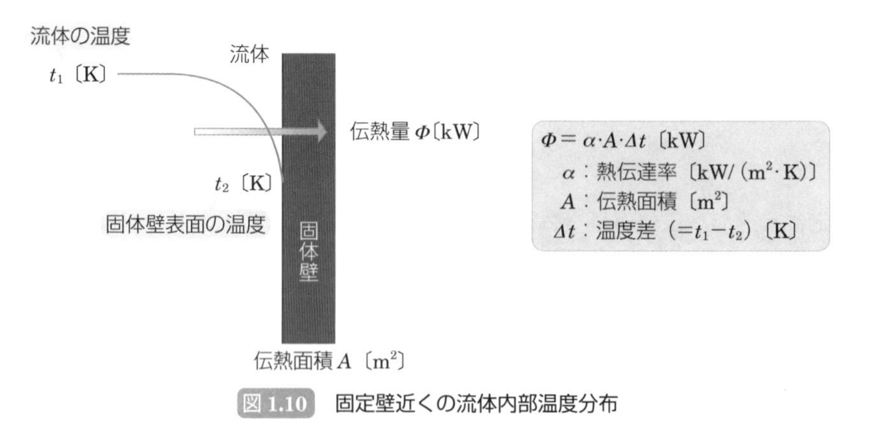

図 1.10　固定壁近くの流体内部温度分布

Point

流体（液体や気体）が加熱されるとその部分は膨張し，密度が小さく（軽く）なって上昇する．そこへ周囲の低温の流体が流れ込みこれを繰り返す現象が対流である．

・固体壁から十分に離れた位置の流体の温度をt_1〔K〕，固体壁表面の温度をt_2〔K〕（$t_1>t_2$）とすると，流体から固体壁に向かって熱が流れる．固体壁表面での熱伝達による伝熱量Φ〔kW〕は，次式で表される．

熱伝達による伝熱量　$\Phi=\alpha\cdot A\cdot\Delta t$〔kW〕

伝達による伝熱量は伝熱面積A〔m^2〕と温度差$\Delta t=t_1-t_2$〔K〕に正比例する．

・比例係数α〔kW/(m^2・K)〕は熱伝達率といい，熱の伝わりやすさを数値で表す．

・熱伝達率αの値は，流体の種類，流体の流動状態，固体表面の形状などにより影響を受ける（表1.2）．

表1.2　熱伝導率

流体の種類とその状態		熱伝導率α〔kW/(m^2・K)〕	流体の種類とその状態		熱伝導率α〔kW/(m^2・K)〕
気体	自然対流	0.005～0.012	蒸発面	アンモニア	3.5～5.8
	強制対流	0.012～0.12		R22	1.7～4.0
液体	自然対流	0.08～0.35	凝縮面	アンモニア	5.8～8.1
	強制対流	0.35～12.0		R22	2.9～3.5

自然対流：流体内の温度差による密度差から発生する流れ場における熱移動
強制対流：ポンプ，送風機などによる強制的な流れ場における熱移動

Point

熱伝達率の値は，強制対流熱伝達率のほうが自然対流熱伝達率よりも大きい．
一般に，気体より液体のほうが熱伝達率が大きい．

・$\dfrac{1}{\alpha\cdot A}$〔K/kW〕を熱伝達抵抗といい，熱の流れにくさを表す．

(3)　放射伝熱

放射伝熱とは，ある物質から空間を隔てて，離れている物質に熱放射エネルギーによって熱が移動する現象である．放射伝熱による伝熱量は，両物質の絶対温度の4乗の差に比例する．ただし，通常の冷凍装置の伝熱では，放射伝熱の影響をほとんど考慮しなくてよい．

2　固体壁を隔てた2流体間の熱交換（熱通過）

高温流体から固体壁で隔てられた低温流体へ熱が流れる作用を熱通過（熱貫流）という（図1.11）．

・流体Ⅰ（温度t_a）から固体壁で隔てられた流体Ⅱ（温度t_b）に熱が移動する場合に，定常状態では，図に示すような温度分布となる．

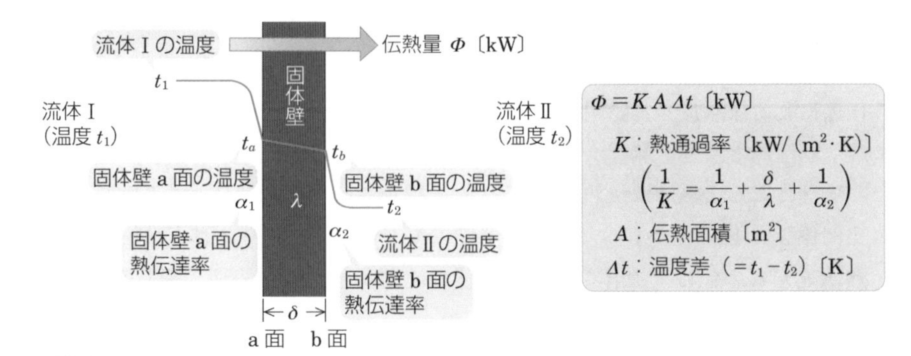

Point

水冷凝縮器内での熱交換を考える場合，熱は冷媒蒸気から冷却水へと伝えられるが，冷媒蒸気から冷却管表面へは凝縮熱伝達，冷却管内では熱伝導，冷却管表面から冷却水へは対流熱伝達によって熱が伝えられる．

図 1.11　熱通過（単層平面壁）

① 高温である流体Ⅰに触れている固体壁の伝熱面積に，熱伝達により熱が伝わる．

② 固体壁内では，熱伝導により，固体壁 a 面から b 面に熱が移動する．

③ 固体壁 b 面から低温の流体Ⅱに熱伝達により熱が移動する．

・流体Ⅰと流体Ⅱの間のを $\Delta t=(t_a-t_b)$〔K〕，伝熱面積を A〔m^2〕としたときの熱通過による伝熱量 Φ〔kW〕は，次式で表す．

熱通過による伝熱量　$\Phi=K\cdot A\cdot \Delta t$〔kW〕

・比例係数 K〔$kW/(m^2\cdot K)$〕は熱通過率といい，熱の通り抜けやすさを表す．熱通過率 K〔$kW/(m^2\cdot K)$〕は，図 1.11 の場合，次式で表される．

$$\text{熱通過率}\quad K=\frac{1}{\dfrac{1}{\alpha_1}+\dfrac{\delta}{\lambda}+\dfrac{1}{\alpha_2}}\ 〔kW/(m^2\cdot K)〕$$

Point

熱伝達率，熱伝導率，熱通過率は類似している．熱通過率 K の単位は，〔$kW/(m^2\cdot K)$〕で熱伝達率と同じである．伝導率は〔$kW/(m\cdot K)$〕なので，注意を要する．

・$\dfrac{1}{K\cdot A}$〔K/kW〕を熱通過抵抗といい，固体壁を隔てて流体の熱の通り抜けにくさを表す．

Point

凝縮器や蒸発器の伝熱管では，管材の熱伝導率の値が大きく，かつ，薄い金属であるので，それの熱伝導抵抗は小さく，管内外面の熱伝達抵抗が主として伝熱量を支配している．

コ ラ ム

熱抵抗と電気抵抗

電気の場合，電圧（電位差）と電流，抵抗の関係は，オームの法則で表される．熱の場合には，電圧→温度差，電流→熱流，電気抵抗→熱抵抗というように置き換えることで，「オームの法則」と同じように熱抵抗の計算が可能になる．

Point

熱流とは単位時間に移動した熱量である．

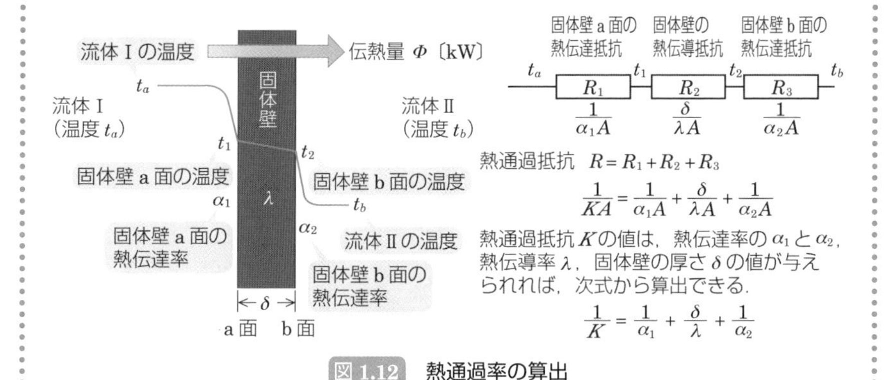

図 1.12　熱通過率の算出

例題

次のイ，ロ，ハ，ニの記述のうち，熱の移動について正しいものはどれか．

イ．熱の移動には，熱伝導，熱放射および熱伝達の三つの形態がある．一般に熱量の単位はJまたはkJであり，伝熱量の単位はWまたはkWである．

ロ．固体壁を隔てた流体間の伝熱量は，伝熱面積，固体壁で隔てられた両側の流体間の温度差と熱通過率を乗じたものである．

ハ．常温，常圧において，水あか，グラスウール，鉄鋼，空気のなかで，熱伝導率の値が一番小さいのは空気である．

ニ．固体壁の両側を流れている流体間の伝熱量は，固体壁の熱伝導率に正比例する．

(1) イ，ロ　(2) イ，ニ　(3) ハ，ニ　(4) イ，ロ，ハ　(5) ロ，ハ，ニ

▶解説

イ：(正) 1 kJ/s = 1 kW である．

ロ：(正) 固体壁表面での熱伝達による伝熱量は，伝熱面積と温度差に正比例する．

ハ：(正) 熱伝導率は鋼が一番大きく，空気が一番小さい値である．

ニ：(誤) 固体壁の両側を流れている流体間の伝熱量は，次式で示される．

$$\Phi = K \cdot A \cdot \Delta t \text{〔kW〕}$$

ここで，K：比例係数(熱通過率)，A：面積，Δt：温度差

したがって，熱通過による伝熱量は，熱通過率に正比例する．

[解答] (4)

例題

次のイ，ロ，ハ，ニの記述のうち，熱の移動について正しいものはどれか．

イ．定常な状態において，均質な固体内の熱の流れの方向の温度分布は，直線状となる．

ロ．熱伝達率は，固体壁の表面とそれに接して流れている流体との間の熱の伝わりやすさを表している．

ハ．固体壁で隔てられた流体間で熱が移動するとき，固体壁両表面の熱伝達率と固体壁の熱伝導率が与えられれば，水あかの付着を考慮しない場合の熱通過率の値を計算することができる．

ニ．熱の移動には，熱放射，対流熱伝達，熱伝導の三つの形態が存在し，冷凍茜空調装置で取り扱う熱移動現象は，主に熱放射と熱伝導である．

(1) ニ　(2) イ，ロ　(3) ロ，ハ　(4) イ，ロ，ニ　(5) イ，ハ，ニ

▶解説

イ：(正) 定常状態においては，均質な物体内の熱の流れる方向の温度分布の勾配は，直線状になる．

ロ：(正) 固体壁表面での熱伝達による伝熱量は，伝熱面積と温度差に正比例する．比例係数〔kW/(m^2·K)〕は熱伝達率といい，固体壁の表面とそれに接して流れている流体との間の熱の伝わりやすさを表している．

ハ：(誤) 固体壁で隔てられた流体間で熱が移動するとき，水あかの付着などを考慮しない場合の熱通過率は，次式で表される．

$$\frac{1}{K}=\frac{1}{\alpha_1}+\frac{\delta}{\lambda}+\frac{1}{\alpha_2}$$

ここで，α_1，α_2：固体壁両面の熱伝達率，λ：固体壁の熱伝導率である，したがって，熱通過率の値を求めるには，固体壁両面の熱伝達率と固体壁の熱伝導率のほかに固体壁の厚さ δ が必要である．

ニ：(誤) 熱の移動には，熱放射，対流熱伝達，熱伝導の三種があり，冷凍・空調装置で取り扱う熱移動現象は，主に対流熱伝達と熱伝導である．

[解答] (2)

1-3 冷凍機の原理

1 冷媒の熱吸収と熱放出

・冷媒液が周囲から熱を吸収する（蒸発熱を得る）ことで冷媒蒸気になる．このとき，周囲の空気や物体は熱を奪われて温度が下がる（冷房，冷凍）．
ここで，熱交換器内の冷媒の圧力を低い状態に保つことによって，低い温度でも冷媒液がさかんに蒸発をできるようにする．

・冷媒蒸気が周囲に熱を放出して（凝縮熱を捨てる）ことで冷媒液になる．このとき，周囲の空気や物体には熱が加わり温度が上がる（暖房）．
ここで，熱交換器内の冷媒の圧力を高い状態に保つことによって，常温の水や空気で冷やしても液化できる状態にする．

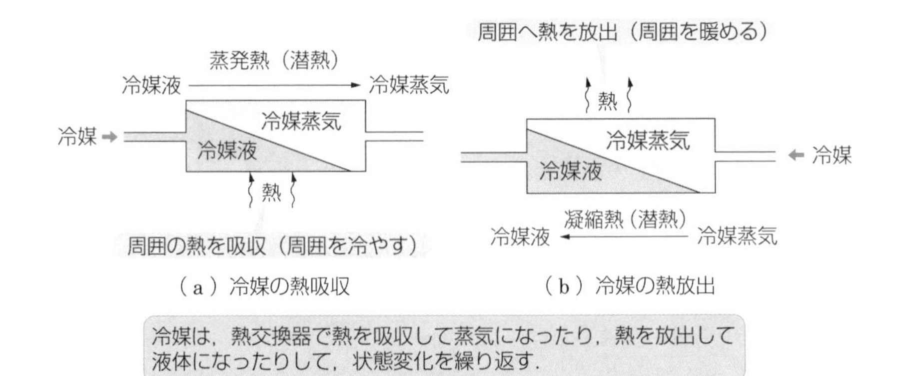

図 1.13 熱交換器の冷媒の状態変化

2 冷媒の飽和圧力と飽和温度

・冷媒液をこれ以上少しでも加熱すると蒸気が発生する状態になった冷媒液（飽和液）の温度を飽和温度，圧力を飽和圧力という．

・純粋物質の液体では，飽和温度と飽和圧力は一定の関係があり，どちらかの値を指定すると他方の値は定まる（図 1.14）．

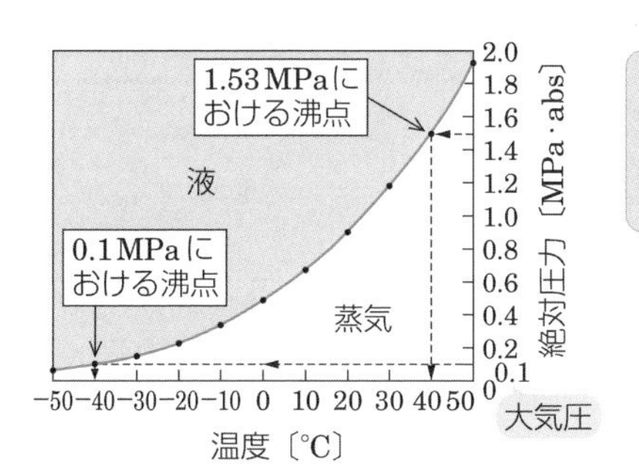

- 飽和圧力と飽和温度の関係はそれぞれの冷媒で定まっている
- 圧力が低いほど飽和温度は低く，圧力が高いほど飽和温度は高くなる

〔R22 の場合の沸点〕
大気圧（0.1 MPa）…−40°C
1.53 MPa…40°C

図 1.14　R22 の飽和蒸気圧力曲線

3　冷凍サイクル

冷媒液が蒸発気化する際に，周囲から熱を奪う現象を利用した蒸気圧縮冷凍サイクルは，以下の冷媒の流れにより蒸発→圧縮→凝縮→膨張の四つの行程を循環するサイクルを構成する（図 1.15）.

Point
蒸発した冷媒（冷媒蒸気）を再び液体（冷媒液）に戻し，循環して使用できるようにしたものが冷凍装置である.

<冷凍サイクルの流れ>

① 熱はそれ自体で，低温部から高温部に移動することはできない.

② 物質を蒸発器（熱交換器）で冷却するためには，冷媒の蒸発温度が物質の温度より低くなければならない.

③ 低い温度で蒸発する冷媒（例えば R22 の場合，大気圧下で約 − 41℃で沸騰）を使用する（図 1.14 参照）.

④ 熱を吸収して蒸気となった冷媒を大気中に放出してしまっては，不経済であり，大きな公害（地球温暖化のような環境破壊）のもとになる.

⑤ 冷媒蒸気を加圧すると高温になるが（例えば，R22 の場合，1.53 MPa で約 40℃），それを冷却すれば，冷媒は凝縮液化する性質があるので，圧縮機を用いて，あまり高くない圧力まで冷媒蒸気を圧縮し，凝縮器（熱交換器）で常温の水や空気を用いて冷却する（図 1.15 参照）.

⑥ 高圧化された冷媒液を，膨張弁で圧力を下げて（＝低温になる）低圧の冷媒液にする.

⑦ 低圧・低温の冷媒液を蒸発器に送る（冷凍サイクルを形成する）.

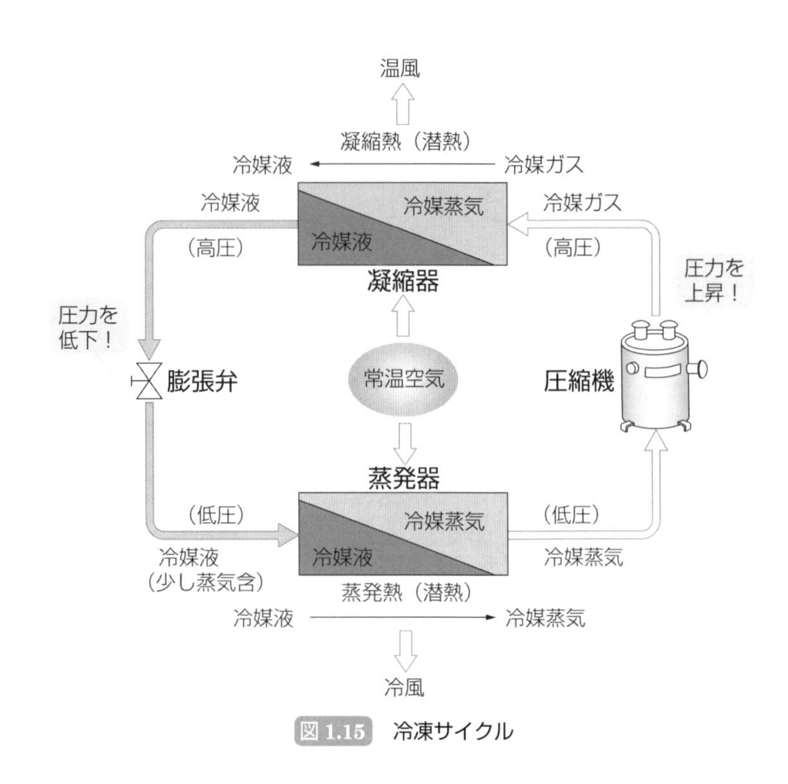

図 1.15　冷凍サイクル

4　蒸気圧縮冷凍サイクルを構成する機器

蒸気圧縮冷凍サイクル方式は，冷媒を通して蒸発→圧縮→凝縮→膨張の四つの行程を繰り返し行うため，蒸発器，圧縮機，凝縮器，膨張弁の主要機器を冷媒配管で接続し構成される．

> **Point**
> 蒸気圧縮冷凍サイクル方式を構成する機器としては，圧縮機ー凝縮器の間に油分離器，凝縮器ー膨張弁間に受液器などの附属機器が入る場合もある．

(1)　蒸発器（エバポレータ）

低温，低圧の冷媒液が周囲から熱のエネルギーを受け入れて蒸発し，周囲の物質を冷却する（室内側）熱交換器である．

> **Point**
> この機器を，冷却コイル，ユニットクーラ，冷却器などと呼ぶことがある．

(2)　圧縮機（コンプレッサ）

蒸発器からの低温・低圧の冷媒蒸気を，圧縮機の動力（電動機による機械的な外力）によって圧縮（加圧）し，液化しやすいように高温・高圧の冷媒ガスにする（冷媒は動力を受け入れて，圧力と温度の高いガスになる）．また，冷媒を循環させるとともに蒸発器内を低い圧力に保つ働きがある．

(3) 凝縮器（コンデンサ）

圧縮機で圧縮された高温・高圧の冷媒ガスを，水（冷却水）や空気（冷却空気）で冷やして凝縮させ高温・高圧の冷媒液にする（室外側）熱交換器である．

Point
凝縮器は，圧縮機で圧縮された冷媒ガスを，水または空気で冷却して液化させる熱交換器で，凝縮器周囲の水または空気は，冷媒から熱を吸収して温度が上昇する．

(4) 膨張弁（エキスパンションバルブ）

凝縮器の高温・高圧の冷媒液を膨張弁の小さな隙間（オリフィース）で膨張（絞り膨張）させて低温・低圧の冷媒液にする．

Point
減圧すると飽和温度が下がり液体は蒸発しやすい状態になる．

コラム

熱交換器とは

保有する熱エネルギーの異なる二つの流体間で熱エネルギーを交換するために使用する機器で，温度の高い物質から低い物質へ効率的に熱を移動させることで物質の加熱や冷却を行う．

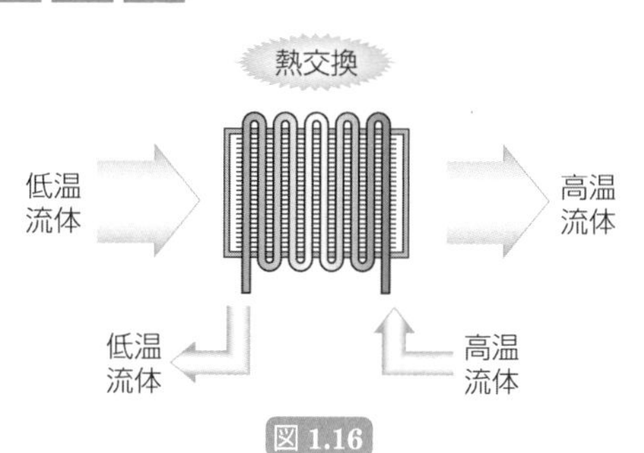

図 1.16

例題

次の記述のうち，冷凍の原理について正しいものはどれか．

イ．蒸発器で冷媒が蒸発するときに潜熱を周囲に与える．

ロ．圧縮機で圧縮された冷媒ガスを冷却して，液化させる装置が蒸発器である．したがって，冷媒に対して，熱が出入りしやすいような熱交換器を用いること，すなわち，小さい温度差でも容易に熱が出入りできるようにすることが必要である．

ハ．凝縮器は，圧縮機で圧縮された冷媒ガスを，空気や冷却水などで冷却して，液化させる装置である．

ニ．圧縮機では冷媒蒸気に動力を加えて圧縮すると，冷媒は動力を受け入れて，圧力と温度の高いガスとなる．

(1) イ，ロ　(2) ロ，ハ　(3) ロ，ニ　(4) ハ，ニ　(5) イ，ハ，ニ

▶解説

イ：(誤) 蒸発器で冷媒が蒸発するとき，潜熱を周囲より受け取る．

ロ：(誤) 圧縮機で圧縮された冷媒ガスを冷却して，液化させる装置は凝縮器である．

ハ：(正) 凝縮器では，冷媒は冷却水や外気に熱を放出して凝縮液化する．

ニ：(正) 蒸気圧縮式冷凍装置の圧縮機で冷媒蒸気に動力を加えて圧縮すると，冷媒は圧力と温度の高いガスとなる．

[解答] (4)

1-4 p-h 線図と冷凍サイクル

冷凍サイクルにおける冷媒の状態は，運転時の条件によって変化する．さまざまな条件での冷媒の状態を，p-h 線図上で描くことによって各部の状態や数値を知り，また，その数値を使って能力計算や運転状況の判断に応用することができる．

1 p-h 線図（モリエル線図）の構成

図 1.17 に示すように，p-h 線図は，縦軸に圧力（絶対圧力）p を，横軸に比エンタルピー h をとり，飽和液線，飽和蒸気線，等圧線，等温線，等比エンタルピー線，等比エントロピー線，等比体積線，等乾き度線などが描かれたグラフである．

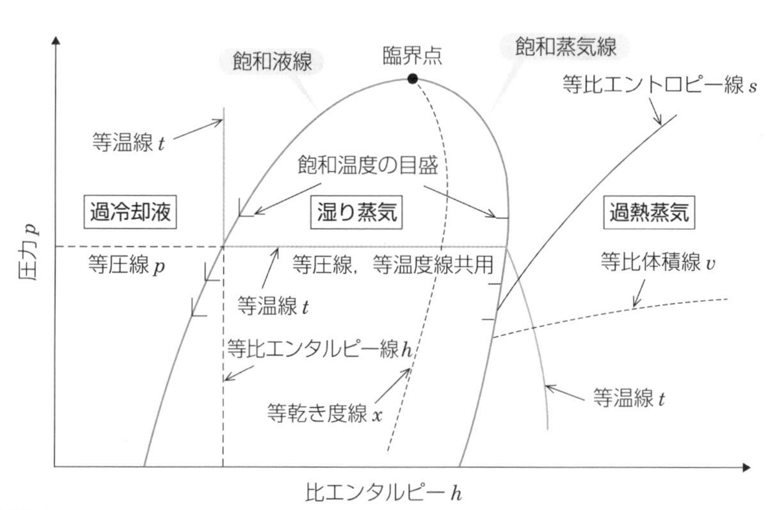

要点整理

冷媒の p-h 線図では実用上の便利さから，縦軸の絶対圧力は対数目盛で，横軸の比エンタルピーは等間隔目盛でそれぞれ目盛り，冷媒の質量 1 kg 当たりの諸数値が記入されている．

図 1.17 p-h 線図

(1) 圧力（縦軸）

・p-h 線図の縦軸は対数目盛になっていて，絶対圧力が目盛ってある．上部に行くほど圧力が高くなる．

・ゲージ圧力と絶対圧力との関係は次のようになっている．

・ゲージ圧力〔MPa･g〕…大気圧を基準にして測った圧力

ゲージ圧力とは，実際に冷凍装置などに付いている圧力計の指示値である．

・絶対圧力〔MPa･abs〕…絶対真空を圧力 0 の基準にして測った圧力

絶対圧力〔MPa･abs〕＝ゲージ圧力〔MPa･g〕＋大気圧〔0.1 MPa･abs〕

・等圧力線は，*p-h* 線図上で水平線で表される．

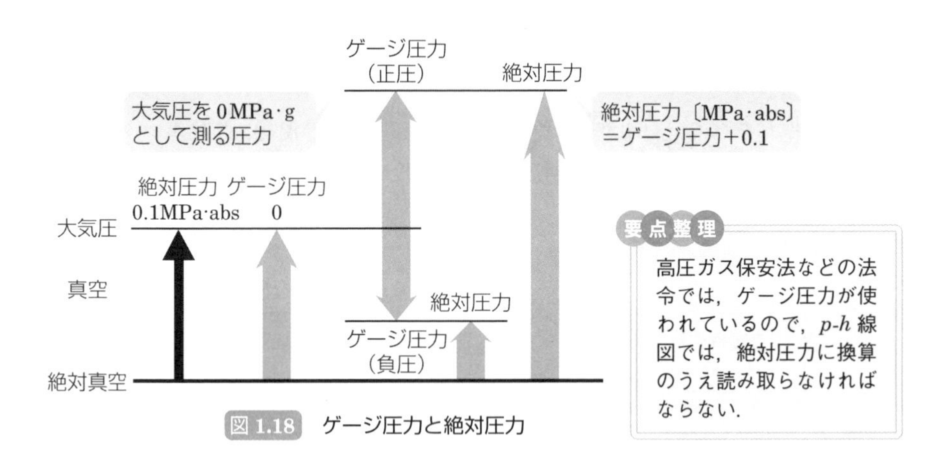

図 1.18 ゲージ圧力と絶対圧力

要点整理

高圧ガス保安法などの法令では，ゲージ圧力が使われているので，*p-h* 線図では，絶対圧力に換算のうえ読み取らなければならない．

コラム

ブルドン管圧力計

冷凍装置内の冷媒の圧力は，一般にブルドン管圧力計（断面が楕円形のブルドン管）で測定される．ブルドン管圧力計は，管内圧力（測定する冷媒圧力）と管外大気圧との差圧によってブルドン管を変形する．この指示圧力をゲージ圧力という．ゲージ圧力の単位は〔MPa･g〕と絶対圧力の単位〔MPa･abs〕として区別している．

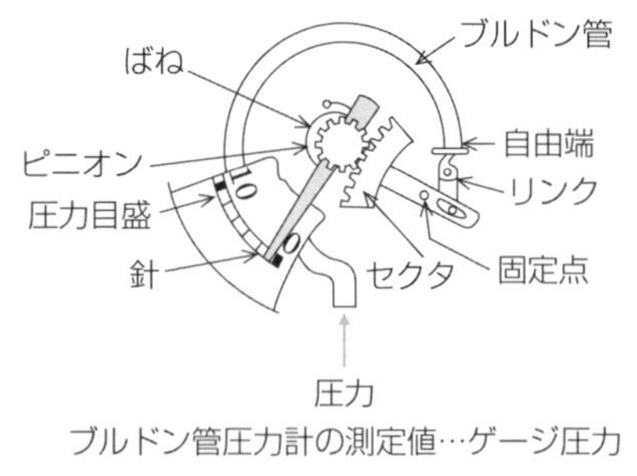

図 1.19 ブルドン管圧力計構造略図

(2) 比エンタルピー

一定の圧力では，物質がもっている全熱量（顕熱と潜熱の和）をエンタルピーといい，物質 1 kg の熱量を〔kJ〕に換算したものが比エンタルピー〔kJ/kg〕という

・*p-h* 線図の横軸は等間隔目盛になっていて，比エンタルピーが目盛ってある．

・冷媒の場合には，0℃の飽和液の値である 200 kJ/kg を基準にして，冷媒の熱の変化量を考える（比エンタルピーは状態量である）．

・等比エンタルピー線は，線図上で垂直線で表される．

Point

ある物質のエンタルピーが変化するというのは，その分だけ外部と熱や動力を出し入れしたということである．比エンタルピーの差から熱量変化を求めることで，比エンタルピーの絶対値はとくに必要とされていない．

(3) 飽和液線と飽和蒸気線

・飽和液線は冷媒液が蒸発しようとする飽和液（液体の限界：すべて液体）を表す線である．

Point

・*p-h* 線図の飽和液線上に目盛られている温度は飽和温度を示し，それぞれの飽和温度に対する飽和圧力（温度目盛りを通る水平な等圧線と縦軸との交点）を読み取れる．
・圧力と温度の関係はそれぞれの冷媒で定まっている．温度が低いほど飽和圧力は低く，温度が高いほど飽和圧力は高くなる（飽和圧力曲線）．なお，飽和温度の水を「飽和水（沸騰水）」といい，蒸発してできた蒸気を「飽和蒸気」という．

・飽和蒸気線は飽和液がすべて蒸発しきった飽和蒸気を表す線である．

・飽和液線から左側は「過冷却液」の状態（過冷却域）である．

・飽和蒸気線から右側は「過熱蒸気」の状態（過熱蒸気域）である．

・飽和液線と飽和蒸気線に囲まれた部分は湿り蒸気の状態（液体と蒸気が混在した状態）である．

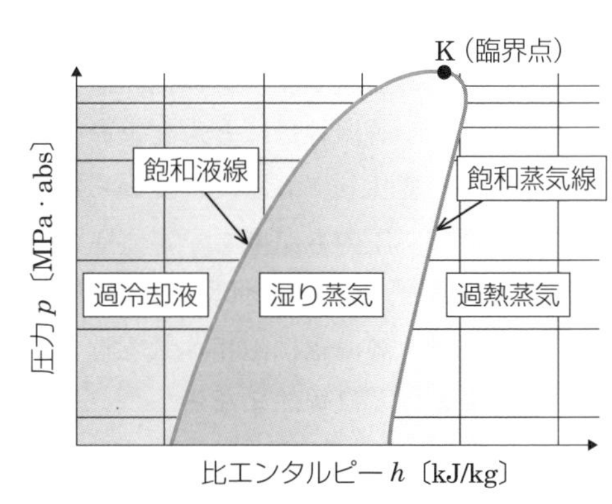

図 1.20　過冷却液，湿り蒸気，過熱蒸気

(4)　等乾き度線

飽和液線と飽和蒸気に囲まれている部分は，湿り蒸気で蒸気と液が混じった状態（共存している状態）である．

乾き度とは，湿り蒸気 1 kg 中の蒸気分の割合を示したものである（飽和液腺と飽和蒸気線の間の領域を 10 等分している線）．

・各圧力で乾き度が等しい点を連ねた曲線が等乾き度線である．

・乾き度 0（$x=0$）は飽和液（飽和液線上：すべて液）で乾き度 1（$x=1$）は，飽和蒸気（飽和蒸気線上：すべて蒸気）をいい，乾き度 0.1（$x=0.1$）とは，蒸気が 10％で液が 90％の状態を表す．

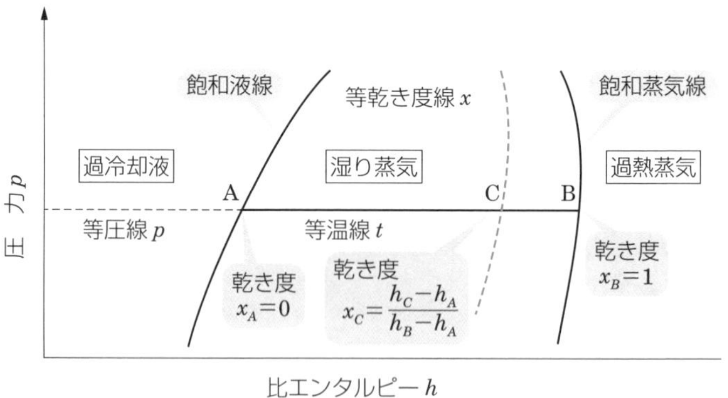

図 1.21　乾き度

(5) 等温線

等温線は，過冷却域－湿り蒸気域－過熱蒸気域の全体を通じて温度が等しい点を結んだ線である（温度の値は飽和液腺や飽和蒸気線の線上に目盛られている）．

・過冷却液域：等温線はほとんど垂直の線になっていて，比エンタルピーが同じなら圧力が変化しても温度は変わらない．

・湿り蒸気域：圧力も温度も一定（圧力が定まれば温度が定まる）で，等温線は比エンタルピーの横軸とは平行の水平線となる．

・過熱蒸気域：等温線は飽和蒸気線近くではゆるやかな曲線で，過熱度が大きい領域になるほど直線的になる．

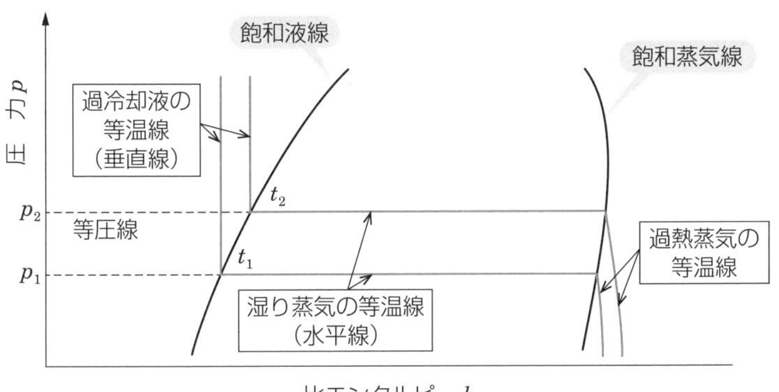

図 1.22 等温線

(6) 等比エントロピー線

比エントロピー s は，物質や熱の拡散の程度を表すパラメータで 1 kg 当たりの熱量 ΔQ を絶対温度 T で除した値（$s = Q/T$）で，飽和蒸気線の右側を急角度で伸びる線で表されている．

・圧縮機で冷媒蒸気が断熱圧縮（外部との熱の授受がない場合の圧縮）されたときの冷媒は，等比エントロピー線上にそって状態変化する．

・理論断熱圧縮とは，外部との熱の出入りがない理想的な断熱圧縮（機械損失や摩擦損失が全くないと仮定した可逆的な断熱圧縮）のことである．

Point

絶対温度 T の物質が 1 kg 当たりの熱量 Q を受けたとき，物質の比エントロピーは Q/T だけ増し，熱量 Q' を放出するとき比エントロピーは Q'/T だけ減少すると定めている．

Point

理論的（理想的）な圧縮機の冷媒 1 kg 当たり圧縮仕事の熱当量（冷媒 1 kg 当たりの理論断熱圧縮動力）は，断熱圧縮前後の冷媒の比エンタルピー差から求めることができる．

(7) 等比体積線

・物質の質量 1 kg 当たりの体積を表す比体積（密度の逆数）が等しい状態の点を結んだもので，飽和蒸気線からやや右上がり方向に伸びる緩やかな曲線で表される．

・圧縮機の吸込み蒸気の比体積の値は，吸込み圧力が低いほど，また，吸込み蒸気の過熱度が大きいほど，冷媒蒸気が薄く（密度が小さく）なるので，比体積は大きくなる．

・比体積が大きくなると，冷媒の循環量が減少し，冷凍機の冷凍の能力は減少する．

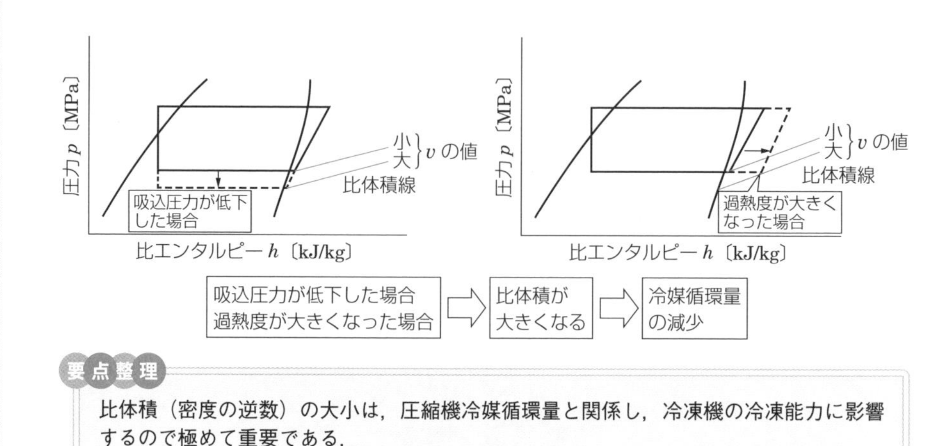

図 1.23　比体積の値

2　*p-h* 線図上の単段圧縮理論冷凍サイクル

図 1.24 のように冷凍機（使用冷媒 R410A）が運転しているとき，この冷凍機のサイクルを *p-h* 線図上に描いたのが図 1.25 である．

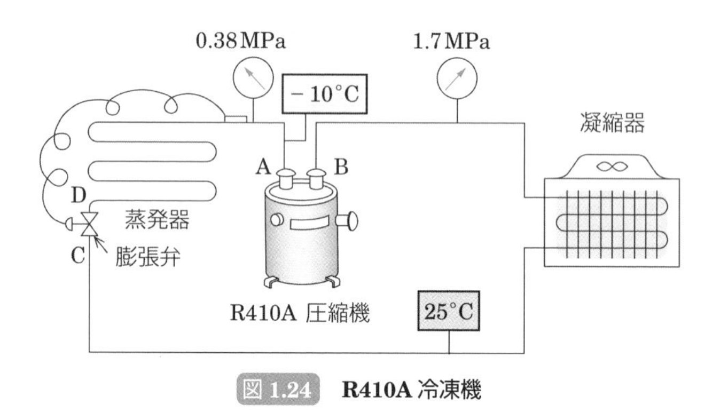

図 1.24　**R410A** 冷凍機

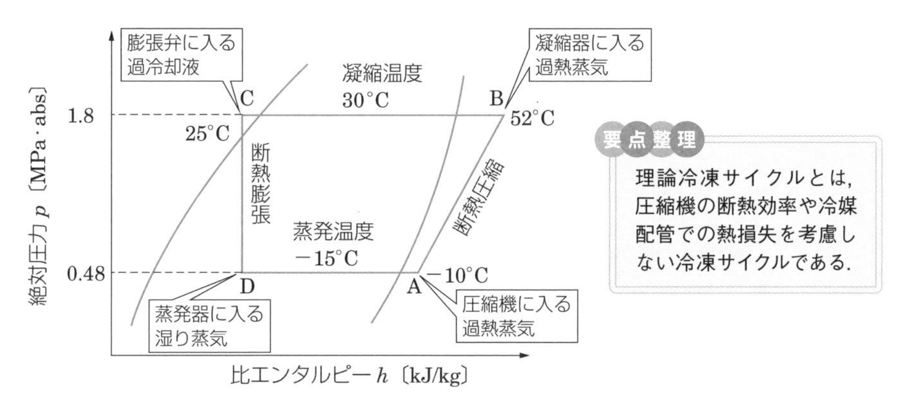

図 1.25　理論冷凍サイクルの ***p-h*** 線図

表 1.3　***p-h*** 線図上の冷凍サイクル

p-h 線図上の冷媒の状態点	冷凍サイクルの過程	冷媒の状態
点 D → 点 A	蒸発過程	蒸発器で冷媒が吸熱して，低温低圧の気体になる
点 A → 点 B	圧縮過程	圧縮機で冷媒蒸気が断熱圧縮され，高温高圧のガスになる
点 B → 点 C	凝縮過程	凝縮器で冷媒蒸気が放熱され，高温高圧の冷媒液になる
点 C → 点 D	膨張過程	膨張弁で冷媒液が減圧されて，低温低圧の気液混合状態になる

①　点 D から点 A の過程（圧力一定の吸熱：蒸発器）

・蒸発器の圧力がゲージ圧力で 0.38 MPa･g（*p-h* 線図上では絶対圧力 0.48 MPa･abs）であるから，R410A の *p-h* 線図から蒸発器の中の冷媒は，−15℃で蒸発して冷凍作用をしている状態にある．

・*p-h* 線図上では，次の過程をたどる（図 1.26）．

　・点 D の高温・高圧の冷媒液は蒸発器に入り，比熱物（周囲の空気や水）から熱を吸収し，徐々に蒸発して点 4 で液はすべて蒸発して飽和蒸気になる（温度変化はない）．

　・点 4 の飽和蒸気線から温度が上昇（−15℃から−10℃）して蒸発器出口の点 A は過熱蒸気になる．

・ある圧力のもとにある過熱蒸気温度（圧縮機吸込みガス温度）と飽和温度（蒸発温度）との温度差を，過熱蒸気の**過熱度（スーパーヒート：super heat: SH）**という．図 1.25 の *p-h* 線図では，5℃（一般的には **3 ～ 8 K の過熱度**をとる）となる．

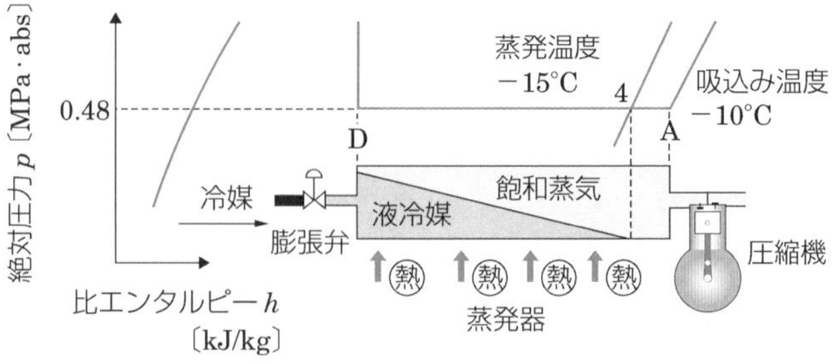

要点整理

冷媒液は，周囲の空気や物質から蒸発熱（潜熱）を吸収して冷媒蒸気になる．このとき，周囲の空気または物質は熱を奪われて温度が下がる（冷凍・冷房の原理）．

図 1.26 蒸発器における冷媒の変化

過熱度(SH) = 圧縮機吸込み蒸気温度 − 蒸発温度
= −10℃ − (−15℃) = 5℃

② 点 A から点 B の過程（冷媒蒸気の断熱圧縮：圧縮機）

・圧縮機の高圧側の圧力計が，1.7 MPa·g になっているので，圧縮機は過熱蒸気を 0.38 MPa·g からの高圧の 1.7 MPa·g に圧縮して凝縮器に送る．

・*p-h* 線図上では，圧縮機が断熱圧縮をすることから，点 A から等比エントロピー線上を上昇し，絶対圧力 1.8 MPa·abs の線の交点 B を求める（圧縮機の吐出しガス温度は，52℃）．

Point

過熱度が大きくなると圧縮機の吐出しガス温度が高くなり，冷凍機油が劣化して冷凍機の寿命に影響する．通常，吐出しガス温度の上限が 120 ～ 130℃とされているので，過熱度を 3 ～ 10 K 程度になるように温度自動膨張弁を用いて調整している．

③ 点 B から点 C の過程（圧力一定の放熱：凝縮器）

・凝縮器の出口圧力がゲージ圧力で 1.7 MPa·g（*p-h* 線図上では絶対圧力 1.8 MPa·abs）であるから，R410A の *p-h* 線図から凝縮器の中の冷媒は，30℃の凝縮温度で周囲に熱を放出して凝縮凍作用をしている状態にある．

・*p-h* 線図上では，次の過程をたどる（図 1.27）．

　・点 B から点 1 の飽和蒸気線までは過熱蒸気状態で温度が下がる（52℃ → 30℃）．

　・点 1 の飽和蒸気線から点 2 の飽和液腺までは湿り飽和蒸気で，徐々に乾き度が下がって液体の割合が増えていくが，温度は一定である．

・点 2 の飽和液腺から点 C までは温度が下がって（30℃→25℃）過冷却液となる．

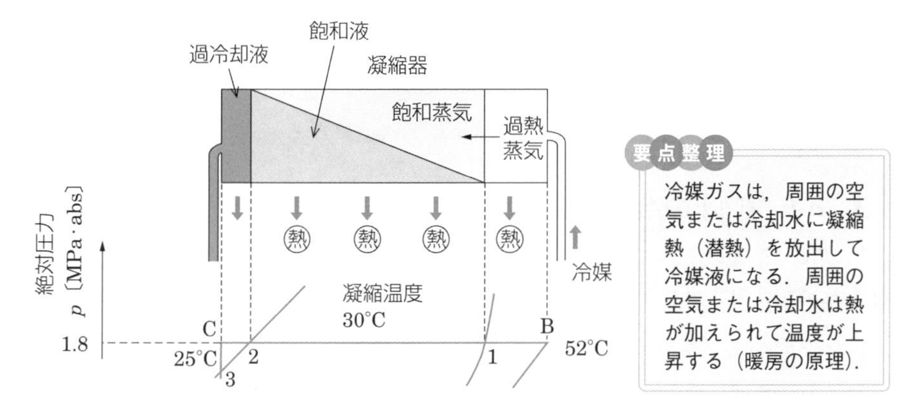

図 1.27　凝縮器における冷媒の変化

・ある圧力のもとの冷媒液の飽和温度（凝縮温度）とその圧力の過冷却液の温度（膨張弁前の冷媒温度）との間の温度差を，過冷却液の過冷却度（サブクール **sub cool: SC**）という．図 1.25 の *p-h* 線図では，5℃となる．

過冷却度（SC）＝凝縮温度－膨張弁直前の冷媒温度

＝30℃－25℃＝5℃

④　**点 C から点 D の過程（冷媒液の膨張：膨張弁）**

・高温・高圧の冷媒液は，膨張弁の絞り作用により膨張して低温・低圧の冷媒液になって，蒸発器に送られる．

・絞り作用は，流体が狭い流路を通過するときに，流路抵抗によって圧力が下がる現象である．絞り作用では，外部との熱の出入りはなく，また，外部に

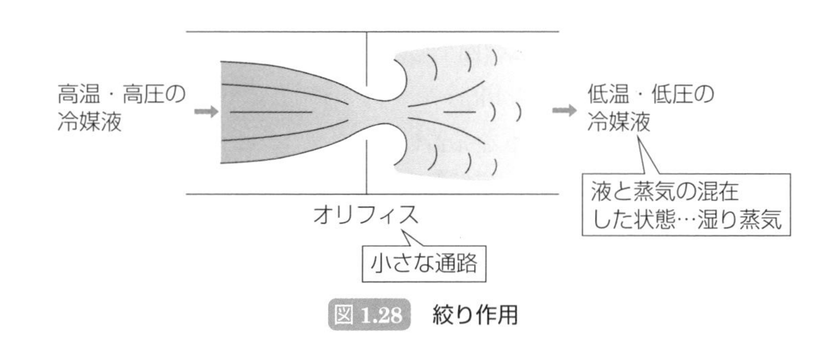

図 1.28　絞り作用

仕事も行わない（保有するエネルギーに変化がない）ので冷媒の等比エンタルピー変化（*p-h* 線図上では垂直線）である．

・*p-h* 線図上では，点 C の冷媒液（25℃，1.7 MPa·g）が膨張弁の絞り作用により圧力降下するときに，冷媒液の一部が自己蒸発する際の潜熱によって，蒸発圧力に対応した蒸発温度まで冷媒自身の温度が下がり，点 D の湿り蒸気（－15℃, 0.38 MPa·g）となる（点Cと点Dの比エンタルピーは等しい）．なお，冷媒は図 1.27 の点 3 より湿り蒸気状態になる．

3　*p-h* 線図上の冷凍機の諸量

冷媒は，冷凍装置内で熱が出入りして状態変化する．冷凍装置内の各機器における熱の出入り前後の冷媒の比エンタルピー差と冷媒循環量がわかれば，各機器における出入りの熱量が計算できる．

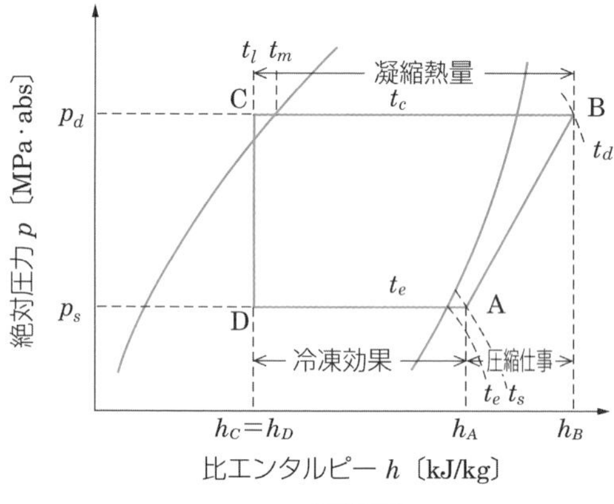

p_s〔MPa･abs〕：圧縮機吸込み圧力
p_d〔MPa･abs〕：圧縮機吐出し圧力
t_e〔℃〕：蒸発温度
t_c〔℃〕：凝縮温度
t_s〔℃〕：圧縮機の吸込み蒸気温度
t_d〔℃〕：圧縮機の吐出しガス温度
t_l〔℃〕：膨張弁直前の液の温度

図 1.29　*p-h* 線図上の冷凍機の諸量

(1)　冷凍効果（蒸発器で吸収する熱量）

・装置内を循環する冷媒 1 kg 当たり，周囲から熱を奪うことができる熱量を冷凍効果という．冷凍効果は，*p-h* 線図上の点Dと点Aの比エンタルピー差である．

冷凍効果　$w_r = h_A - h_D$〔kJ/kg〕

・使用する冷媒が同じであっても蒸発器における冷凍効果の値は，凝縮温度，蒸発温度，膨張弁直前の冷媒液過冷却度，蒸発器出口の冷媒蒸気過熱度などの冷凍サイクルの運転条件によって変わる．

膨張弁ではエンタルピー変化がないため，$h_C = h_D$ であることに注意

(2) 冷凍能力

- 蒸発器で，冷媒が吸収する単位時間当たりの熱量が冷凍能力（蒸発器の冷却能力）で，次式で表される．

膨張弁では，外部との熱の出入りがない（エンタルピー変化がない）ので，$h_C=h_D$ になる．また，kW は動力の単位として用いられるが，冷凍能力，凝縮負荷の単位としても用いられる．

冷凍能力　Φ_0 = 冷媒循環量 × 冷凍効果

$= q_{mr}w_r$〔(kg/s) × (kJ/kg)〕

$= q_{mr}(h_A - h_D)$〔kJ/s = kW〕

- 冷媒循環量 q_{mr}〔kg/s〕は，1 秒当たりの装置を循環する冷媒の量である．
- 冷凍能力の単位として，日本冷凍トンが使われることがある．

　1 日本冷凍トン（1 JRt）とは，0℃の水 1 トン（1 000 kg）を 1 日（24 時間）で 0℃の氷にするために除去しなければならない熱量（0℃の氷の融解熱は 333.6 kJ/kg）のことである．

$$1\,〔\mathrm{JRt}〕= \frac{333.6 \times 1\,000}{24} = 139\,000\,〔\mathrm{kJ/h}〕= \frac{13\,900}{3\,600}\,〔\mathrm{kJ/s}〕\fallingdotseq 3.861\,〔\mathrm{kW}〕$$

　冷凍装置の冷凍能力（＝蒸発器の冷凍能力）Φ_0〔kJ/s〕を次の式により冷凍トン〔JRt〕に変換する．

$$冷凍トン = \frac{\Phi_0}{3.861} = \frac{q_{mr}(h_A - h_D)}{3.861}\,〔\mathrm{JRt}〕$$

- 蒸発圧力が低下すると，圧縮機の吸込み蒸気の比体積が大きくなるため，冷媒循環量が減少し，冷凍能力が小さくなる．

コラム

冷凍能力

　冷凍機の能力を表す場合に，冷凍トンという単位を用いる．冷凍トンには，次のものがある．

- 日本冷凍トン〔JRt〕，アメリカ冷凍トン〔USRt〕…冷暖房や冷却能力を表すのに用いる．

　1 冷凍トンとは 1 日に 1 トンの 0℃の水を氷にするために除去すべき熱量のことである．

　日本冷凍トン：1 JRt＝3.86 kW

　アメリカ冷凍トン：1 USRt＝3.52 kW

Point

試験問題では，日本冷凍トン〔JRt〕で出題されている．

- 法定冷凍トン…製造許可や製造届出を行う際の基準となる 1 日の冷凍能力を表すのに用いる．

蒸発圧力の低下 → 吸込み蒸気の比体積が大 → 冷媒循環量の減少 → 冷凍能力の低下

(3) 理論断熱圧縮仕事の熱当量（圧縮に要する仕事量）

・冷媒 1 kg 当たりの理論的（理想的）な圧縮仕事量（圧縮動力）は，p-h 線図上において，断熱圧縮前後の冷媒の比エンタルピーの差から求める．

冷媒 1 kg 当たりの理論断熱圧縮動力　$w_s = h_B - h_A$〔kJ/kg〕

・p-h 線図上において，点 A の状態の冷媒蒸気は，圧縮機で理論断熱圧縮仕事のエネルギーを受け入れて点 B の状態になり，圧縮される冷媒の比エンタルピーは h_A から h_B に増大する．

・冷媒循環量 q_{mr}〔kg/s〕のときの理論断熱圧縮動力は，次式になる．

理論断熱圧縮動力　$P_{th} = q_{mr} w_s = q_{mr}(h_B - h_A)$〔kJ/s = kW〕

Point

理論断熱圧縮動力とは，冷媒蒸気が圧縮される過程において発生する熱が周囲に対して全く出入りのない場合の理論的な動力である．軸動力の毎時の熱量への換算は 1 kW（1 kJ/s）＝60×60 kJ/h＝3,600 kJ/h である．

・実際の圧縮動力 P（電動機軸動力：電動機出力）は，いろいろな損失が加わり，理論圧縮動力 P_{th} より大きくなる．

Point

冷凍装置の圧縮機の軸動力（電動機軸から出せる動力＝電動機出力）を小さくするためには，蒸発温度は必要以上に低くしすぎない，凝縮温度は必要以上に高くしすぎないように運転するのがよい．また，冷媒配管内での冷媒の流れの抵抗を大きくならないように配管径を適切にする．

(4) 圧力比（圧縮比）

・冷凍サイクルの圧力比は，蒸発圧力（吸込み蒸気圧力）に対する凝縮圧力（吐出しガス圧力）の絶対圧力の比であり，次式になる．

$$圧力比 = \frac{吐出しガスの絶対圧力}{吸込み蒸気の絶対圧力} = \frac{p_d〔MPa\cdot ads〕}{p_s〔MPa\cdot ads〕}$$

・圧力比の値が大きいほど，すなわち蒸発圧力が低いほど，また，凝縮圧力が高いほど，圧縮の間の比エンタルピー差（$h_B - h_A$）は大きくなり，冷媒循環量当たりの理論断熱圧縮動力が大きくなる．

(5) 理論凝縮熱量（凝縮器で放出する熱量：凝縮器の凝縮負荷）

・理論凝縮熱量は，冷凍能力に圧縮機が駆動するときの入力（軸動力）に相当す

コラム

仕事と動力

・仕事 L〔N·m＝J：ジュール〕：物体に力 F〔N：ニュートン〕を加えて，力の方向に物体を S〔m〕だけ移動するのに要したエネルギー
・動力 P〔W：ワット〕：単位時間（1 秒間）当たりにする仕事の割合

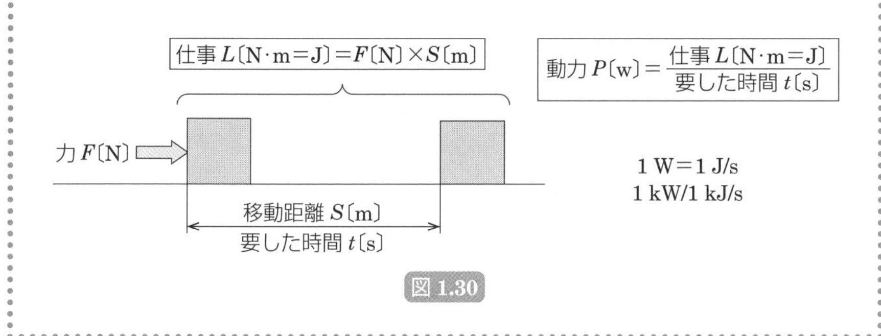

図 1.30

る熱量（理論断熱圧縮動力）を加えたものである．

・理論凝縮熱量は，次式で表される．

理論凝縮熱量　$\Phi_k = q_{mr}(h_B - h_D) = \Phi_0 + P_{th}$〔kJ/s〕

Point

ヒートポンプサイクルでは，室内熱交換器（凝縮器としての役割）から放出する熱（凝縮負荷）を利用して暖房運転を行う．

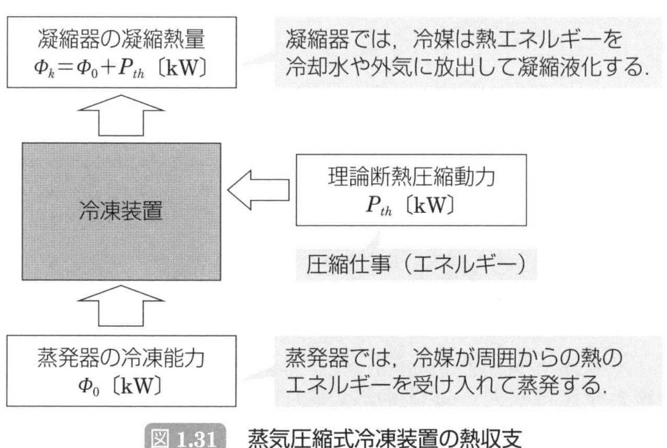

図 1.31　蒸気圧縮式冷凍装置の熱収支

(6) 理論冷凍サイクルの成績係数（Coefficient Of Performance: COP）

・冷凍サイクルのエネルギー消費効率を表す尺度として成績係数がある．

・成績係数は，理論断熱圧縮動力当たりの冷却・加熱能力を表した値である．

・成績係数が大きいほど効率がよく，少ない動力で大きな冷却・加熱能力があることになる．

・理論冷凍サイクルの成績係数 $(\mathrm{COP})_{th\cdot R}$ は，次式で表される．

Point
$(\mathrm{COP})_{th\cdot R}$：COP の下付きの th は理論的な場合で R は冷凍サイクルを意味する．

理論冷凍サイクルの成績係数

$$(\mathrm{COP})_{th\cdot R}=\frac{\text{冷凍能力 }\Phi_0}{\text{理論断熱圧縮動力 }P_{th}}=\frac{q_{mr}(h_A-h_D)}{q_{mr}(h_B-h_A)}$$

$$=\frac{h_A-h_D}{h_B-h_A}=\frac{w_r}{w_s}=\frac{\text{冷凍効果}}{\text{圧縮仕事の熱当量}}$$

(7) 凝縮温度や蒸発温度が変化する場合の成績係数

図 1.32 のように，凝縮温度（蒸発圧力）が高くなり，蒸発温度（凝縮圧力）が低くなると，点 A → B → C → D のサイクルは点 A′→ B′→ C′→ D′ へと変化する（過冷却度，過熱度一定）．

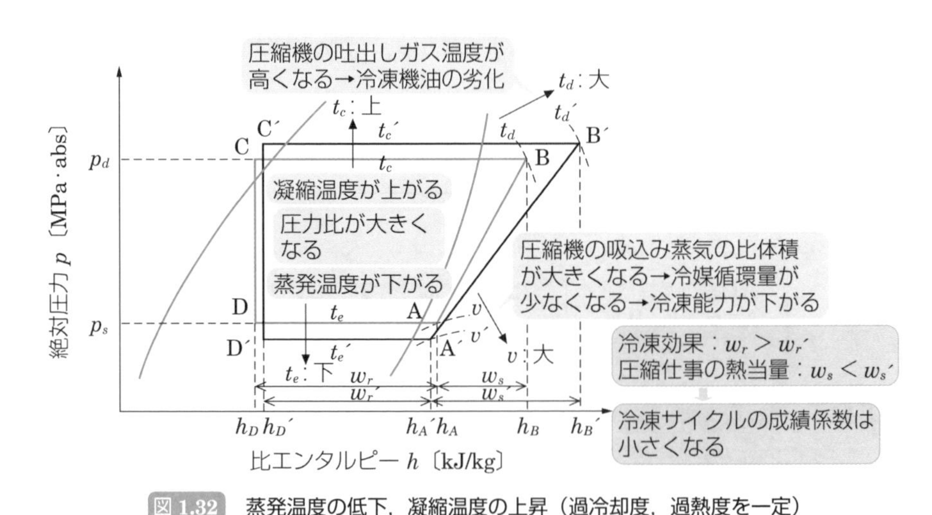

図 1.32 蒸発温度の低下，凝縮温度の上昇（過冷却度，過熱度を一定）

① 蒸発温度が低くなると冷凍効果が少し小さくなる．なお，冷媒循環量が減少する（冷媒の比体積が大）ので，冷凍能力は小さくなる．

② 凝縮温度が高くなると断熱圧縮動力が大きくなる．

③　①または②が発生したとき，または①と②が同時に発生したときは，成績係数が小さくなる．

したがって，少ない圧縮機の軸動力で大きな冷凍能力を得るようにするには，蒸発温度は必要以上に低くしないで，凝縮温度は必要以上に高くし過ぎないように運転した方がよい．

Point

実際の冷凍装置の成績係数は，圧縮機の機械的摩擦損失などで圧縮機の動力は理論値よりも高くなるため，蒸発温度と凝縮温度などの運転条件が同じであっても，理論成績係数よりも小さくなる．

4　ヒートポンプサイクル

(1)　原理

冷凍機と同じ装置を使い，同じ冷凍サイクルを使用する（図 1.33）．ただし，冷房運転では室内熱交換器である蒸発器により周囲からの熱を吸収し，室外熱交換器である凝縮器により熱を放出するのに対して，暖房運転では，四方切換弁などによって冷媒の流れを切り換えることにより，蒸発器と凝縮器の働きを逆にする（四方切換弁については p.133 を参照）．

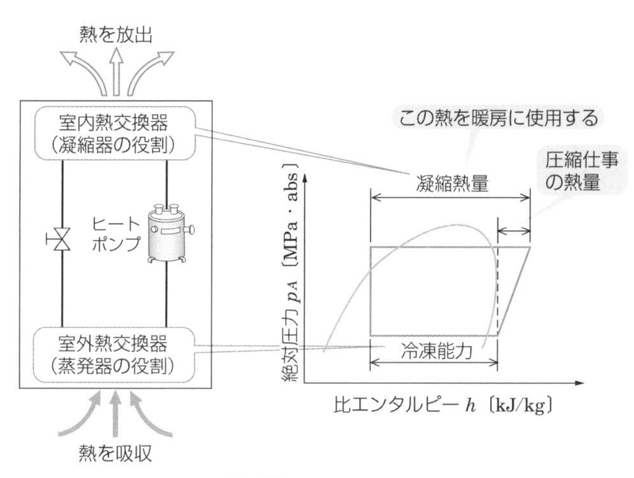

図 1.33　ヒートポンプ

圧縮機での圧縮動力に相当する熱を室外熱交換器（蒸発器としての働き）で取り入れた熱とともに，室内熱交換器（凝縮器としての働き：加熱器）から放出される熱を利用して暖房運転を行う．

(2) ヒートポンプサイクルの成績係数の値

ヒートポンプサイクルの成績係数の値は，同一運転温度条件における冷凍サイクルの成績係数の値よりも常に 1 の数値だけ大きい.

ヒートポンプサイクルの成績係数

$$(\mathrm{COP})_{th\cdot H}=\frac{\text{凝縮熱量 }\Phi_k}{\text{理論断熱圧縮動力 }P_{th}}=\frac{q_{mr}(h_B-h_D)}{q_{mr}(h_B-h_A)}$$

$$=\frac{h_B-h_D}{h_B-h_A}=\frac{(h_A-h_D)+(h_B-h_A)}{h_B-h_A}$$

$$=\frac{w_r-w_s}{w_s}=\frac{w_r}{w_s}+1=(\mathrm{COP})_{th\cdot R}+1$$

Point

th: theory（理論），
H: Heat（ヒート），
R: Refrigerant（冷凍）
の頭文字.

5 二段圧縮冷凍装置

単段圧縮装置では冷媒の蒸発温度が－30℃程度以下の場合には，装置の効率向上，圧縮機吐出しガスの高温化にともなう冷媒と冷凍機油の劣化を防止するために，二段圧縮冷凍装置が一般に使用される.

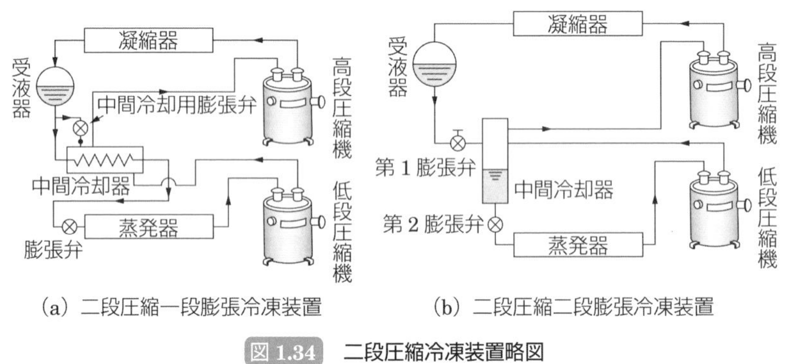

(a) 二段圧縮一段膨張冷凍装置　(b) 二段圧縮二段膨張冷凍装置

図 1.34 二段圧縮冷凍装置略図

二段圧縮冷凍装置では，蒸発器からの冷媒蒸気を低段圧縮機で中間圧力まで圧縮し，中間冷却器に送って過熱分を除去し，高段圧縮機で再び凝縮圧力まで圧縮するように構成しているので，高段圧縮機の吐出しガス温度が単段で圧縮した場合よりも低くなる.

二段圧縮方式には，二段圧縮一段膨張冷凍装置と二段圧縮二段膨張冷凍装置の 2 種類あるが，実用されているのがほとんど二段圧縮一段膨張冷凍装置である.

例題

次のイ，ロ，ハ，ニの記述のうち，冷凍の基本的事項について正しいものはどれか．

イ．冷媒は，冷凍装置内で熱が出入りして状態変化する．冷凍装置内の各機器における熱の出入り前後の冷媒の比エンタルピー差と流量がわかれば，各機器における出入りの熱量が計算できる．

ロ．ブルドン管圧力計で指示される圧力は，管内圧力である大気圧と管外圧力である冷媒圧力の差であり，この圧力をゲージ圧力と呼ぶ．

ハ．膨張弁における膨張過程では，冷媒液の一部が蒸発することにより，膨張後の蒸発圧力に対応した蒸発温度まで冷媒自身の温度が下がる．

ニ．冷凍サイクルの圧力比は，蒸発圧力に対する凝縮圧力の比であり，これらの圧力はゲージ圧力を用いて表される．

(1) イ，ロ　(2) ハ，ニ　(3) イ，ハ　(4) ロ，ハ　(5) イ，ハ，ニ

▶解説

イ：(正) 比エンタルピーの差から熱量変化を求めることができ，比エンタルピーの絶対値はとくに必要とされていない．なお，冷媒は0での飽和液の比エンタルピー値を200 kJ/kgとし，これを基準としている．

ロ：(誤) ブルドン管圧力計で指示される圧力は，管内圧力である冷媒圧力と管外圧力である大気圧の差であり，この圧力をゲージ圧力と呼ぶ．

ハ：(正) 冷媒液が圧力降下するときに，液の一部が自己蒸発する際の潜熱によって，冷媒自身の温度が下がる．

ニ：(誤) 冷凍サイクルの圧力比は，蒸発圧力に対する凝縮圧力の絶対圧力の比である．

[解答] (3)

例題

次のイ，ロ，ハ，ニの記述のうち，冷凍の基本的事項について正しいものはどれか．

イ．蒸発器の冷却能力を冷凍装置の冷凍能力といい，その値は凝縮器の凝縮負荷に圧縮機の軸動力を加えたものに等しい．

ロ．ヒートポンプサイクルは，圧縮機での圧縮動力に相当する熱を蒸発器で取り入れた熱とともに，凝縮負荷として凝縮器から放出される熱を利用する．

ハ．必要な冷凍能力を得るための圧縮機動力が小さければ小さいほど冷凍装置の性能がよいことになる．その冷凍装置の性能を表す量が成績係数である．

ニ．冷凍サイクルの成績係数は，冷凍サイクルの運転条件によって変わる．蒸発圧力だけが低くなっても，あるいは凝縮圧力だけが高くなっても，成績係数が大きくなる．

(1) イ，ロ　(2) ハ，ニ　(3) イ，ニ　(4) ロ，ハ　(5) イ，ハ，ニ

▶ 解説

イ：(誤) 冷凍装置の冷凍能力は，凝縮負荷から圧縮機が駆動するときの入力（軸動力）に相当する熱量（理論断熱圧縮動力）を引いたものである．

ロ：(正) ヒートポンプサイクルは，圧縮機での圧縮動力に相当する熱を室外熱交換器で取り入れた熱とともに，室内熱交換器から放出される熱を利用する．

ハ：(正) 冷凍能力を理論断熱圧縮動力で除した値を理論冷凍サイクルの成績係数と呼び，この値が大きいほど，小さい動力で大きな冷凍能力が得られることになる．

ニ：(誤) 蒸発圧力だけが低くなっても，あるいは凝縮圧力だけが高くなっても，圧縮機軸動力が大きくなるので，成績係数が小さくなる．

[解答] (4)

例題

次のイ，ロ，ハ，ニの記述のうち，冷凍の基本的事項について正しいものはどれか．

イ．圧縮機駆動の軸動力を小さくし，大きな冷凍能力を得るためには，蒸発温度はできるだけ低くして，凝縮温度は必要以上に高くし過ぎないことが重要である．

ロ．蒸発圧力が低下すると，圧縮機の吸込み蒸気の比体積が大きくなるため，冷媒循環量が増加し，冷凍能力が大きくなる．

ハ．冷媒の蒸発温度が－30℃程度以下に低下してくると，装置の効率向上や，圧縮機吐出しガスの高温化にともなう冷媒と冷凍機油の劣化を防止するなどのために，二段圧縮冷凍装置が一般に使用される．

ニ．理論ヒートポンプサイクルの成績係数の値は，同一運転温度条件における理論冷凍サイクルの成績係数の値よりも常に1の数値だけ大きい．

(1) イ，ロ　(2) ハ，ニ　(3) イ，ニ　(4) ロ，ハ　(5) イ，ハ，ニ

▶解説

イ：(誤) 圧縮機駆動の軸動力を小さくするには，蒸発温度は必要以上に低くし過ぎないで，凝縮温度は必要以上に高くし過ぎないように運転することである．

ロ：(誤) 蒸発圧力が低下すると，圧縮機の吸込み蒸気の比体積が大きくなるため，冷媒循環量は減少し，冷凍能力は小さくなる．

ハ：(正) 冷媒の蒸発温度が－30℃よりも低く，単段圧縮冷凍装置では圧縮機吐出しガス温度の高温化や冷凍装置の効率低下が見られるときには，二段圧縮機冷凍装置が使用される．

ニ：(正) 理論ヒートポンプサイクルの成績係数は，理論冷凍サイクルの成績係数よりも1だけ大きい．

[解答] (2)

2-1 冷　媒

1　冷媒の種類

冷媒は，冷凍装置内で熱を吸収して液から蒸気になったり，熱を放出して蒸気から液になったりして，状態変化を繰り返す熱媒体（熱を運ぶ媒体）となる物質である．

冷媒の種類は，フルオロカーボン冷媒（CFC 系，HCFC 系，HFC 系）と非フルオロカーボン冷媒（アンモニアなど）に分類される．

（1）　環境問題と冷媒

アンモニアは，価格が安く，冷凍能力が高い冷媒であるが，可燃性・毒性ガスであるため，無臭の物質で，不燃性などさまざまな面で大変優れた，フルオロカーボン冷媒の **CFC 系冷媒**，**HCFC 系冷媒**が使われるようになった．しかし，表 2.1 に示すように，CFC 系，HCFC 系冷媒はオゾン層を破壊する問題があるため，代替フロンとして **HFC 系冷媒**が使われたが，これも地球温暖化へ影響があるため，大気放出を防ぐなどの対策や規制が行われている．また，アンモニアへの回帰や二酸化炭素，炭化水素などを用いた自然冷媒が再び注目をされている．

表 2.1　フルオロカーボン系冷媒と環境問題

分　類		代表的な冷媒	オゾン層破壊性	温暖化への影響	特　徴
CFC（クロロフルオロカーボン）系		R11 R12	大	あり	塩素を含み水素を含まない分子構造で，オゾン層破壊への影響が最も大きいため，「特定フロン」として 1995 年末に全廃された
HCFC（ハイドロクロロフルオロカーボン）系		R22	小	あり	塩素の一部を水素に置換した分子構造で，オゾン層破壊は CFC 冷媒ほどではないが，「指定フロン」として 2020 年原則全廃された
HFC（ハイドロフルオロカーボン）系	単成分冷媒	R134a	なし	あり	塩素全部を水素に置換した分子構造で，「代替フロン」として使用されている．オゾン層破壊はないが，地球温暖化への影響が二酸化炭素に比べて大きい
	共沸混合冷媒	R507A	なし	あり	
	非共沸混合冷媒	R404A R407C R410A	なし	あり	

表 2.2 自然冷媒の特性

自然冷媒（非ふっそ系冷媒）	沸点〔℃〕	臨界温度〔℃〕	ODP（R11比）	GWP（CO_2比）	安全性	
					毒性	燃焼性
アンモニア（R717）	−33.3	132.2	0.02	0	強	微燃
二酸化炭素（R744）	−78.4	30.9	0	1	弱	不燃
プロパン（R290）	−42.1	96.6	0	3	弱	強燃

・ODP（Ozone Depletion Potential）：R11を1としたオゾン層破壊係数
・GWP（Global Warming Potential）：CO_2を1とした地球温暖化係数
※毒性，燃焼性は，ASHRAE34による.

最近では微燃性ガスのR32，R1234yfやR1234zeの特定不活性ガスを使用した冷凍装置が増加しているが，冷媒ガスが漏えいしたときの燃焼を防止するための適切な措置を講じる必要性がある.

表 2.3 特定不活性ガスの特性

特定不活性ガス	沸点〔℃〕	臨界温度〔℃〕	ODP（R11比）	GWP（CO_2比）	安全性	
					毒性	燃焼性
R32	−51.6	78.1	0	550	弱	微燃
R1234vt	−29.4	94.7	0	4	弱	微燃
%1234ze	−18.9	109.3	0	6	弱	微燃

・ODP（Ozone Depletion Potential）：R11を1としたオゾン層破壊係数
・GWP（Global Warming Potential）：CO_2を1とした地球温暖化係数
※毒性，燃焼性は，ASHRAE34による.

Point

フルオロカーボン冷媒の種類の中で，分子構造中に塩素原子を含むものはその塩素がオゾン層を破壊するとして国際的に規制されている．また，塩素原子を含まないものでも地球温暖化に影響を及ぼすとして，大気放出を防ぐなどの対策・規制が行われている.

コラム

冷媒と環境

いかなる冷媒でも地球環境・住環境を健全に保つためには，大気放出は望ましいことではない.

<冷媒の大気への放出による影響>

・CFC系，HCFC系冷媒…成層圏のオゾン層破壊，温暖化による環境破壊
・HFC系冷媒…温暖化による環境破壊
・アンモニア（R717）…毒性．臭気
・炭化水素（HC）…光化学スモッグの原因
・特定不活性ガス…燃焼を防止の適切な措置

(2) 非共沸混合冷媒と共沸混合冷媒

複数の単一成分冷媒（R22，R134a など）を混合した混合冷媒には，非共沸混合冷媒（R404A，R407C，R410A など）と共沸混合冷媒（R507A など）がある．

・共沸混合冷媒…沸点の近い複数の冷媒をある一定の比率で混合すると一定の沸点をもち，気相，液相での成分比が同一になり，混合冷媒の温度勾配がない．

・非共沸混合冷媒…沸点差の大きな複数の単一成分冷媒を混合させたもので，相変化時（液体⇔気体）に，気相，液相での成分比が異なり，混合冷媒の温度勾配が大きい．

Point

温度勾配は，蒸発始めの温度（沸点）と蒸発終わりの温度（露点）との温度差である．

コラム

冷媒の記号

400 番台：非共沸混合冷媒…R410A，R452B，R454B
500 番台：共沸混合冷媒…R514A
600 番台：有機化合物…R600a
700 番台：無機化合物…R717，R729，R744

混合する冷媒の成分比が異なるものは，**R407C** のように番号の後に大文字のアルファベット A，B，C，…をつけて，成分比の違いを表す．

3 冷媒の一般的特性

・沸点（標準沸点）は，表 2.4 では R134a が最も高く R410A が最も低くなっている

＜沸点の高い順＞

R134a＞R717（アンモニア）＞R407C＞R404A＞R507A＞R410A

Point

一般に，標準沸点（飽和圧力が大気圧に等しいときの飽和温度）を単に「沸点」と呼んでいる．

・沸点の低い冷媒は，同じ温度条件で比べると，一般に沸点の高い冷媒よりも蒸気圧が高いので飽和圧力が高い．

・単一成分冷媒，共沸混合冷媒は，相変化中の温度は一定である．

・非共沸混合冷媒は，相変化の過程で温度変化するので，蒸発開始の温度（沸点）

と蒸発終了の温度（露点）とに違いがある（沸点<露点）.

・非共沸混合冷媒が蒸発する場合は沸点の低い冷媒が早く蒸発し，凝縮する場合は沸点の高い冷媒が早く凝縮するので，蒸気中の成分割合と液中の成分割合に差を生じる.

Point

非共沸混合冷媒は，一定圧力下で蒸発し始める温度（沸点）と，蒸発終了時の温度（露点）とに差があり，沸点の低いR404Aと沸点の高いR407CとをくらべるとR407Cのほうが温度差が大きく，両冷媒ともに沸点のほうが露点よりも低い.

各種冷媒の一般的な性質を表2.4に示す.

表2.4 主な冷媒の性質

一般的な性質		単一成分	共沸混合	非共沸混合			R717
		R134a	R507A	404A	R407C	R410A	アンモニア
沸点〔℃〕		−26.07	−46.65	−46.13	−43.57	−51.46	−33.33
露点〔℃〕				−45.4	−36.59	−51.37	
臨界温度〔℃〕		100.939	70.22	71.63	86.54	71.41	132.25
飽和圧力〔MPa〕	10℃	0.415	0.844	0.819	0.708	1.107	0.615
	45℃	1.16	2.101	2.047	1.859	2.719	1.783
環境	ODP	0	0	0	0	0	0.02
	GWP	1300	2199	3784	1325	1975	0
安全性	毒性	弱	弱	弱	弱	弱	強
	燃焼性	不燃	不燃	不燃	不燃	不燃	微燃

・ODP（Ozone Depletion Potential）：R11を1としたオゾン層破壊係数
・GWP（Global Warming Potential）：CO_2を1とした地球温暖化係数

4 アンモニア冷媒とフルオロカーボン冷媒の特性比較

フルオロカーボン冷媒とアンモニア冷媒との特性比較を表2.5に示す.

(1) 毒性

・アンモニア冷媒は可燃性および毒性ガスである.

・フロオロカーボン冷媒は，ほとんど毒性はないが，火炎のような高温にさらされると熱分解や化学変化により有毒ガスを発生することがある.

(2) 金属材料への影響

・アンモニアは銅および銅合金を腐食するため，圧縮機の軸受（常に油に浸されている）などの一部を除き，銅管や黄銅製の部品は使用できない.

・フルオロカーボン冷媒は，2%を超えるマグネシウムを含むアルミニウム合金の配管や部品に対して腐食性があるので使用できないが，通常の金属材料であれば使用できる．

・フルオロカーボン冷媒は，化学的に安定した冷媒であるが，装置内に水分が混入し，温度が高いと冷媒が分解して金属を腐食することがある．

表 2.5　冷媒の特性

特　性	アンモニア冷媒	フルオロカーボン冷媒
毒　性	毒性ガス	無害．ただし，裸火で毒性ガスを出す
可燃性	可燃性ガス	なし
爆発性	容積比でアンモニア 13 ～ 27%と空気 87 ～ 73%の混合で着火すると爆発を起こす	なし
水　分	水に容易に溶け，アンモニア水になる．微量の水が混入してもドライヤ（乾燥剤）は必要がない	水とはほとんど溶け合わない（ドライヤが必要）．装置内に浸入した水分は，低温で氷結し膨張弁を詰まらせたりする．高温でフルオロカーボン冷媒が分解（加水分解）して酸性の物質をつくり，金属を腐食させる
冷凍機油	冷凍機油（鉱油）とあまり溶け合わない（よく溶け合う合成油もある）	冷凍機油とよく溶け合う
金　属	銅および銅合金を腐食する．このため，鋼管や鋼板を使用する	水分がなければ金属を侵さないが，2%以上のマグネシウムを含むアルミニウム合金を侵す．したがって，鋼管，銅管を使用する
圧縮機の吐出し温度と過熱度	アンモニア冷媒はフルオロカーボン冷媒に比べるとかなり高い吐出しガス温度になるので，過熱度なしで圧縮する	フルオロカーボン冷媒はアンモニア冷媒に比べるとかなり低い吐出しガス温度になるので，過熱度 3 ～ 8℃にして圧縮する
比　重	水に対する比重は約 0.6（飽和水 30℃）で冷凍機油より軽い．空気に対する比重は約 0.6 で漏えいすると天井（上部）に滞留する	液の比重は 1 以上で冷凍機油より重く，ガスは空気より重い．したがって，漏えいすると床面（下部）に滞留し，人体に酸欠を起こすことがあるので，換気に十分気をつける

(3)　水分との関係

①　アンモニア冷媒と水分

・アンモニア液は水分とよく溶け合ってアンモニア水が生成されるが，多少の水分が冷媒に混入しても冷凍装置においては問題がない．

・蒸発器内のアンモニア冷媒液に水分が多量に溶け込むと冷却能力減少（水分

の沸点が高い）により蒸発圧力が下がり，次のように冷凍能力が低下する．

蒸発圧力が下がる → 圧縮機の吸込み蒸気の比体積増加 →
冷媒循環量の減少 → 冷凍能力の低下

・水分の混入は，冷凍機油の乳化（白濁）による潤滑性能の低下や金属材料の腐食の原因となる．したがって，できるだけ水分の混入は避けるべきである．

② フロオロカーボン冷媒と水分

・フロオロカーボン冷媒の水分溶解度が小さい．

・溶解度以上に水分が混入すると水分が遊離する．

・低温では，この水分が氷結して膨張弁やキャピラリチューブなどを詰まらせて冷凍作用を妨げる．

・高温では，冷媒と水が加水分解（水による分解反応）で酸性物質（塩酸，フッ化水素）を生成して金属腐食の原因になる．

・フルオロカーボン冷凍装置には，ドライヤ（シノカゲルやオライトなど）をつけて冷媒に混入した水分を吸着して除去する．

コラム

圧縮機の吐出しガス温度

冷凍サイクルの凝縮温度，蒸発温度，過冷却度および過熱度が同じとすると，圧縮機の吐出しガス温度はアンモニアはフルオロカーボン冷媒に比べると，かなり高い温度になる．

表 2.6 冷媒の圧縮機吐出ガス温度

（蒸発 / 凝縮温度＝10/45℃，過冷却度 / 過熱度＝0/0K）

冷 媒	R134a	R404A	R407C	R410A	R507A	アンモニア
圧縮機吐出ガス温度〔℃〕	48.51	49.63	56.90	59.55	49.32	87.62

例題

次のイ，ロ，ハ，ニの記述のうち，冷媒について正しいものはどれか．

イ．単一成分冷媒の沸点は種類によって異なるが，沸点の低い冷媒は，同じ温度条件で比べると，一般に沸点の高い冷媒よりも飽和圧力が低い．

ロ．R134a と R410A は，ともに単一成分冷媒である．

ハ．フルオロカーボン冷媒は，一般に毒性が低く，安全性の高い冷媒であるが，多量に冷媒ガスが漏れた場合には，酸素欠乏による致命的な事故になることがある．

ニ．フルオロカーボン冷媒は，腐食性がないので銅や銅合金を使用できる利点があるが，冷媒中に水分が混入すると，金属を腐食させることがある．

（1）イ，ハ　（2）イ，ニ　（3）ロ，ハ　（4）ロ，ニ　（5）ハ，ニ

▶解説

イ：（誤）単一成分冷媒の沸点は種類によって異なり，沸点の低い冷媒は，同じ温度条件で比べると，一般に沸点の高い冷媒よりも飽和圧力が高い．

ロ：（誤）R134a は単一成分冷媒であるが，**R410A** は R32 と R125 との混合冷媒で非共沸混合冷媒である．

ハ：（正）フルオロカーボン冷媒の漏えいしたガスは空気よりも重いので，低い床上に滞留しやすい酸欠事故の危険性がある．

ニ：（正）フルオロカーボン冷媒の中に水分が混入すると，高温状態で冷媒が分解して酸性物質を生成して金属を腐食させることがある．

［解答］（5）

例題

次のイ，ロ，ハ，ニの記述のうち，冷媒について正しいものはどれか．

イ．アンモニア冷媒は水と容易に溶け合ってアンモニア水になるので，冷凍装置内に多量の水分が存在しても性能に与える影響はない．

ロ．低 GWP 冷媒として，HFC 冷媒では R32，HFO 冷媒の R1234yf や R1234ze，HC 冷媒の R290（プロパン），これらを成分とする混合冷媒，さらに，R717（アンモニア）や R744（二酸化炭素）などがある．

ハ．フルオロカーボン冷媒は化学的安定性が高い冷媒なので，装置には銅や銅合金をはじめ，マグネシウムを含むアルミニウム合金の配管や部品の使用には制限がない．

ニ．圧力一定のもとで非共沸混合冷媒が凝縮器内で凝縮するとき，凝縮中の冷媒蒸気と冷媒液の成分割合は変化しない．

(1) イ　(2) ロ　(3) ハ　(4) ニ　(5) イ，ロ

▶解説

イ：(誤) 微量の水分が冷媒に混入しても冷凍装置においては問題がないが，水分が多量に浸入すると装置の冷凍能力が低下し，冷凍機油が劣化する．

ロ：(正) HFO（ハイドロフルオロオレフィン）系冷媒は，地球環境への影響が大きいフロンガスに代わる次世代のエアコン冷媒として 2008 年に開発されたもので，R1234yf，R1234ze などがある．

ハ：(誤) フルオロカーボン冷媒は，2%を超えるマグネシウムを含むアルミニウム合金の配管や部品に対しては腐食性があるので，これらの材料は使用できない．

ニ：(誤) 圧力一定のもとで非共沸混合冷媒を凝縮する場合，沸点の高い冷媒が早く凝縮するので，冷媒液と冷媒蒸気の成分割合は変化する．

[解答]　(2)

2-2 冷凍機油（潤滑油）およびブライン

1 冷凍機油（潤滑油）

(1) 冷凍機油の役割

冷凍機油（鉱油，合成油）は，冷凍装置の圧縮機に使用する潤滑油で，ピストンの往復運動部の摩擦抵抗や摩耗を少なくするための潤滑作用や，密封（シール）作用，防錆作用などの役割がある．

(2) 冷凍機油の主な具備条件

冷凍装置の運転中，冷凍機油は，圧縮機のシリンダから冷媒と一緒に凝縮器へ，さらに蒸発器へ入るため，以下の特性が要求される．

① 凝固点が低く，引火点が高い．

② 粘性が適当で，低温で十分な流動性がある．

③ 冷媒と化学反応を起こさない．

④ 電気絶縁性が高い（密閉圧縮機の場合）．

Point

圧縮機に充填する冷凍機油として，低温用には一般に流動点（一定の条件で流動しなくなる温度）が低いものを選定する．

(3) 冷媒と冷凍機油

冷凍機に使用される冷凍機油として，アンモニア冷媒には鉱油，HFC 系冷媒には合成油が使われる（HCFC 系冷媒は，一般に鉱油が使用されていた）．

表 2.7 冷媒，冷凍機油の比重

冷媒名	飽和液の比重		空気に対するガスの比重	冷凍機油の比重
	0℃	30℃		
アンモニア	0.629	0.595	0.58	0.92 ～ 0.96
R134a	1.294	1.187	3.5	
R407C	1.236	1.116	2.9	
R404A	1.149	1.019	3.3	
R410A	1.171	1.036	2.5	

要点整理

アンモニア冷媒の比重は，液は冷凍機油よりも軽く，また，装置から漏えいしたガスは空気よりも軽い．
フルオロカーボン冷媒の比重は，液は冷凍機油よりも重く，装置から漏えいしたガスは空気よりも重い．

(a) アンモニア冷媒と冷凍機油

・アンモニア液は，通常使用している鉱油とはあまり溶け合わない（よく溶け合う合成油もある）．

・アンモニア液のほうが冷凍機油（鉱油）よりも比重が小さいから，受液器などでは冷凍機油が底に溜まり，その上にアンモニア液が浮いて層をつくる．

・アンモニア冷凍装置では，圧縮機の吐出しガス温度が高いため冷凍機油が劣化しやすい．したがって，冷凍機油の再利用を行わず，容器（油分離器，受液器など）の底部から冷凍機油を抜き取り装置外に排出し，新たな冷凍機油を補充する．

(b) フルオロカーボン冷媒と冷凍機油

・フルオロカーボン冷媒液と冷凍機油は互いによく溶け合う．フルオロカーボン冷媒液は冷凍機油よりも重いが，これらは互いに溶解して溶液になることが多い．

・冷媒が冷凍機油に溶け込む割合は，圧力が高いほど，温度が低いほど大きくなる．

・フルオロカーボン冷凍装置では，圧縮機から吐き出された冷凍機油は冷媒とともに装置内を循環させる．蒸発器から圧縮機へ冷凍機油を戻すために蒸発器と吸込み蒸気配管は，冷凍機油が圧縮機に戻るよう配管設計をする．

・冷凍機油として，HCFC 系冷媒の R22 には鉱油が使用されているが，HFC 系冷媒の R32，R134a，R404A，R407C および HFO 系冷媒の R1234yt，R1234ze では鉱油に溶け合わないので，相互溶解性を高めるため，合成油（ポリアルキレングリコール（PAG）油またはポリオールエステル（POE）油）が一般的に使用される．

(c) オイルフォーミング

・オイルフォーミングとは，圧縮機のクランクケース内で冷凍機油の中に冷媒が多く溶け込んでいると，圧縮機始動時にクランクケース内の圧力が急に低下して油中の冷媒が急激に蒸発し，泡立ち現象を生じることをいう．

・フルオロカーボン冷媒用の圧縮機では，冷媒が冷凍機油に溶け込む割合は，圧力が高いほど，温度が低いほど大きくなるため，圧縮機停止時にクランクケースヒータを使用して，冷凍機油を 20 ～ 40℃に保持し，始動時のオイルフォーミング発生による潤滑不良を防止する必要がある．

(4) 冷凍機油の吸湿性

冷凍機油が長期間空気にさらされると，冷凍機油は大気中の湿気を吸収し，加水分解によるスラッジ（沈殿物）などの要因となるので，できるだけ密封された容器に入っている冷凍機油を使い，古い冷凍機油や長時間空気にさらされた冷凍機油の使用は避けるべきである．とくに，合成油は鉱油に比べて，水分の吸湿性は格段に高い．

2 ブライン

冷媒が物質を直接冷やすのではなく，ブライン冷却器でブラインを冷却し凍結点が0℃以下の熱媒体をつくり，その顕熱で物質を冷却する．

ブラインには，無機ブラインと有機ブラインがある．

Point

不凍液は英語でbrine（ブライン）という．ブラインの本来の意味は塩水であるが，冷凍では間接冷却用の2次冷媒の呼び名として使われている．

表2.8 ブラインの種類

種類	ブライン名	最低使用温度	共晶点（濃度）	主な用途
無機ブライン	塩化カルシウム	−40℃	−55℃（30%）	製氷，冷凍，工業用
	塩化ナトリウム	−15℃	−21℃（23.3%）	食品，冷凍用
有機ブライン	エチレングリコール	−30℃	−50℃（60%）	冷凍，工業用
	プロピレングリコール	−30℃	−50℃（60%）	食品用

(1) 無機ブライン

- 塩化カルシウムブライン（塩化カルシウム水溶液）は，製氷，冷凍，冷蔵用および一般工業用として，現在でも最もよく使われている．
- 塩化カルシウムブラインの最低凍結温度（共晶点）は，塩化ナトリウムブラインの凍結点よりも低い（塩化カルシウムブラインで−55℃，塩化ナトリウムブラインで−21℃）．実用上，塩化カルシウムブラインで−40℃，塩化ナトリウムブラインで−15℃くらいまでの温度範囲で使用している．
- 食品に直接接触することのある場合には，特殊な場合を除き，塩化ナトリウム（食塩）ブラインが使われている．

(2) 有機ブライン

- エチレングリコールブラインおよびプロピレングリコールブラインの最低の凍結温度はともに質量パーセント濃度60 mass％で生じ−50℃で，実用温度範囲は－30℃までである.

・プロピレングリコールは無害で，食品，飲料，医薬品の製造工程における冷却用として多く用いられる.

・プロピレングリコールは，エチレングリコールに比べて熱通過率が悪いが，凍結しても膨張しない.

(3) ブラインの使用

・空気中の酸素がブラインに溶け込むと金属の腐食が進行する．とくに無機ブラインは，塩分を含むため金属材料に対して腐食性が強く，空気中の酸素を取り込むと腐食が進行するので，腐食抑制剤を添加したり，空気に接触しないようにすることが必要である．なお，有機ブラインは，無機ブラインより金属材料に対して腐食性が低いので，腐食抑制剤を適切に加えると金属に対しての腐食性がほとんどない.

・大気に接する状態で低温ブラインを使用すると，空気中の水分を凝縮して取り込み，溶液濃度が低下して凍結温度が上昇する（凍結点の濃度以下）．薄くなったブラインを除き，塩化カルシウムなどの溶質を補充するなど，濃度の調整（比重計で濃度測定）が必要になる.

Point

塩化カルシウムは入手しやすく，ブラインとして優れた性能を有するので，最も多く使用されてきたが，現在，腐食の問題から有機系のグリコール系ブラインが使用されている.

コラム

冷媒への水，空気などの混入

冷凍装置の冷媒は，真空にて充填し運転するが，運転中や再充填，補給，部品交換，修理などの過程で水分や空気が侵入する．また，圧縮機の冷凍機油は吐出しガスとともに装置内へ流れたり，凝縮器や蒸発器に留まることがある．これは冷媒の種類によって異なるが，装置の運転には重要な障害要素である．このため，フルオロカーボン冷媒，アンモニア冷媒に対する現象の問題は必ず出題されるので，よく理解しておかなければならない.

例題

次のイ，ロ，ハ，ニの記述のうち，冷媒および潤滑油およびブラインについて正しいものはどれか.

イ．塩化カルシウムブラインの凍結温度は，濃度が 0 mass% から共晶点の濃度までは塩化カルシウム濃度の増加にともなって低下し，最低の凍結温度は－40℃である.

ロ．フルオロカーボン冷媒の比重は，液の場合は冷凍機油よりも大きく，漏えいガスの場合は空気よりも大きい.

ハ．アンモニア液は，鉱油にほとんど溶解しない．また，アンモニア液のほうが鉱油よりも比重が小さいので油溜め器，液溜め器などでは油が底に溜まるので，油抜きは容器底部から行う.

ニ．塩化カルシウムブラインは，金属に対する腐食性が大きいので，腐食抑制剤を加えるとよい.

(1) ロ　(2) イ，ハ　(3) ロ，ニ　(4) イ，ロ，ハ　(5) ロ，ハ，ニ

▶解説

イ：(誤) 塩化カルシウムブラインの最低凍結温度（共晶点）は，塩化カルシウムブラインで**－55℃**，塩化ナトリウムブラインで－21℃である.

ロ：(正) フルオロカーボンの液は油よりも重く，漏えいガスは空気よりも軽い.

ハ：(正) アンモニア液のほうが鉱油より比重が小さく，油タンクや液溜めでは，アンモニア液は油の上に浮いて層をつくる.

ニ：(正) 無機ブラインは腐食性が強いので腐食抑制剤が必要になる.

［解答］(5)

第3章 圧縮機

3-1 圧縮機の種類と構造

1 圧縮機の種類

圧縮機は，冷媒蒸気の圧縮の方法により，容積式（往復式，スクリュー式，ロータリー式およびスクロール式など）と遠心式に大別される（図 3.1 ～ 3.5）.

・容積式：機構内の体積変化により圧力を与える構造

・遠心式：外周部へは吐き出すことで圧力を与える構造

表 3.1 圧縮機の種類

圧縮機の種類		密閉構造	原理	備考
容積式	往復式（レシプロ式）	開放	ピストンの往復運動によるシリンダの容積変化で圧縮する	・使いやすく機種豊富 ・フルオロカーボン系冷媒を用いた小・中形の密閉圧縮機が多く使用される
		半密閉		
		全密閉		
	ロータリー式	開放	回転するピストンとシリンダの組合せにより圧縮する	・ルームエアコンなどの小形機器に広く用いられている
		全密閉		
	スクロール式	開放	1 対の同一形状の渦巻き体で，一方を固定し，他方を円運動（相対的には揺動運動）させることにより圧縮室の体積を小さくし圧縮する	・比較的液圧縮に強く，トルクが変動，振動，騒音が小さく，高速回転に適している
		全密閉		
	スクリュー式	開放	オスロータとメスロータの二つのスクリュー形の溝を利用し体積を変化させる	・遠心式に比べて高圧力比に適している
		密閉		
遠心式		開放	外周部へ吐き出すことで圧力を与える	・大容量に適している ・高圧力比には不向きである
		密閉		

要点整理

圧縮機は，大きく分けて「容積式」「遠心式」に大別されるが，「遠心式」は，羽根車式（ターボ）の 1 種類だけで，ほかは「容積式」である.

密閉構造による分類として，駆動用の電動機（モータ）と圧縮機を別々に置いた開放圧縮機と電動機を内蔵した密閉圧縮機（全密閉圧縮機，半密閉圧縮機）に分けられる.

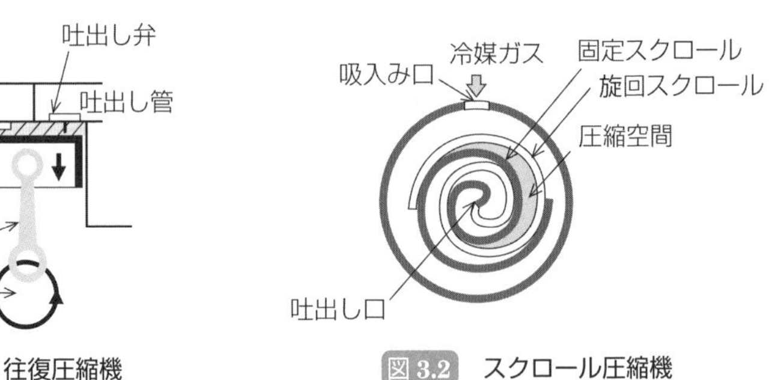

図 3.1　往復圧縮機

図 3.2　スクロール圧縮機

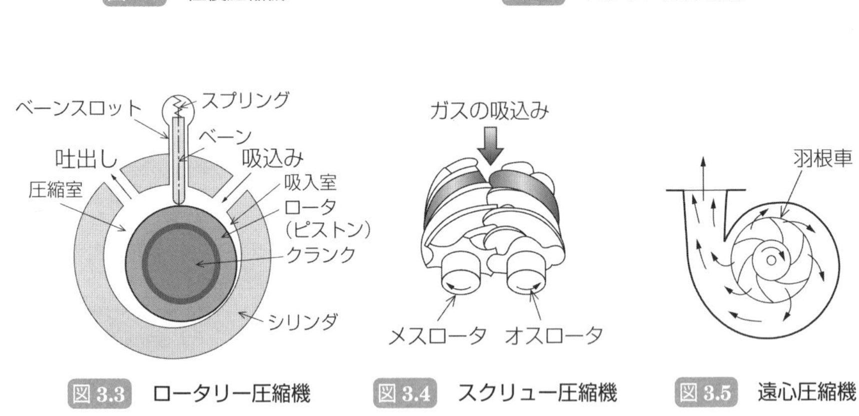

図 3.3　ロータリー圧縮機

図 3.4　スクリュー圧縮機

図 3.5　遠心圧縮機

2　往復圧縮機（レシプロ圧縮機）

往復圧縮機は，シリンダ（気筒）内をピストンがクランク機構で往復運動し，シリンダ内に吸込み弁から吸い込まれた冷媒蒸気を圧縮し，吐出し弁より吐き出す構造である（図 3.6）．

往復圧縮機の大容量化において，比較的径の小さい気筒（シリンダ）数を多くするとともに回転速度を高めた構造のものが多気筒圧縮機で，4 気筒 V 形，6 気筒 W 形，8 気筒 VV 形などがある．多気筒圧縮機は，アンローダによる容量制御を行うのが一般的である．

> **Point**
> 容量制御機構は，冷凍装置の負荷が大きく減少した場合，圧縮機の所定の吸込み弁を機械的に開放し，気筒数を減少することにより能力を調整する機構，容量制御装置（アンローダ）という．

(1)　開放圧縮機

・圧縮機と電動機を別々に置いて，それらを直結またはベルト掛けをして駆動する方式である．

・開放圧縮機は，内部部品の補修交換が可能であるため，主に大形の圧縮機に利

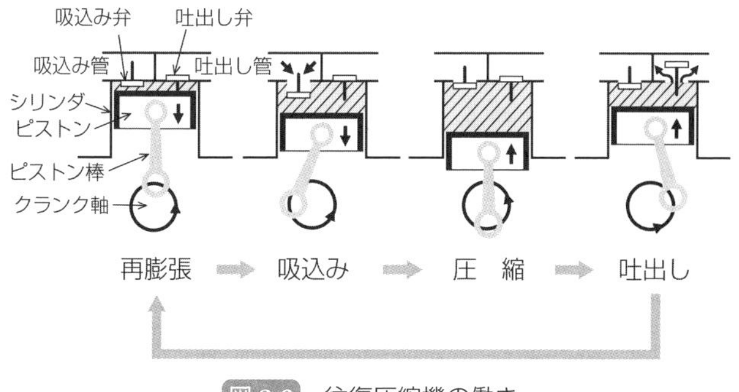

図 3.6　往復圧縮機の働き

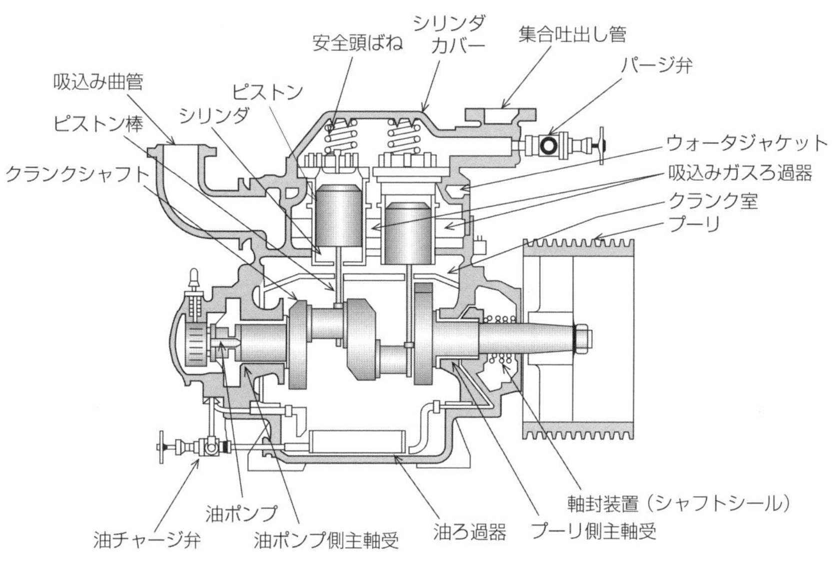

要点整理

開放圧縮機は，冷媒，油が漏れないようにするためにシャフトシール（軸封装置）が必要であるが，密閉圧縮機および半密閉圧縮機ではケーシング内に電動機が収納されているのでシャフトシールは不要である．

図 3.7　多気筒圧縮機（開放形）

用されている．

・開放圧縮機は，クランク軸（シャフト）が圧縮機ケーシングを貫通して外部に突き出てい

Point

アンモニア冷媒は電動機巻線の銅線を侵すので，電動機が外部にある開放圧縮機が使われる．

るため，冷媒の漏止めの軸封装置（シャフトシール）が必要である.

(2)　密閉圧縮機

・密閉圧縮機は，圧縮機と電動機を同じ軸上で直結してケーシングの中に収めた電動機内蔵式で，全閉形と半密閉形がある.
  ・半密閉圧縮機…ボルトを外すことで圧縮機内部の点検，修理ができる構造
  ・全密閉圧縮機…電動機内蔵で一体構造とし，ケーシングを溶接密封して圧縮機内部の点検，修理ができない構造.

> **Point**
> 開放圧縮機および半密閉圧縮機は，圧縮機内部の点検，修理ができるが，全密閉圧縮機は，圧縮機内部の点検，修理ができない.

・フルオロカーボン冷媒を使用する圧縮機は，電動機巻線（銅巻線）を侵さないので小・中形の密閉圧縮機が多く使用される．なお，アンモニア冷媒を使用する圧縮機は，電動機巻線を侵すので，開放形が主に使われるが，近年は電動機の巻線にアンモニアを使用できる材質を用いて，半密閉圧縮機も使用されるようになってきている.

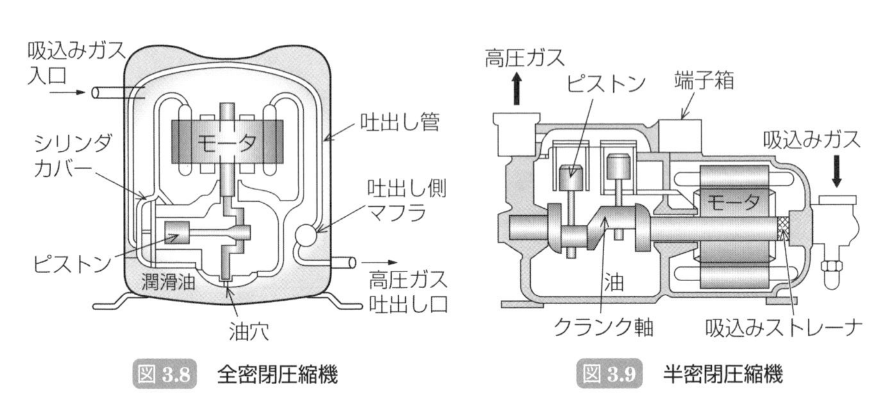

図 3.8　全密閉圧縮機

図 3.9　半密閉圧縮機

・冷媒ガス吸込み側に電動機を収めた密閉圧縮機では，電動機に発生する熱が冷媒に加えられ，吸込み蒸気の過熱度が大きくなるため，吐出しガス温度が高くなりやすい.

例題

次のイ，ロ，ハ，ニの記述のうち，圧縮機について正しいものはどれか.

イ．半密閉圧縮機および全密閉圧縮機は，圧縮機内部の点検，修理ができない.

ロ．開放および半密閉の圧縮機ではシャフトシールが必要であるが，全密閉圧縮機はシャフトシールは不要である.

ハ．遠心圧縮機は冷凍負荷の大容量なものに適しているが，高圧力比には不向きなため，空調用として使用されることが多い.

ニ．冷媒ガス吸込み側に電動機を収めた密閉圧縮機では，電動機で発生する熱が冷媒に加えられて，吸込み蒸気の過熱度が大きくなるため，吐出しガス温度が高くなりやすい.

(1) イ　(2) ロ　(3) ハ　(4) ロ，ハ　(5) ハ，ニ

▶解説

イ：(誤) 半密閉圧縮機は，ボルトを外すことによって圧縮機内部の点検，修理ができる.

ロ：(誤) 開放圧縮機は，動力を伝えるための軸が圧縮機ケーシングを貫通して外部に突き出ている．半密閉圧縮機はケーシング内に電動機が収納されているので，シャフトシールは不要である.

ハ：(正) 遠心圧縮機は大容量の冷却に適しているが，高圧力比には不向きなため，空調用の単段遠心圧縮機として使用される.

ニ：(正) 密閉往復圧縮機では，吸込み蒸気で電動機巻線が冷却される．その入力分だけ吸込み蒸気温度は上昇し，シリンダ吸込み蒸気の過熱度は大きくなり，吐出しガス温度はより高くなる.

[解答] (5)

例題

次のイ，ロ，ハ，ニの記述のうち，圧縮機について正しいものはどれか．

イ．スクリュー圧縮機は，遠心式に比べて高圧力比での使用に適しているため，ヒートポンプや冷凍用に使用されることが多い．

ロ．ロータリー圧縮機は遠心式に分類され．ロータの回転による遠心力で冷媒蒸気を圧縮する．

ハ．圧縮機は，冷媒蒸気の圧縮の方法により，往復式，スクリュー式およびスクロール式に大別される．

ニ．往復圧縮機では，停止中のクランクケース内の油温が高いほど，始動時にオイルフォーミングを起こしやすくなる．

(1) イ　(2) ハ　(3) ニ　(4) ロ，ハ　(5) ハ，ニ

▶解説

イ：(正) スクリュー圧縮機は，高圧力比に適しているため，ヒートポンプ装置に利用される．

ロ：(誤) 遠心式は，羽根車式（ターボ）の１種類だけで，他のロータリー式，スクロール式，スクリュー式は容積式である．

ハ：(誤) 圧縮機は冷媒蒸気の圧縮方法により，容積式，遠心式に大別されるが，スクリュー圧縮機，往復圧縮機は容積式である．

ニ：(誤) 圧縮機停止中の油温が低いほど，圧力が高いほど，冷凍機油に冷媒が多量に溶け込むため．始動時にオイルフォーミングを起こしやすいため，圧縮機停止時にクランクケースヒータを使用している．

[解答]　(1)

3-2 圧縮機の性能（往復圧縮機）

1 ピストン押しのけ量（往復圧縮機）と体積効率および冷媒循環量

(1) 理論ピストン押しのけ量

圧縮機のピストン押しのけ量は，1秒間当たりの理論ピストン押しのけ量V〔m^3/s〕のことで，気筒数，シリンダ容積および回転速度によって決まる（図3.10）．

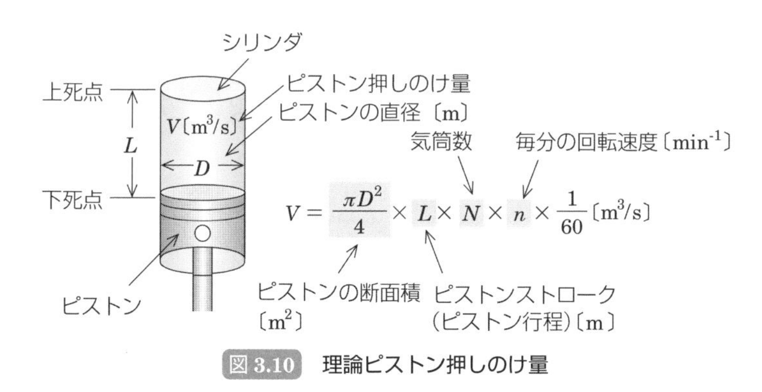

図3.10 理論ピストン押しのけ量

(2) 体積効率

・圧縮機が蒸気をシリンダに吸い込んで圧縮し，吐出しする量は，実際には理論上のピストン押しのけ量Vよりも小さくなる．

　実際に圧縮機から吐出されるガス量（＝実際吸込み蒸気量）

　q_{vr} = 理論ピストン押しのけ量×体積効率 = $V \times \eta_V$

　この理由として，次のものがあげられる．

　① 圧縮機が蒸気をシリングに吸い込む際の蒸気の加熱と吸込み弁の絞り抵抗

　② 蒸気を圧縮する際のピストンからクランクケースへの漏れ

　③ 圧縮ガスが吐き出される際の吐出し弁の絞り抵抗

　④ シリング上部すき間（トップクリアランス）内の圧縮ガスの再膨張

　⑤ 吸込み弁と吐出し弁の開閉作動の遅れや漏れ

　などがある．

・体積効率の値は，圧力比の大きさ，圧縮機の構造などによって異なり，圧力比

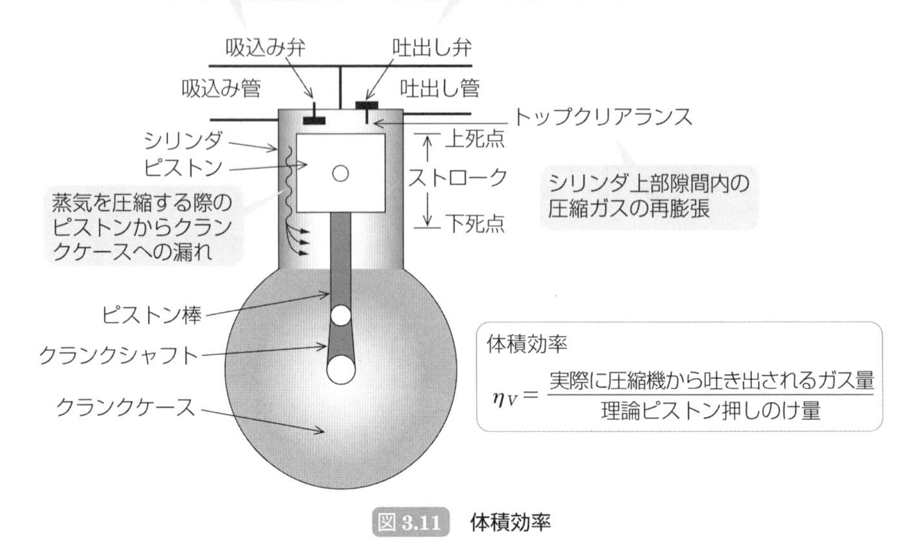

図 3.11 体積効率

およびシリンダのすきま容積（クリアランスボリューム）比が大きくなるほど体積効率が小さくなる．

(3) 冷媒循環量および冷凍能力

・1 秒間当たりの冷媒循環量 q_{mr}〔kg/s〕は，ピストン押しのけ量 V〔m³/s〕，圧縮機の吸込み蒸気の比体積 v〔m³/kg〕および体積効率 η_v の大きさによって，次式で表される．

$$\text{冷媒循環量}\quad q_{mr} = \frac{\text{実際の吸込み蒸気量}\ q_{vr}\,〔\mathrm{m^3/s}〕}{\text{吸込み蒸気の比体積}\ v\,〔\mathrm{m^3/kg}〕} = \frac{V \cdot \eta_v}{v}\,〔\mathrm{kg/s}〕$$

・冷凍能力 Φ_0〔kJ/s〕は，冷媒循環量 q_{mr}〔kg/s〕と冷凍効果 w_r〔kJ/kg〕の積で表されるので，次式の関係式になる．

$$\text{冷凍能力}\ \Phi_0 = q_m w_r = \frac{V \cdot \eta_v}{v}(h_A - h_D)\,〔\mathrm{kJ/s}〕$$

ここで，h_A：圧縮機の吸込み蒸気の比エンタルピー〔kJ/kg〕

h_D：蒸発器入口湿り蒸気の比エンタルピー〔kJ/kg〕

・圧縮機の吸込み蒸気の比体積は，吸込み圧力が低いほど，吸込み蒸気の過熱度が大きいほど大きくなる．吸込みガスの比体積が大きくなると，冷媒循環量が減少し，冷凍能力が小さくなる．

2　断熱効率，機械効率および圧縮機を駆動する軸動力

圧縮機を駆動するのに必要な実際の軸動力（実際に圧縮機のクランプ軸に入力される動力）は，冷媒循環量とともに，圧縮作用などの原因による各種の損失にもとづく圧縮機の断熱効率と機械効率を考慮しなければならない．

（1）　断熱効率（圧縮効率）

実際に圧縮機のガスを圧縮するのに必要な軸動力 P_c は吸込み弁や吐出し弁の絞り抵抗などで理論断熱圧縮動力 P_{th} よりも大きくなる．

断熱効率

$$\eta_c = \frac{\text{理論断熱圧縮動力 } P_{th}}{\text{実際にガスを圧縮する動力 } P_c}$$

断熱効率は，圧力比が大きくなるにつれて低下し，圧縮機の回転速度が大きいほど低下する．

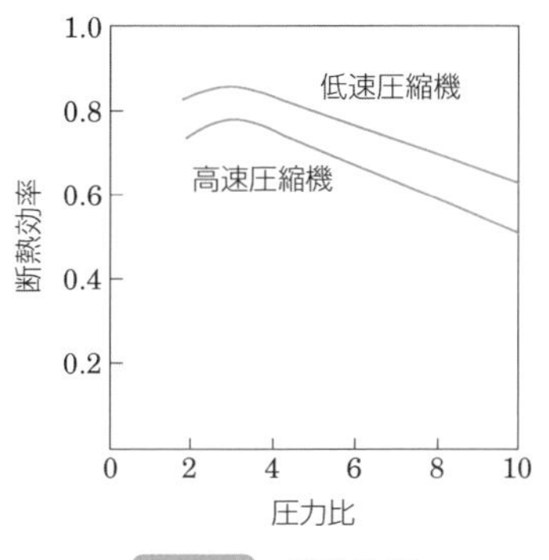

図 3.12　断熱効率

（2）　機械効率

圧縮機駆動の際，圧縮機の運転にともなう摩擦損失があるため，実際に圧縮機駆動の軸動力（軸駆動力）P は，実際にガスを圧縮する動力 P_c よりも大きくなる（実際の圧縮機の軸動力は，実際の蒸気の圧縮動力と機械的摩擦損失動力の和）．

機械効率

$$\eta_m = \frac{\text{実際にガスを圧縮する動力 } P_c}{\text{圧縮機駆動の（実際の）軸動力 } P}$$

機械効率は，圧力比が大きくなると，若干小さくなるが，$\eta_m = 0.8 \sim 0.9$ 程度である．

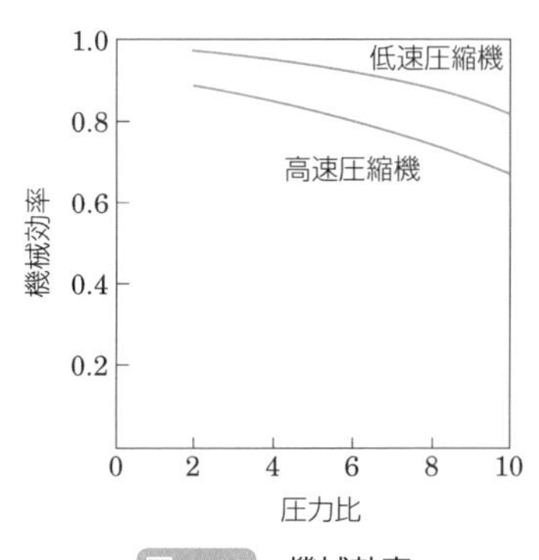

図 3.13　機械効率

（3）　実際に圧縮機を駆動する軸動力（圧縮機のクランク軸を駆動するために必要な動力）

実際の圧縮機駆動の軸動力 P（機械的摩擦損失仕事が熱となって冷媒に加わる場合に必要な圧縮動力と機械的摩擦損失動力の和）は，理論断熱圧縮動力 P_{th} と断熱効率 η_c，機械効率 η_m から次式になる．

実際の圧縮駆動の軸動力　$$P = \frac{P_c}{\eta_m} = \frac{\frac{P_{th}}{\eta_c}}{\eta_m} = \frac{P_{th}}{\eta_c \cdot \eta_m} = \frac{P_{th}}{\eta}$$

ここで，η：全断熱効率（$=\eta_c \cdot \eta_m$）

また，p-h 線図から圧縮機駆動の軸動力を求めるには，理論断熱圧縮動力 $P_{th}=q_{mr}\,(h_B-h_A)$ より，次式になる．

$$P=\frac{q_{mr}(h_B-h_A)}{\eta}=\frac{V\times\eta_v\times(h_B-h_A)}{v\times\eta}\ 〔\mathrm{kW}〕$$

ここで，h_A：圧縮機の吸込み蒸気の比エンタルピー〔kJ/kg〕

h_B：圧縮機の吐出しガスの比エンタルピー〔kJ/kg〕

V：ピストン押しのけ量〔$\mathrm{m^3/s}$〕

v：圧縮機の吸込み蒸気の比体積〔$\mathrm{m^3/kg}$〕

η_V：体積効率

η：全断熱効率（$=\eta_c \cdot \eta_m$）

Point

凝縮温度を高く，蒸発温度を低くして運転すると，圧力比が大きくなり全断熱効率が小さくなるので軸動力は大きくなる．

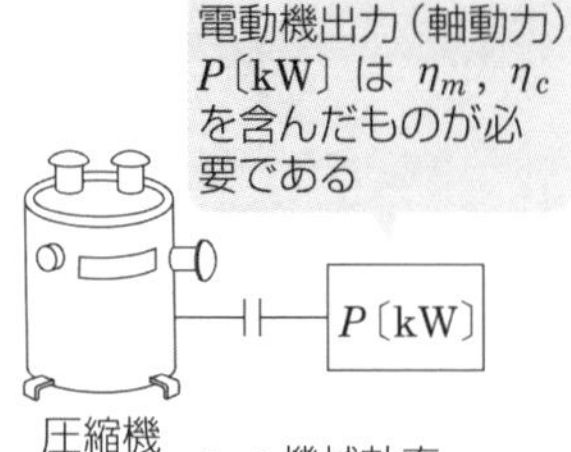

η_m：機械効率
η_c：断熱効率

断熱効率（圧縮効率）$\eta_c=\dfrac{\text{理論断熱圧縮動力 }P_{th}}{\text{実際にガスを圧縮する動力 }P_c}$

機械効率 $\eta_m=\dfrac{\text{実際にガスを圧縮する動力 }P_c}{\text{圧縮機駆動の実際の軸動力 }P}$

圧縮機駆動の軸動力 $P=\dfrac{P_{th}}{\eta_c\,\eta_m}=\dfrac{P_{th}}{\eta}$〔kW〕

図 3.14　電動機出力

3　実際の冷凍装置の成績係数

理論成績係数は，断熱効率 $\eta_c=1$，機械効率 $\eta_m=1$ で，圧縮機に何の損失もないとするが，実際には $\eta_c<1$, $\eta_m<1$ より，実際の冷凍装置の成績係数 $(\mathrm{COP})_R$ は，次のようになる（圧縮機の機械的摩擦損失仕事が熱となって冷媒に加えられた場合）．

$$(\mathrm{COP})_R=\frac{\text{冷凍能力}}{\text{圧縮機駆動の軸動力}}=\frac{\Phi_0}{P}=\frac{\Phi_0}{\dfrac{P_{th}}{\eta_c\eta_m}}=\frac{\Phi_0}{P_{th}}\eta_c\eta_m$$

$$=\frac{q_{mr}(h_A-h_D)}{q_{mr}(h_B-h_A)}\eta_c\eta_m=\frac{h_A-h_D}{h_B-h_A}\eta_c\eta_m$$

実際の冷凍装置の成績係数は，理論冷凍サイクルの成績係数よりも圧縮機の全断熱効率分悪くなる．

また，ヒートポンプ装置の実際の成績係数 $(\mathrm{COP})_H$ の値は，実際の冷凍装置の成績係数 $(\mathrm{COP})_R$ よりも1の数値だけ大きくなる．

$$(\mathrm{COP})_H=(\mathrm{COP})_R+1$$

コラム

成績係数と運転条件との関係

冷凍装置の成績係数は，装置の運転条件（蒸発温度と凝縮温度など）によって大きく変わる．また，実際の装置の性能は，体積効率，断熱効率，機械効率も含めて考えなければならない．

- 蒸発温度と凝縮温度との温度差が大きくなると（圧力比が大きくなると），断熱効率と機械効率が小さくなるので，冷凍装置の成績係数は低下する．
- とくに，蒸発温度を低く運転すると，圧縮機の吸込み蒸気の比体積が大きく（蒸気が薄く）なり，圧縮機の体積効率も小さくなるので，冷媒循環量が減少する．そのため，冷凍能力やヒートポンプ加熱能力も小さくなる．

Ch.1
Ch.2
Ch.3
Ch.4
Ch.5
Ch.6
Ch.7
Ch.8
Ch.9
Ch.10
Ch.11
Ch.12
Ch.13

圧縮機

例題

次のイ，ロ，ハ，ニの記述のうち，圧縮機について正しいものはどれか.

イ．往復圧縮機のピストン押しのけ量は，単位時間当たりのピストン押しのけ量のことで，気筒数，シリンダ容積および回転速度により決まる.

ロ．圧縮機の吸込み蒸気の比体積は，吸込み圧力が低いほど，また，吸込み蒸気の過熱度が大きいほど大きくなる.

ハ．冷凍装置の実際の成績係数は．理論冷凍サイクルの成績係数に断熱効率，機械効率，体積効率を乗じて求められる.

ニ．圧縮機の冷凍能力は冷媒循環量と比エンタルピー差の積で示されるが，蒸発温度が低下すると比体積が小さくなり冷媒循環量が大きくなるので冷凍能力は大きくなる.

(1) イ　(2) ニ　(3) イ，ロ　(4) ロ，ハ　(5) ハ，ニ

▶解説

イ：(正) ピストン押しのけ量 (m^3/s) は，気筒数とシリンダ容積および回転速度の積で決まる.

ロ：(正) 圧縮機の吸込み蒸気の比体積は，吸込み圧力が低いほど，また，吸込み蒸気の過熱度が大きいほど大きくなり，圧縮機の冷媒循環量および冷凍能力が減少する.

ハ：(誤) 冷凍装置の実際の成績係数は．理論冷凍サイクルの成績係数に断熱効率と機械効率を乗じて求められる.

ニ：(誤) 冷凍能力は冷媒循環量と比エンタルピー差の積で示されるが，蒸発温度が低下すると比体積は大きくなるとともに圧力比も大きくなるので，体積効率は小さくなり，冷媒循環量は小さくなる．したがって，冷凍能力は小さくなる.

[解答]　(3)

例題

次のイ，ロ，ハ，ニの記述のうち，圧縮機について正しいものはどれか．

イ．往復圧縮機のシリンダのすきま容積比が小さくなると，体積効率は大きくなる．

ロ．圧縮機の実際の冷媒吸込み蒸気量は，ピストン押しのけ量と圧縮機の体積効率の積で求められる．

ハ．圧縮機の実際の駆動に必要な軸動力は，理論断熱圧縮動力と機械的摩擦損失動力の和で表される．

ニ．機械的摩擦損失仕事が熱となって冷媒に加わる場合，実際のヒートポンプ装置の成績係数の値は，同一運転温度条件における実際の冷凍装置の成績係数の値よりも常に1の数値だけ大きい．

(1) イ，ロ　(2) イ，ハ　(3) イ，ニ　(4) ロ，ハ　(5) イ，ロ，ニ

▶解説

イ：(正) 圧縮機の体積効率の値は圧力比の大きさ，圧縮機の構造によって異なり，圧力比とシリンダのすき間容積比が大きくなるほど，体積効率は小さくなる．

ロ：(正) 体積効率は，ピストン押しのけ量 (m^3/s) に対する圧縮機の実際の吸込み蒸気量 (m^3/s) との比である．

ハ：(誤) 実際の圧縮機の軸動力は，実際の圧縮機の蒸気の圧縮に必要な動力と機械的摩擦損失動力の和である．

ニ：(正) 実際のヒートポンプ装置の成績係数の値は，運転条件が同じである実際の冷凍装置の成績係数の値よりも1だけ大きい．

[解答] (5)

3-3 圧縮機の運転と保守

1 圧縮機の容量制御装置

冷凍装置にかかる負荷は，常に100%でなく変動する．負荷が大きく減少した場合に，吸込み圧力が低くなり，1冷凍トン当たりの圧縮機駆動の軸動力が増加し，成績係数が小さくなって不利な運転となる．そのために，負荷に合った圧縮機の容量を調節する装置として容量制御装置がある．

(1) 多気筒圧縮機の容量制御装置（アンローダ）

多気筒圧縮機の容量制御装置は，一般にアンローダにより圧縮機の吸込み弁を開放して，作動気筒数を減らすことにより，容量を段階的に変えられるようになっている．

なお，圧縮機始動時には，容量制御装置（アンローダ）が付いた多気筒圧縮機では，冷凍機油の油圧が正常値に上がるまでは圧縮機がアンロード状態にあるので，駆動用電動機の始動時の負荷軽減装置としても使用される．

Point

例えば8気筒圧縮機なら，8気筒（100%）→6気筒（75%）→4気筒（50%）→2気筒（25%）と使用する気筒数を減らす．

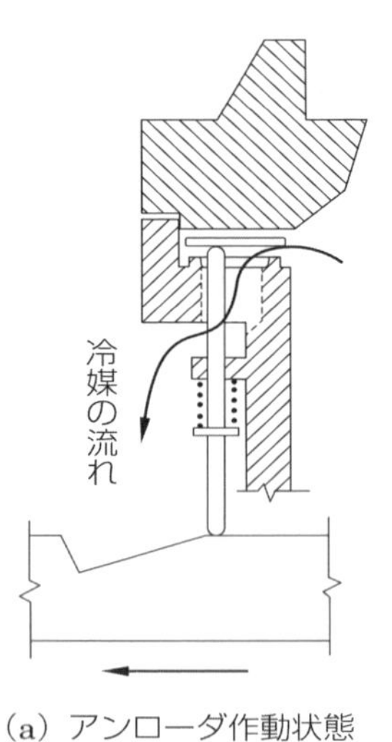

(a) アンローダ作動状態

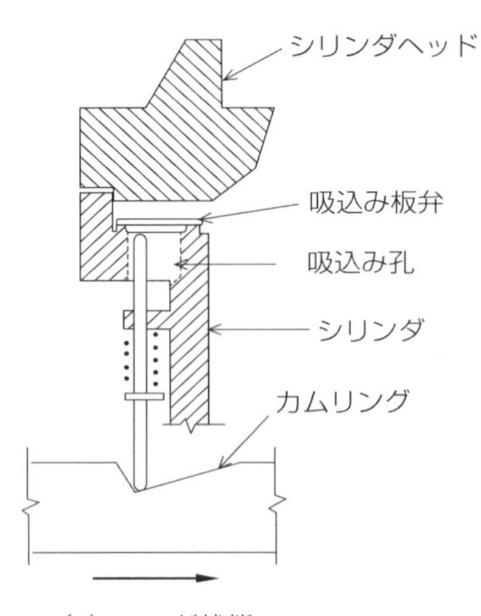

(b) ロード状態

図3.15 多気筒圧縮機の容量制御機構

(2) スクリュー圧縮機の容量制御装置

スクリュー圧縮機の容量制御はスライド弁で行い，ある範囲内で無段階制御または段階制御することができる．

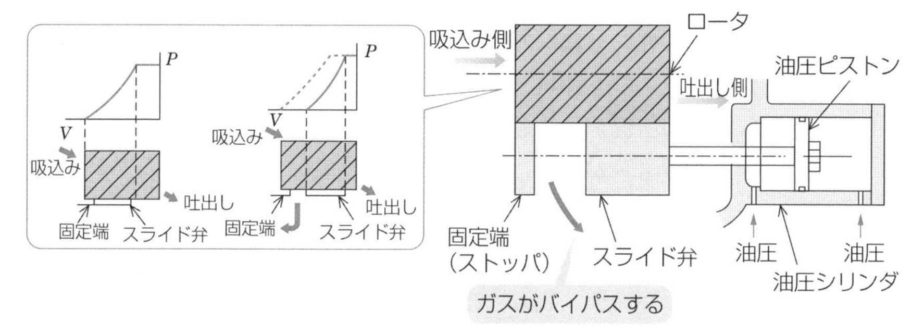

図 3.16　容量制御装置（スクリュー圧縮機）

(3) インバータ装置

インバータ装置（交流→直流→交流変換で，無段階の周波数制御ができる電源装置）を利用すると，圧縮機駆動用電動機の供給電源の周波数を変化させることで，圧縮機回転速度を限定された範囲内で無段階に近い調節を行うことができる．

ただし，クランク軸端に油ポンプを付けている構造の圧縮機では，あまり低速にすると適正な給油圧力が得られず，潤滑が悪くなるおそれがある．

2 圧縮機の保守

(1) 頻繁な始動・停止

圧縮機駆動用電動機の始動電流が大きいので，頻繁な始動と停止を繰り返すと，電動機巻線の温度が上昇し，焼損のおそれがある．

Point
電流が流れることによって巻線が発熱して温度が上昇する．

(2) 吸込み弁と吐出し弁の漏れの影響

往復圧縮機の吸込み弁と吐出し弁は，ステンレス鋼でつくられている弁板を使用している．弁板の割れや変形，弁座の割れや傷，弁ばねの破損，異物の付着などによってガスが漏れるおそれがある．また，弁板の耐久時間（約 5 000 ～ 7 000 時間）に応じて吸入み弁，吐出し弁を交換する必要がある．

① 吸込み弁の漏れ

ピストンの圧縮，吐出しの行程で圧縮機の吸込み弁に漏れがあると，シリンダ内の高圧ガスの一部が圧縮・吐出しの行程で吸込み側に逆流し，吐出し量が減少するので体積効率は低下するが，圧縮機の吐出しガス温度は吐出し弁の漏れほど上昇しない．

② 吐出し弁の漏れ

圧縮機の吐出し弁に漏れがあると，ピストンの吸込み行程で吐出し側の高温，高圧の圧縮ガスの一部がシリンダ内に逆流して，吸込み蒸気と混合することにより，次の状況が生じる．

・圧縮機吐出しガス量が減少し，体積効率と断熱効率が大きく低下する．
・吸込み蒸気の過熱度が大きくなり，吐出しガス温度が上昇する．
・圧縮機シリンダも過熱状態になり，体積効率とともに断熱効率も大きく低下する．また，冷凍機油を劣化させる．

<往復圧縮機の吐出し弁の漏れのフロー>

吐出し弁の漏れ
→吐出し弁から高温，高圧のガスがシリンダ内に逆流して吸込み蒸気と混合
→過熱度の大きなガスを圧縮
→吐出しガス温度の上昇，体積効率の低下，断熱効率の低下

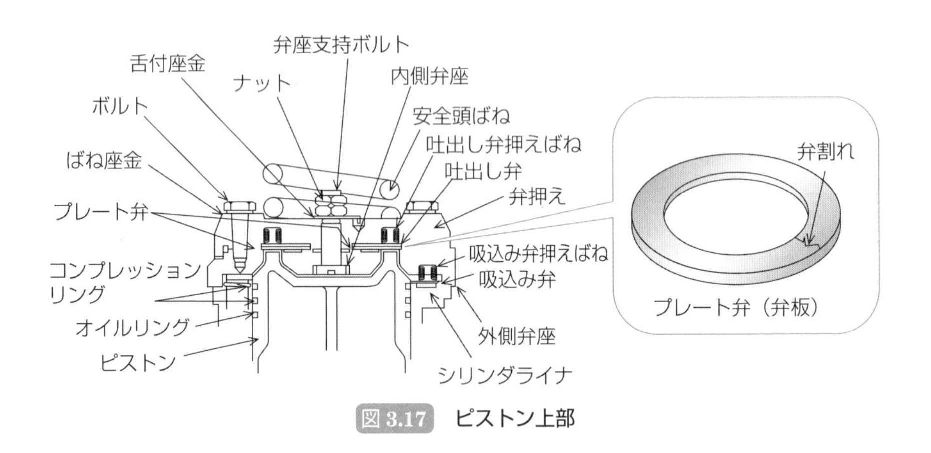

図 3.17 ピストン上部

(3) ピストンリングからの漏れの影響

一般の圧縮機のピストンには，ピストンリングとして，吐出しガスがクランクケースに漏れないようにするコンプレッションリング（上部に２～３本）と冷凍機油をかき落とすオイルリング（下部に１～２本）が付いている．長時間運転しているとこれらのピストリングが著しく摩耗し，リングが折れてシリンダ壁

やピストンに傷をつけるので注意しなければならない.

① **コンプレッションリング（ガスリング）が著しく摩耗**

シリンダ内の高圧ガスがクランクケース側にガス漏れを生じ，体積効率と冷凍能力が低下する.

② **オイルリング（油かきリング）が著しく摩耗**

クランクケース内の冷凍機油の油上がり（冷凍機油がピストン上部に上がること）が多くなり，圧縮機から凝縮器の方へかなり多くの油が送り出される．油分離器があっても油を完全に分離できないので，凝縮器や蒸発器の伝熱管の汚れ，冷媒への油の混入などにより伝熱性能は悪くなる．また，圧縮機内の油量が不足し，油圧保護圧力スイッチが作動したり，ピストンや軸受けの焼付けの原因になる.

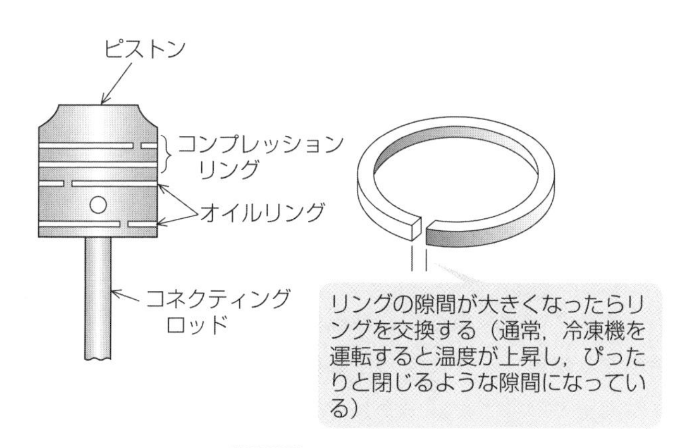

図 3.18　ピストンリング

(4)　給油ポンプの油圧

通常，中形・大形往復圧縮機では，クランク軸端のギヤポンプでクランクケースの油溜め（油槽）から油を汲み上げて，加圧してメタルやピストンなどの圧縮機各部の摺動部に給油する強制給油式を採用している.

Point
低回転速度のときは，潤滑に足りるだけの油圧を得ることができないため，潤滑不足となるので注意が必要である.

冷凍機油の供給不足が生じるとピストンなどの摺動各部に焼付きを生じ，運転不能となるため，適当な油圧が確保されていなければならない．多気筒圧縮機の場合に油圧調整弁で吸込み圧力よりも **0.15 ～ 0.4 MPa** 高い圧力に調整する（メーカーの取扱説明書に従う）.

(給油圧力) = (油圧計指示圧力) − (クランクケース圧力)

なお，小形往復圧縮機では，油をはねあげて各部を潤滑，給油するはねかけ式（飛沫式）である．はねかけ式では，クランクケース内の油量が少ないと潤滑不良を起こし，多すぎると圧縮機からの油上がりが多くなるので，運転中のクランクケース内の油面計の油量を確認する必要がある．

Point
冷凍機油の役割は，圧縮機の軸受けやピストンなどの摺動面に供給されて油膜をつくり円滑な摺動と摩耗防止とともに，摩擦によって生じる熱を除去（冷却）する．

(5) 液戻り（液バック）

液戻り（えきもどり）とは，急激に負荷が増大した場合などに，蒸発器からの冷媒蒸気の中に冷媒液が混入し，圧縮機のシリンダに吸入される現象で，液圧縮（液体の圧縮）を起こす．冷媒液の混入が少量であれば，圧縮機のシリンダヘッドの温度低下程度であるが，大量に混入すると液体は非圧縮性であるから，極めて大きな圧力を生じる．激しいショック音，振動をともなういわゆるリキッドハンマを生じ，圧縮機の弁割れやシリンダヘッドなどを破壊に至ることがある．また，フルオロカーボン冷凍装置では，油に冷媒液が多量に溶け込んで油の粘度を低下（油を薄く）するので潤滑不良となる．

(6) オイルフォーミング（泡立ち）

・オイルフォーミング（冷凍機油中の冷媒が気化して，油が沸騰したような激しい泡立ちが起こる現象）を起こすと圧縮機から冷媒ガスと一緒に油が多量に吐き出され，給油圧力の低下，潤滑不良を生じる．

・オイルフォーミング防止策としては，往復圧縮機ではクランクケースヒータ（圧縮機の油槽部分に取り付けてある電気ヒータ）を用いて始動前に油温を上げ，冷媒の溶解量を少なくしている（圧縮機が運転しているときは，一般にクランクケースヒータに通電しない）．

Point
密閉形圧縮機のクランクケースヒータは圧縮機の周りをバンドヒータで加熱して油に冷媒が溶け込むのを防止している．

・アンモニアを冷媒とする場合にも，クランスケース内の油にわずかにアンモニアが混入した時や，液戻り時に温かい油と混合したアンモニアがオイルフォーミング現象を起こすことがある．圧縮機運転前には油ヒータで油温を周囲温度よりも高くしておく．

表 3.2 冷凍機油と冷媒の関係

	アンモニア	フルオロカーボン
溶解度	少し溶ける	フルオロカーボンガスの圧力と油の温度によってかなり溶ける
オイルフォーミング	少しフォーミングする	かなりフォーミングを起こす
クランクケースヒータ	不要	必要
油の劣化	吐出し温度が高いので劣化しやすい	吐出し温度が低いので劣化は遅い

全密閉圧縮機の焼損の要因

電動機を内蔵した全密閉圧縮機は，開放して内部を修理・点検できない構造のため，使用上の運転条件などに注意しなければならない．ここに主な焼損要因を列挙する．

・電源電圧の低下や配線の電圧降下などのための on-off の繰返し
・冷媒充填量の不足による電動機の冷却不足
・冷媒系統内の塵埃(じんあい)や水分
・凝縮圧力の上昇，吸込み温度の過大などによる吐出し温度上昇で冷凍機油の炭化による巻線の劣化

例題

次のイ，ロ，ハ，ニの記述のうち，圧縮機について正しいものはどれか．

イ．冷凍装置にかかる負荷は時間的に一定でないので，冷凍負荷が大きく増大した場合に圧縮機の容量と圧力をそれぞれ個別に調整できるようにした装置が，容量制御装置である．一般的な多気筒圧縮機には，この装置が取り付けてある．

ロ．停止中のフルオロカーボン用圧縮機クランクケース内の油温が低いと，冷凍機油に冷媒が溶け込む溶解量は大きくなり，圧縮機始動時にオイルフォーミングを起こしやすい．

ハ．給油ポンプによる強制給油式の多気筒圧縮機の給油圧力は，一般に（給油圧力）＝（油圧計指示圧力）－（クランクケース圧力）＝0.15 ～ 0.4 MPa あれば正常である．

ニ．往復圧縮機のオイルリングが著しく磨耗すると，油上がりは多くなるが，油分離器をつけている場合には凝縮器や蒸発器の伝熱性能に影響を与えない．

(1) イ，ロ　(2) イ，ハ　(3) ロ，ハ　(4) ロ，ニ　(5) ハ，ニ

▶解説

イ：（誤）多気筒圧縮機の容量制御装置は，冷凍負荷が大きく減少した場合に作動気筒数を減らすことにより，容量を段階的に変えられるようになっている

ロ：（正）クランクケース内の油温が高いと，油に溶け込む冷媒の割合は小さくなるので，始動時にオイルフォーミングを起こしにくくなる．

ハ：（正）給油ポンプによる強制給油式の多気筒圧縮機の給油圧力は，一般に次のようになっている．

給油圧力（0.15 ～ 0.4 MPa）＝油圧計指示圧力－クランクケース圧力

ニ：（誤）油分離器を設置しても 100％は捕捉できないので，凝縮器や蒸発器に油をもち込むことになり，伝熱管の汚れ，冷媒への油の混入により伝熱性能は悪くなる．

［解答］(3)

例題

次のイ，ロ，ハ，ニの記述のうち，圧縮機について正しいものはどれか．

イ．多気筒の往復圧縮機の容量制御装置では，吸込み板弁を開放することで，無段階制御が可能である．

ロ．オイルフォーミングが発生すると，圧縮機からの油上がりが多くなり，潤滑油供給圧力の低下を招くことがある．

ハ．強制給油方式の多気筒圧縮機は，液戻りの湿り運転状態が続くと，潤滑油に多量の冷媒が溶け込んで，油の粘度が低下し，潤滑不良となることがある．

ニ．往復圧縮機の吐出し弁からシリンダヘッド内のガスがシリンダ内に漏れると，シリンダ内に絞り膨張して過熱蒸気となり，吸込み蒸気と混合して，吸い込まれた蒸気の過熱度が大きくなる．

(1) イ　(2) ハ　(3) ロ，ニ　(4) イ，ロ，ニ　(5) ロ，ハ，ニ

▶解説

イ：(誤) 多気筒圧縮機の容量制御では，一般にアンローダにより圧縮機の吸込み弁を開放して作動気筒数を減らすことにより，容量を段階的に変えることができる．

ロ：(正) オイルフォーミングを起こすと圧縮機から冷媒ガスと一緒に油が多量に吐き出される．泡立ちのため油ポンプの吸込みも悪くなり，油圧が上がりにくくなって油圧保護圧力スイッチが作動して，圧縮機が運転できなくなることもある．

ハ：(正) 液戻りの湿り運転状態が続くと，油に冷媒液が多量に溶け込んで油の粘度を低下（油を薄く）するので潤滑不良となる．

ニ：(正) 圧縮機の吐出し弁に漏れがあると吸込み蒸気の過熱度が大きくなり，吐出しガス温度が上昇することにより，冷凍機油を劣化させたり，軸受けの焼付きの原因となったりすることがある．

[解答]　(5)

例題

次のイ，ロ，ハ，ニの記述のうち，圧縮機について正しいものはどれか．

イ．圧縮機が頻繁に始動と停止を繰り返すと，駆動用の電動機巻線の温度上昇を招くが，巻線が焼損するおそれはない．

ロ．スクリュー圧縮機の容量制御をスライド弁で行う場合，スクリューの溝の数に応じた段階的な容量制御となり，無段階制御はできない．

ハ．インバータは，圧縮機駆動用電動機への供給電源の周波数を変化させるもので，圧縮機回転速度を限定された範囲内で無段階に近い調節を行うことができる．

ニ．往復圧縮機のピストンに付いているコンプレッションリングが摩耗しても，体積効率は変わらない．

(1) イ　(2) ハ　(3) ニ　(4) イ，ニ　(5) ロ，ハ

▶解説

イ：(誤) 圧縮機が頻繁に始動と停止を繰り返すと，駆動用電動機には大きな始動電流が流れるので，電動機巻線の異常な温度上昇を招き，焼損のおそれがある．

ロ：(誤) スクリュー圧縮機の容量制御をスライド弁で行う場合は，スクリューの溝の数には関係なく，ある範囲内で無段階に容量を制御できる．

ハ：(正) 往復圧縮機の冷凍能力は圧縮機の回転速度によって変わる．インバータを利用すると，電源周波数を変えて，回転速度を調節することができる．

ニ：(誤) 往復圧縮機のコンプレッションリングが著しく摩耗すると，ガス漏れが生じ，体積効率が低下し冷凍能力も低下する．

[解答]　(2)

4-1 凝縮器の凝縮負荷と伝熱作用

1 凝縮器の凝縮負荷

凝縮器は，圧縮機で圧縮された高温・高圧の冷媒ガスを，水や空気で冷やして凝縮させ，高温・高圧の冷媒液にする熱交換器である．このとき，凝縮器において，冷媒から熱を取り出して凝縮させるとき，取り出さなければならない熱量（凝縮負荷）Φ_k は，冷凍能力 Φ_0 に圧縮機駆動の軸動力 P を加えて求めることができる．

Point

凝縮負荷は，冷房や冷凍の場合には，凝縮器内の冷媒ガスと冷媒液から水，空気の冷却媒体によって外部に放出される熱量となるが，ヒートポンプサイクルにおける暖房の場合には，空気や水を加熱するための出力となる（ヒートポンプ装置の出力で加熱負荷と呼ばれる）．

凝縮負荷（凝縮器で放出する凝縮熱量）

$$\Phi_k = \Phi_0 + P = \Phi_0 + \frac{P_{th}}{\eta_c \cdot \eta_m} \text{〔kW〕}$$

2 凝縮器の伝熱作用

熱交換器である凝縮器（蒸発器も熱交換器である）では，冷媒と冷却水（または空気）との間で熱交換が行われる（図 4.1）．

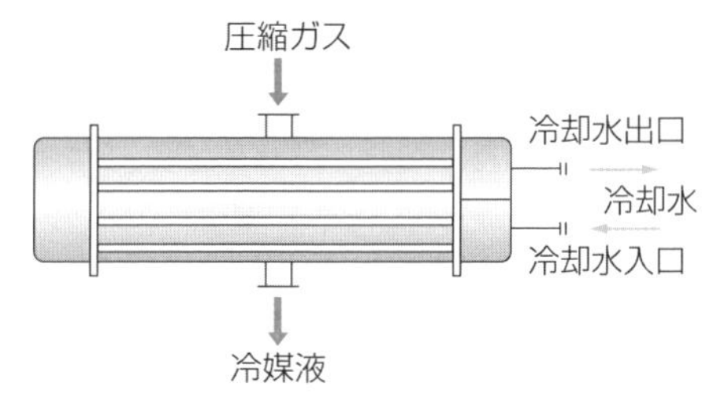

上部から圧縮ガスが凝縮器の中に入り，冷却管の中を通る冷却水に熱を放出（冷媒→配管→冷却水と熱が通過）して凝縮し，冷媒液となって下部から出ていく．

図 4.1 水冷凝縮器

このときの交換熱量（凝縮負荷）Φ_k は，次式で表される．

凝縮負荷　$\Phi_k = K \cdot A \cdot \Delta t_m$

ここで，K：熱通過率〔kW/（$m^2 \cdot K$）〕

A：伝熱面積〔m^2〕

Δt_m：算術平均温度差〔K〕

伝熱面積は，水冷凝縮器では冷媒と冷却水との間の算術平均温度差が 3 ～ 5 K 程度になるように，空冷凝縮器では入口空気温度よりも 12 ～ 20 K 程度高い凝縮温度になるように選ばれる．

> **Point**
> 一般的に，水冷横形シェルアンドチューブ凝縮器の伝熱面積は，冷媒に接する冷却管全体の外表面積の合計面積で表す．

3　算術平均温度差と対数平均温度差

・蒸発器や凝縮器の熱交換器では，高温流体と低温流体の温度は熱交換によって，伝熱面に沿って流れる方向に変化するので，交換熱量計算の温度差は平均温度差を使用する．

・平均温度差の求め方として，算術平均温度差と対数平均温度差がある．

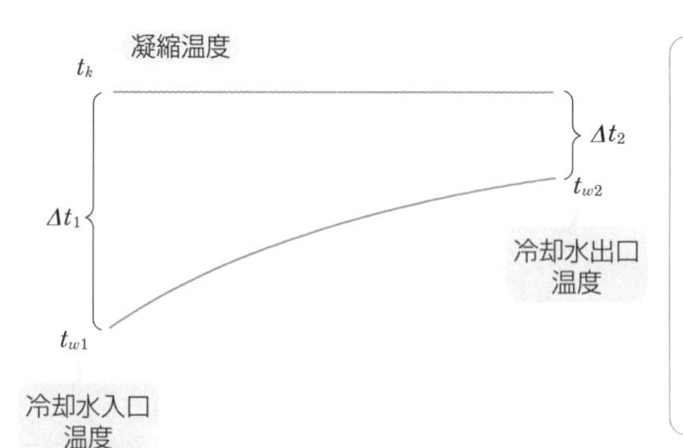

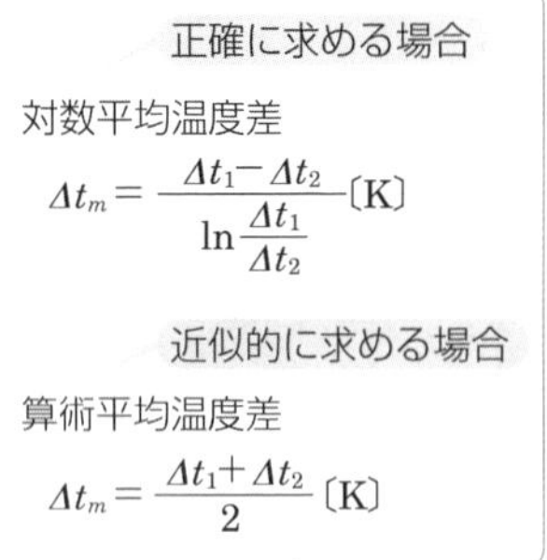

> **要点整理**
> 凝縮器あるいは蒸発器では，Δt_1 と Δt_2 との差が小さいので算術平均温度差が用いられる．

図 4.2　平均温度差

・図 4.2 において，冷媒の凝縮温度 t_k と冷却水入口温度 t_{w1} との温度差 Δt_1，冷却水出口温度 t_{w2} との温度差 Δt_2 としたとき，平均温度差は次式で求められる．

対数平均温度差　$$\Delta t_m = \frac{\Delta t_1 - \Delta t_2}{\ln \dfrac{\Delta t_1}{\Delta t_2}}\ 〔\mathrm{K}〕$$

> **Point**
> ln は e（$=2.7$）を底とする自然対数で，10 を底とする常用対数との関係は，$\ln x \fallingdotseq 2.3\log_{10} x$ である．

算術平均温度差　$\Delta t_m = \dfrac{\Delta t_1 + \Delta t_2}{2}$〔K〕

$$= \frac{\Delta t_k - \Delta t_{wt} + \Delta t_k - \Delta t_{w2}}{2} = t_k - \frac{\Delta t_{w1} + \Delta t_{w2}}{2} \text{〔K〕}$$

・熱交換器における伝熱量の計算では，正確に求める場合には対数平均温度差を用いるが，冷凍装置の熱交換器である凝縮器あるいは蒸発器のように Δt_1 と Δt_2 がほとんど差異のない場合には，近似式の算術平均温度差が多用される．

Point

算術平均温度差と対数平均温度差で求められた伝熱量の誤差は4%以内である．

各種凝縮器の伝熱面積

凝縮器の熱交換のための伝熱面積の概略値を表 4.1 に示す．

表 4.1　伝熱面積と熱通過率の概略値

形　式	熱通過率	1冷凍トン（1Rt＝13 900 kJ/h）当たりの伝熱面積
水冷凝縮器	0.7 ～ 1.16kW/（m^2·K）	0.6 ～ 1.2m^2
蒸発式凝縮器	0.35 ～ 0.41kW/（m^2·K）	2.0 ～ 2.4m^2
空冷凝縮器	0.023 ～ 0.035kW（m^2·K）	10 ～ 15m^2

要点整理

凝縮器における熱通過率の値は，一般的に水冷凝縮器の場合が最も大きい．
水冷凝縮器＞蒸発式凝縮器＞空冷凝縮器の順に小さくなり，空冷凝縮器の場合が最も小さくなる．

表から，空冷凝縮器の伝熱面積が非常に大きいのは，伝熱管の熱通過率が，蒸発式凝縮器や水冷凝縮器に比べて極めて小さいことによる．

Ch.1
Ch.2
Ch.3
Ch.4
Ch.5
Ch.6
Ch.7
Ch.8
Ch.9
Ch.10
Ch.11
Ch.12
Ch.13

凝縮器

例題

次のイ，ロ，ハ，ニの記述のうち，凝縮器について正しいものはどれか.

イ．凝縮負荷は冷凍能力に圧縮機駆動の軸動力を加えたものであるが，凝縮温度が高くなるほど凝縮負荷は大きくなる.

ロ．冷凍装置に使用される蒸発器や凝縮器の伝熱量は，対数平均温度差を使用すると正確に求められるが，条件によっては，算術平均温度差でも数%の差で求めることができる.

ハ．水冷却器または水冷凝縮器の交換熱量の計算において，冷媒温度に対する入口水温との温度差を Δt_1，出口水温との温度差を Δt_2 とすると，冷媒と水との算術平均温度差 Δt_m は $\Delta t_m=(\Delta t_2-\Delta t_1)/2$ である.

ニ．水冷横形シェルアンドチューブ凝縮器の伝熱面積は，冷却管内表面積の合計とするのが一般的である.

(1) イ　(2) ハ　(3) イ，ロ　(4) ロ，ハ　(5) イ，ロ，ニ

▶解説

イ：(正) 凝縮負荷は，冷凍能力に圧縮機駆動の軸動力を加えて求めることができる ($\Phi_k=\Phi_0+\mathrm{P}$). 凝縮温度が高くなるほど次の過程により凝縮負荷は大きくなる.

凝縮温度（凝縮圧力）：大 → 圧力比：大 → 軸動力（$\boldsymbol{P}$）：大 → 凝縮負荷（$\boldsymbol{\Phi_k}$）：大

ロ：(正) 冷凍装置に使用される蒸発器や凝縮器の交換熱量の計算では，算術平均温度差を用いると若干の誤差があるので，正確には対数平均温度差が使用される.

ハ：(誤) 算術平均温度差 Δt_m は $\Delta t_m=(\Delta t_1+\Delta t_2)/2$ で表される.

ニ：(誤) 一般的に，水冷横型シェルアンドチューブ凝縮器の伝熱面積は，冷媒に接する冷却管外表面の合計面積で表す.

[解答]　(3)

4-2 凝縮器の種類

1 利用形態による凝縮器の分類

凝縮器は，その利用形態により大きく空冷式，水冷式，蒸発式の三つに分けられる．

表 4.2 凝縮器の種類

種類	形式	冷媒など
空冷式	プレートフィン	フルオロカーボン
水冷式	横形シェルアンドチューブ	フルオロカーボン，アンモニア
	立形シェルアンドチューブ	アンモニア
	二重管（ダブルチューブ）	フルオロカーボン
	ブレージングプレート	フルオロカーボン，アンモニア
蒸発式	裸鋼管	アンモニア

2 空冷凝縮器

- 空冷凝縮器とは，外気の顕熱を利用して冷媒を冷却して液化させる凝縮器で，中・小形のフルオロカーボン冷凍装置で広く使用されている（図 4.3）．
- 空冷凝縮器では，空気側熱伝達率が冷媒側熱伝達率よりも小さいので，冷却管外側にフィンを付けて表面積を増大する．
- 空冷凝縮器は，銅管の冷却管にアルミニウム製の薄板でつくられたフィンに冷却管を通し，フィンを 2 mm 程度の間隔（フィンピッチ）で銅管に圧着させてつくられているプレートフィン形（フィンが板状のもの）で，ファン（電動機）を用いて強制的に対流させている．
- 空冷凝縮器に入る空気の流速を前面風速といい，通常，約 **1.5 ～ 2.5 m/s** であるが，風速が大き過ぎるとファン動力や騒音が大きくなり，風速が小さ過ぎると熱交換の性能が低下し，凝縮温度が上昇する．
- 空冷凝縮器は，外気温度が高いと凝縮温度も高く，圧縮機の軸動力が大きくなるが，冷却塔や水配管が不要のためメンテナンス作業をあまり必要としない特徴がある．

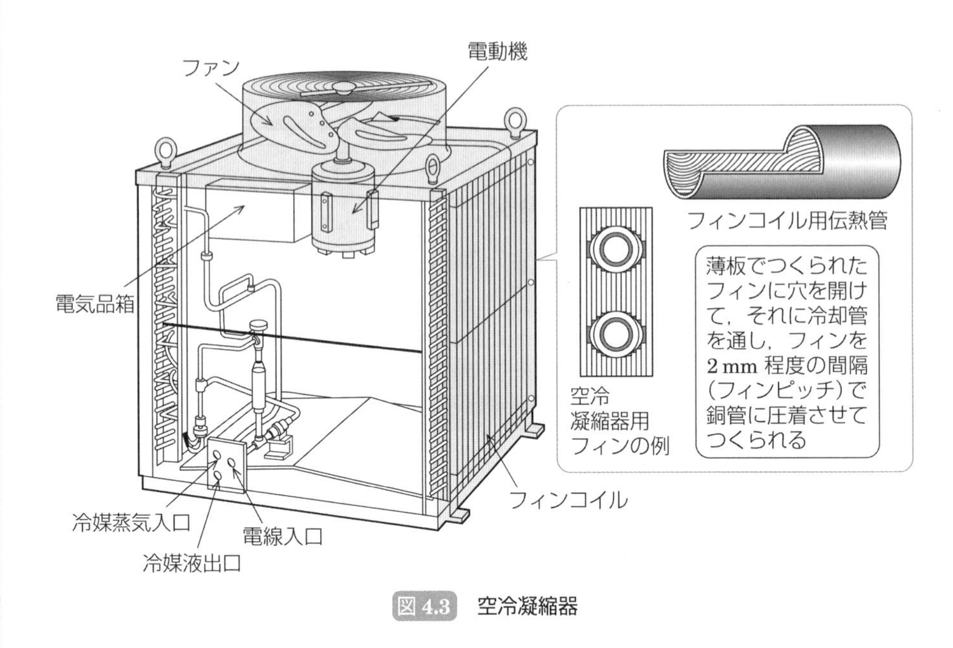

図 4.3 空冷凝縮器

3 水冷凝縮器

水冷凝縮器は，冷却水の顕熱を利用して凝縮負荷を取り去る凝縮器で，横形，立形のシェルアンドチューブ凝縮器や二重管（ダブルチューブ）凝縮器などがある．一般に冷却塔と組み合わせて使用する．

(1) 横形シェルアンドチューブ凝縮器

・横形シェルアンドチューブ凝縮器は，シェル（鋼板製または鋼管製の円筒胴）とチューブプレート（管板）に固定されたチューブ（冷却管）および取外し可能な構造になっている水室カバーから構成されている．

・冷却管の中を冷却塔からの冷却水が流れ，冷却管の外表面で高温高圧の冷媒ガスを凝縮し液化する．冷媒液は凝縮器の底部にたまり，液出口から受液器または膨張弁に向かって送り出される．

・冷却水の冷却管内流速は，速いほうが熱通過率が大きくなるが，管内面の腐食（乱流腐食）や水の流れの抵抗による冷却水ポンプの所要動力が大きくなるので，適切な水速を 1 ～ 3 m/s の範囲としている．

・フルオロカーボン用水冷凝縮器では，熱の伝達がアンモニアに比べて 1/2 ～ 1/3 程度なので，伝熱面積（冷媒に接する冷却管全体の外表面）を増やすため冷却管の冷媒側にフィン（ひれ）をつけた銅製のローフィンチューブを用いることが多い.

・アンモニア用水冷凝縮器では，銅系材料が腐食されることと，冷媒側の熱伝導率がフルオロカーボンに比べて2～3倍大きいことから鋼管の平滑管（裸管：特に加工をしていない管）を使用されてきたが最近，小形化のために鋼管のローフィンチューブを使用するようになってきた.

> **Point**
> 水>冷媒>空気の順に熱伝達率が小さくなる

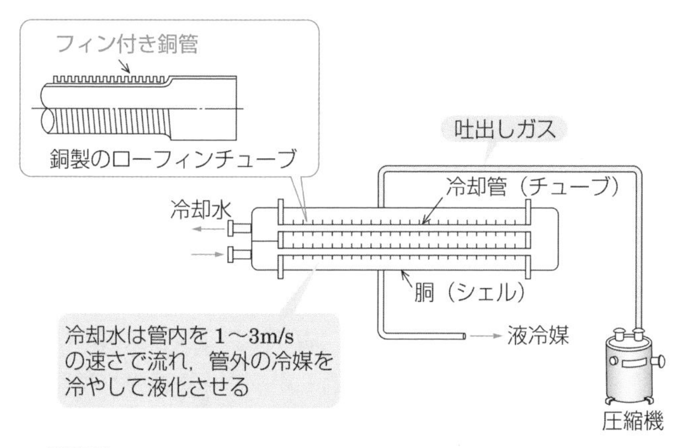

図4.4　シェルアンドチューブ凝縮器（フルオロカーボン冷媒）

(2)　立形シェルアンドチューブ凝縮器

立形シェルアンドチューブ凝縮器は，主としてアンモニア冷媒を用いた大形の冷蔵庫用凝縮器に用いられている．立形凝縮器は，冷却水が上部の水受スロットを通り，重力でチューブ内を落下して，下部の水槽に落ちる構造で，据付面積が少なく，多少汚れた冷却水でも使用でき，運転中に掃除ができるなどの特徴をもっている.

(3)　二重管（ダブルチューブ）凝縮器

・二重管凝縮器は，主としてフルオロカーボン冷媒を使用した水冷のパッケージエアコンに用いられている.

・同心の二重構造の管で，フルオロカーボン冷媒ガスは内管と外管との間を上から下へ流れ，冷却水は内管を下から上へ流れる．なお，内管の外表面には，冷媒側の熱伝達が悪いためワイヤフィンが付いている.

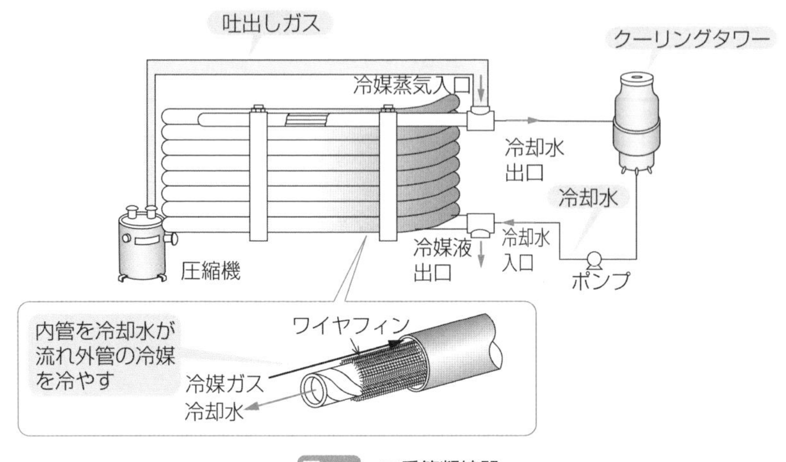

図 4.5　二重管凝縮器

(4)　ブレージングプレート凝縮器

・最近，小形で高性能な熱交換器として，板状のステンレス製の伝熱プレートを多数積層し，それらをガスケットで密封したプレート式熱交換器が広く用いられている．水冷凝縮器として，ブレージング（ろう付け）によって冷媒の耐圧・機密性を確保したブレージングプレート凝縮器が採用されている．

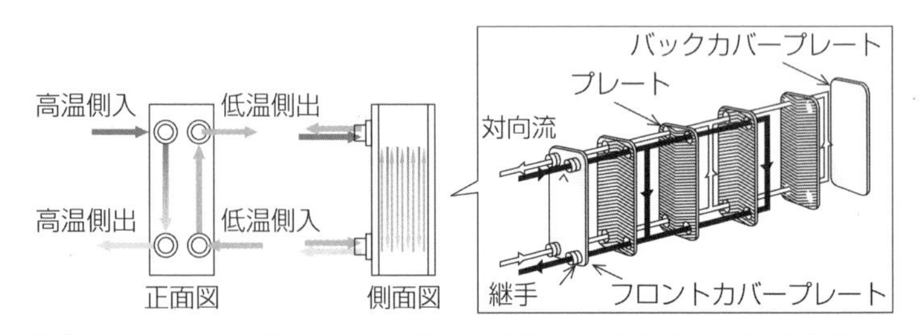

流体は，各プレート間にできた通路を 1 枚おきに高温流体と低温流体が対交流となって交互に流れ熱交換する．

図 4.6　ブレージングプレート凝縮器

・伝熱プレートは，ステンレスの薄板に凹凸の波形パターンをプレス加工により施し，伝熱性能を高めている．

・ブレージングプレート凝縮器は，小形で高性能であり，装置への冷媒充填量が少ない特長があるが，冷却水側のスケール付着や詰まり，応力集中による疲労割れなどのおそれがある．

4　蒸発式凝縮器

蒸発式凝縮器は，冷却コイルに散水ヘッダから水を散布して，ブロワ（送風機）で下から送風する．冷媒ガスは冷却コイル上部から入り，散布された水に熱を奪われて凝縮してコイル下部から液となって受液器へ向かって流れる．このように冷却作用のほとんどを水の蒸発潜熱を利用して行う凝縮器である．

Point

蒸発式凝縮器は，冷却作用のほとんどは水の蒸発潜熱によって行われるので，ほとんど同じ温度で循環する．したがって，冷却塔を使用する水冷凝縮器に比べて，凝縮温度を低く保つことができる．

・蒸発式凝縮器は，凝縮温度を低くできるので，主にアンモニア冷凍装置に利用しているが，フルオロカーボン冷凍装置にも使用されることがある．

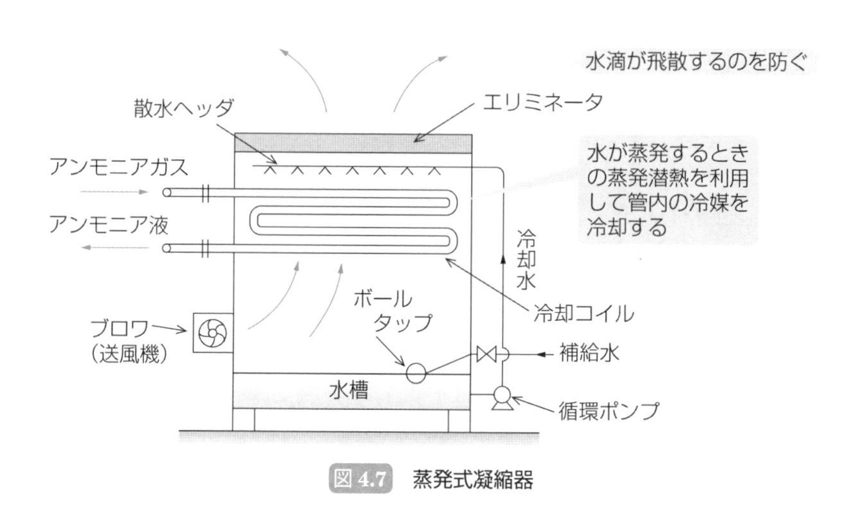

図 4.7　蒸発式凝縮器

・水の蒸発潜熱を利用して冷却するので，外気の湿球温度が低いほど凝縮のための冷却性能が向上し，冷媒の凝縮温度は低下する．冬季に凝縮温度が下がり過ぎる場合には，散水を止めて空冷凝縮器として使用することもある．

・補給水が必要であり，水質を良好に維持するために，少量ずつ連続的に水の入替えを行う．

5　冷却塔（クーリングタワー）

・水冷凝縮器で使用されて温度の高くなった冷却水を，冷却塔の上部から充填材に散水し，ファンにより冷却塔下部から吸い込んだ空気と接触させる．そして，冷却水の一部が蒸発し，その蒸発潜熱で冷却水が冷却されるので，凝縮器用冷却水として再使用することができる．

・冷却塔の性能は，水温，水量，風量，および湿球温度で決まる．冷却塔の出入口冷却水の温度差をクーリングレンジといい，通常 5 K（5℃）程度である．冷却塔から流下する水の表面からの蒸発量は，ファンによって吸い込まれる入口空気の湿球温度が低いほど多くなり，冷却塔の性能が向上する．

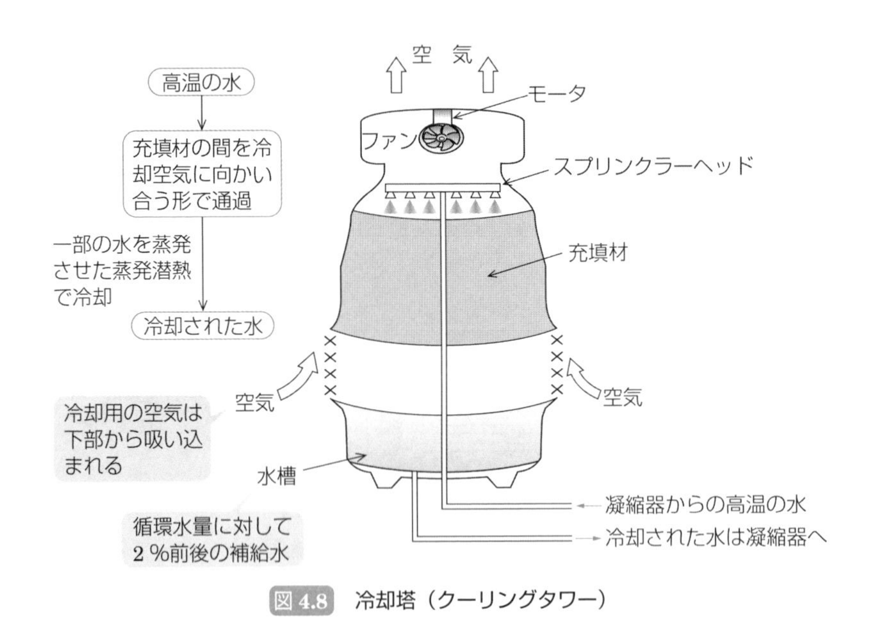

図 4.8　冷却塔（クーリングタワー）

Point

冷却塔の出口水温と周囲空気の湿球温度との差をアプローチといい，通常 5 K（5℃）程度である．

・冷却塔では，冷却水の一部が常に蒸発しながら運転されるので，少なくともその蒸発分の水は補給しなければならない．また，水滴として飛散する水もあるため，循環水量に対して 1.2 ～ 2%前後の補給水が必要となる．

例題

次のイ，ロ，ハ，ニの記述のうち，凝縮器について正しいものはどれか．

イ．シェルアンドチューブ凝縮器は，円筒胴と管板に固定された冷却管で構成され，円筒胴の内側と冷却管の間に圧縮機吐出しガスが流れ，冷却管内には冷却水が流れる．

ロ．蒸発式凝縮器は，水の蒸発潜熱を利用して冷却するので，凝縮圧力は外気の湿球温度と関係しない．

ハ．空冷凝縮器は，蒸発武凝縮器と比較して凝縮温度を低く保つことができ，主としてアンモニア冷凍装置に使われている．

ニ．空冷凝縮器では，空気側熱伝達率が冷媒側伝熱率に比べて小さいので，内外の熱伝達抵抗を同程度にするために，冷却管の空気側の外面にフィンをつけて表面積を増大する．

(1) イ，ロ　(2) イ，ニ　(3) ロ，ハ　(4) ハ，ニ　(5) イ，ハ，ニ

▶解説

イ：(正) 高温高圧の冷媒ガスは冷却管内を流れる冷却水により冷却され，凝縮液化する

ロ：(誤) 蒸発式凝縮器は，水の蒸発潜熱を利用して冷却するので，湿球温度が高くなると，凝縮のための冷却性能が低下し，凝縮温度が高くなる．

ハ：(誤) 空冷凝縮器とは，空気の顕熱を利用して冷媒を冷却して液化させる凝縮器で，中・小形のフルオロカーボン冷凍装置で広く使用されている．

ニ：(正) 空冷凝縮器では，空気側熱伝達率が冷媒側熱伝達率よりも小さいので，冷却管外側にフィンを付けて表面積を増大する．

[解答] (2)

Ch.1
Ch.2
Ch.3
Ch.4
Ch.5
Ch.6
Ch.7
Ch.8
Ch.9
Ch.10
Ch.11
Ch.12
Ch.13

凝縮器

例題

次のイ，ロ，ハ，二の記述のうち，凝縮器について正しいものはどれか．

イ．空冷凝縮器は，冷媒を冷却して凝縮させるのに空気の顕熱を用いる．空冷凝縮器に入る空気の流速を前面風速といい，風速が大き過ぎると騒音が大きくなり，風速が小さ過ぎると熱交換の性能が低下する．

ロ．横形シェルアンドチューブ凝縮器の冷却管としては，冷媒がアンモニアの場合には銅製の裸管を，また，フルオロカーボン冷媒の場合には銅製のローフィンチューブを使うことが多い．

ハ．二重管凝縮器は，冷却水を内管と外管との間に通し，内管内で圧縮機吐出しガスを凝縮させる．

二．ブレージングプレート凝縮器の伝熱プレートは，銅製の伝熱プレートを多層に積層し，それらを圧着して一体化し強度と気密性を確保している．

(1) イ　(2) ハ　(3) イ，ハ　(4) ロ，二　(5) イ，ハ，二

▶解説

イ：(正) 空冷凝縮器に入る空気の流速（前面風速）は一般に 0.5 ～ 3 m/s 程度である．

ロ：(誤) 冷媒がアンモニアの場合には，銅および銅合金に対して腐食性があるので使用できない．また，冷媒側熱伝達率が，水から管内面への熱伝達率とほぼ同じなので，鋼管の裸管を使う．水冷凝縮器に使用するローフィンチューブのフィンは，冷媒側に設けられている．

ハ：(誤) 二重管凝縮器は，内管内に冷却水を通し，冷媒を内管と外管との間で凝縮させる．

二：(誤) ステンレス製の伝熱プレートを多数に積層している．

[解答]　(1)

4-3 凝縮器の保安管理

1　水あか，油膜の影響

・水冷凝縮器では，冷却水中の汚れや不純物が冷却管の内面に水あかとなって付着し，蒸発式凝縮器では管外面に水あかが付着する．

・冷却管に水あかや油膜が付着すると，水あかや油膜の熱伝導率が小さいので熱通過率が小さくなり，冷却水温度が一定であれば，凝縮温度の上昇，圧縮機軸動力の増加などの悪影響を及ぼす．

・水あかや油膜の熱伝導抵抗は，汚れの厚さを汚れの熱伝導率で除した汚れ係数〔m^2·K/kW〕で表す．汚れ係数が大きくなると，熱通過率が小さくなり，伝熱が阻害されることになる．

・フルオロカーボン冷媒は，油をかなりよく溶解するので伝熱面に油膜が形成されにくいが，粘度が高くなると．伝熱壁面付近の速度の遅い流れの層（境界層）の厚さが厚くなって，熱が移動しにくくなる．

・アンモニア冷媒は鉱油をあまり溶解しないので冷媒側に油膜が形成されるが，その厚さはあまり厚くならない．

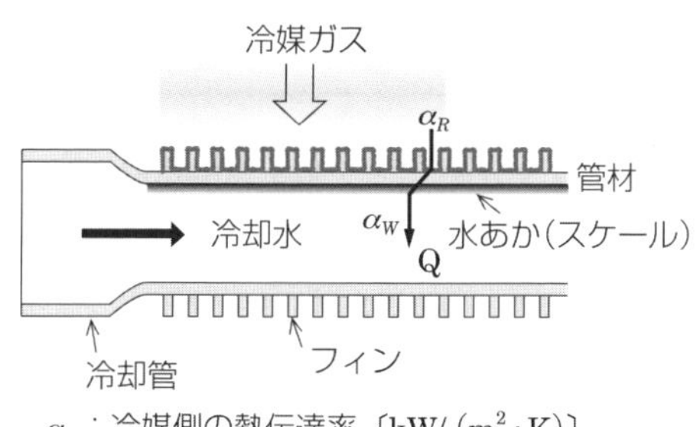

冷却管の熱通過率

$$K=\frac{1}{\dfrac{1}{\alpha_R}+m\left(\dfrac{1}{\alpha_w}+f_s\right)}〔\mathrm{kW/(m^2\cdot K)}〕$$

m：有効内外表面積比$\left(=\dfrac{\text{有効外表面積}}{\text{内表面積}}\right)$

f_s：水あかによる汚れ係数〔m^2·K/kW〕

$\left(=\dfrac{\delta_s}{\lambda_s}\ (\delta_s：\text{厚さ}, \lambda_s：\text{熱伝導率})\right)$

要点整理

水あかの熱伝導率は管材に比べて著しく小さい．汚れ係数は，水あかの厚さが厚いほど，また伝導率が小さいほど，汚れ係数 f_s は大きくなるので，熱通過率は小さくなる．

図 4.9　冷媒管の伝熱（冷却管の熱低効率 δ/λ は小さいので省略）

Ch.1
Ch.2
Ch.3
Ch.4
Ch.5
Ch.6
Ch.7
Ch.8
Ch.9
Ch.10
Ch.11
Ch.12
Ch.13

凝縮器

2　冷媒の過充填の影響

・冷凍装置の運転中には，蒸発器内は膨張弁やフロート弁などによって，必要とする冷媒量が制御されている．装置に冷媒量を過充填（オーバーチャージ）すると，余分な冷媒は受液器に溜まり，受液器液面が上昇する．

・受液器兼用水冷横形のシェルアンドチューブ凝縮器（コンデンサレシーバ）では，余分な冷媒液が凝縮器内に溜められ，冷媒液面が上昇する（冷媒液に浸される冷却管の本数が増加する）．そのため，凝縮器の凝縮に有効に使われる伝熱面積が減少し，凝縮圧力が上昇する．また，凝縮器の伝熱管の一部が液により浸漬されると，その部分が過冷却器として作用するので，冷媒の過冷却度の増大をもたらす．

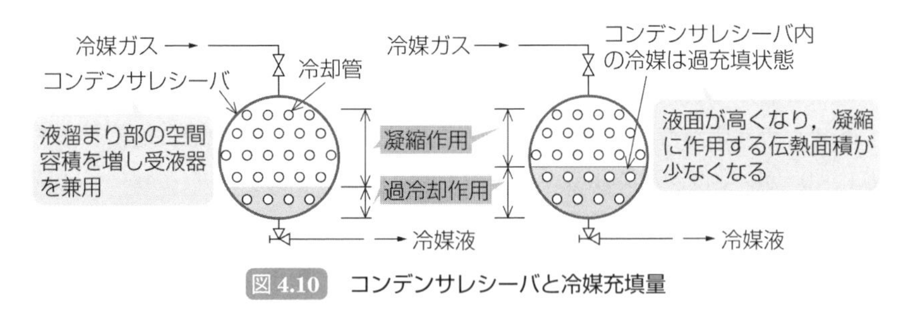

図 4.10　コンデンサレシーバと冷媒充填量

・受液器をもたない空冷凝縮器の場合では，余分な冷媒液が凝縮器出口側に蓄えられ，凝縮に有効な伝熱面積が減少し，凝縮圧力は上昇する．また冷媒液の過冷却度は大きくなる．

3　不凝縮ガスの滞留とその影響

(1)　不凝縮ガスの影響

・冷凍装置内の不凝縮ガス（いくら冷却しても凝縮しないガス）は，主に空気である．

・通常，凝縮器兼用受液器（または受液器）の底部にある出口管は液冷媒中にあり，不凝縮ガスはそれを通過できないので，受液器や凝縮器に溜まる．

・凝縮器に不凝縮ガスが混入すると，それが滞留している部分の伝熱面積を覆い，冷媒側の熱伝達が不良となって凝縮温度が高くなる．なお，この場合の圧縮機の吐出しガス圧力は，凝縮温度の上昇分に相当する凝縮圧力の上昇に加えて不凝縮ガスの分圧だけさらに高くなる．したがって，圧縮機の吐出し温度が上昇し，軸動力が大きくなり，冷凍能力と成績係数が低下する．また，装置の運転停止中には，凝縮の伝熱作用は行われないため，存在する不凝縮ガスの分圧相当分だけ凝縮器内圧力は高くなる．

(2) 不凝縮ガス混入原因

冷媒充填時の空気抜き（エアーパージ）が不十分であったり，運転中に低圧部の冷媒圧力が大気圧よりも低くなって，低圧部の漏れ箇所から不凝縮ガスが侵入する．

(3) 装置内の不凝縮ガスの有無の識別

装置内の不凝縮ガスの有無は，圧縮機を停止して凝縮器の冷媒出入り口弁を閉止し，冷却水はそのまま凝縮器の圧力計の指示が安定するまで通水（20～30分）を続けた後，その凝縮器の圧力計の指示が冷却水温度に相当する冷媒の飽和圧力よりも高ければ，不凝縮ガスが存在している可能性があると判断する．

コラム

凝縮圧力の規定値以上の上昇要因と影響

凝縮器側の次の要因によって凝縮温度・圧力が高くなる．

① 冷媒の過充填
② 不凝縮ガスの混入
③ 水冷凝縮器において，冷却水温度の上昇，冷却水量の不足，冷却管内の水あかおよび油膜の付着
④ 空冷凝縮器において，外気温度の上昇，風量不足

凝縮圧力（凝縮温度に対応する冷媒の飽和圧力）・凝縮温度の上昇にともない圧縮機の吐出しガス温度も高くなる．また，圧縮機の軸動力が増加し，冷凍能力が低下するので，装置の成績係数は低下する．

例題

次のイ，ロ，ハ，ニの記述のうち，凝縮器について正しいものはどれか．

イ．凝縮器への不凝縮ガスの混入は，冷媒側の熱伝達の不良や凝縮圧力の低下を招く．

ロ．水冷横形シェルアンドチューブ凝縮器では，冷却水中の汚れや不純物が冷却管表面に水あかとなって付着し，水あかの熱伝導率が小さいので，熱通過率の値が小さくなり，凝縮温度が低くなる．

ハ．冷凍装置内に不凝縮ガスが存在している場合，圧縮機を停止し，水冷凝縮器の冷却水を 20 ～ 30 分通水しておくと，高圧圧力は冷却水温度に相当する飽和圧力より低くなる．

ニ．冷凍装置に冷媒を過充填すると，受液器をもたない空冷凝縮器では出口よりに冷媒液が溜まるので，凝縮温度の上昇と過冷却度の増大をもたらす．

(1) ロ　(2) ニ　③　ロ，ハ　(4) ハ，ニ　(5)　イ，ハ，ニ

▶解説

イ：(誤) 不凝縮ガスが冷凍装置内に存在すると，圧縮機吐出しガスの圧力と温度がともに上昇する．

ロ：(誤) 水あかの熱伝導率は，冷却管材の熱伝導率に比べて著しく小さいので，水あかが付着すると凝縮器の熱通過率の値は小さくなる．その結果，凝縮能力は減少し，凝縮温度は上昇する．

ハ：(誤) 圧縮機を停止し冷却水を 20 ～ 30 分間通水しておき，高圧側圧力計の指示が冷却水温に相当する冷媒飽和圧力よりも高ければ，水冷凝縮器内に不凝縮ガス存在の疑いがある．

ニ：(正) 冷媒が過充填されている場合には，凝縮器で冷媒が凝縮するために有効な伝熱面積が減少し，凝縮圧力が高くなる．一方，冷媒側の熱交換のための面積が増加することにより凝縮器出口の冷媒液の過冷却度は大きくなる．

[解答]　(2)

5-1 蒸発器の種類

1 蒸発器の分類

蒸発器は低温・低圧の冷媒液を蒸発させて冷却作用を行う熱交換器である.

蒸発器は，冷媒の蒸発形態によって，乾式蒸発器と満液式蒸発器に大別される(表 5.1).

表 5.1 蒸発器の種類（冷媒の蒸発形態による）

冷媒の蒸発形態	乾式蒸発器	満液式蒸発器		
	冷却管内蒸発	冷却管外蒸発	冷却管内蒸発	
			自動循環式	強制循環式
代表的な蒸発器の種類	・プレートフィン ・シェルアンドチューブ ・ブレージングプレート	シェルアンドチューブ	・プレートフィン ・ヘリングボーン形	プレートフィン

要点整理

蒸発器は空気や液体，あるいはこれらを介して物体を冷却するのに使用するため，空気を冷却する空気冷却器，水（ブライン）を冷却する水（ブライン）冷却器と呼ぶことも多い.

2 乾式蒸発器

乾式蒸発器は，冷媒が管の中を流れ，管入口では膨張弁からの飽和液と乾き飽和蒸気が混じり合った状態の冷媒であったが，管外の熱を吸収して管出口では飽和蒸気となり，さらにいくらか過熱された状態で，出て行くようにした蒸発器である.

・乾式蒸発器では，温度自動膨張弁により感温筒取付け部の冷媒蒸気出口管の温度と圧力を検知して，出口冷媒の過熱度を一定（3 ～ 5 K）に保つように冷媒流量を調節している.

・フルオロカーボン冷媒の場合は，蒸発管内で分離された油は，冷媒蒸気とともに圧縮機に吸い込ませるが，アンモニア冷媒の場合は，油は蒸発管内に滞留しやすい（鉱油を用いた場合）ため，ときどき油抜き弁より抜くようにする.

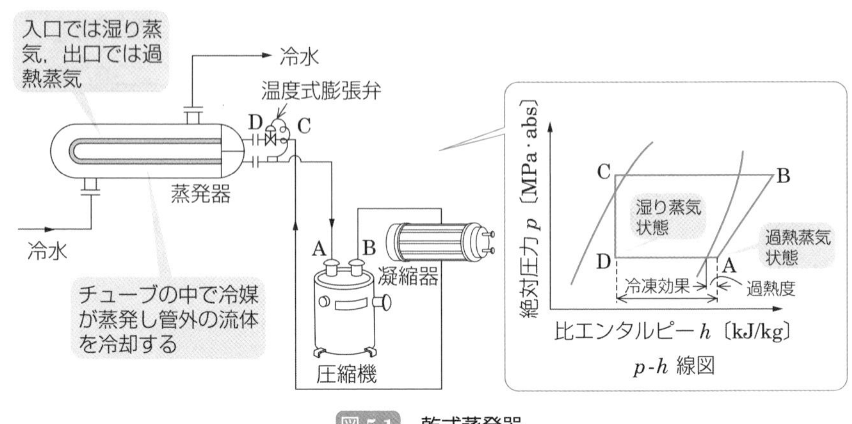

図 5.1　乾式蒸発器

(1)　乾式蒸発器の伝熱

・蒸発器における伝熱量（冷凍能力）Φ_0〔kW〕は，次式になる．

$$\Phi_0 = K \cdot A \cdot \Delta t_m \text{〔kW〕}$$

ここで，K：熱通過率〔$\mathrm{kW/(m^2 \cdot K)}$〕

A：伝熱面積〔$\mathrm{m^2}$〕

Δt_m：算術平均温度差〔K〕

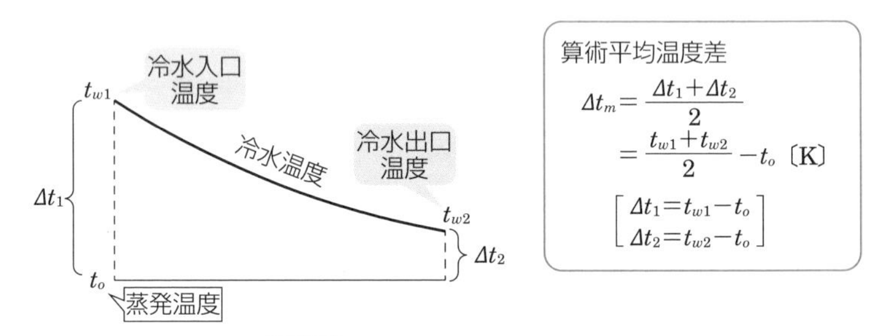

図 5.2　冷却管内の冷水温度分布

冷却される空気や水などとの冷媒管の算術平均温度差 Δt_m の値は，冷蔵用の空気冷却器では，通常 **5 〜 10K** 程度にし，空調用では，**15 〜 20K** 程度にする．

(2)　乾式蒸発器の種類

乾式蒸発器には，空気冷却用のプレートフィン蒸発器と水（ブライン）冷却用のシェルアンドチューブ蒸発器がある．

① 乾式プレートフィン蒸発器（フィンコイル乾式蒸発器）

・乾式プレートフィン蒸発器は，フィンおよび伝熱管ともに空冷凝縮器と同様のものが使用されている．なお，空調用のフィンピッチは **2 mm** であるが，冷凍・冷蔵用では，霜付きを考慮して **6 ～ 12 mm** にしている．

・大容量の乾式プレートフィン蒸発器は，冷媒の圧力損失を減少させるために，分割数を増して，1パス当たりの管長を短くするが，各パスを流れる冷媒量が不均一にならないようにディストリビュータ（冷媒分配器）を膨張弁の出口（蒸発器の入口側）に取り付ける．なお，ディストリビュータの圧力降下があるので，その分，膨張弁の容積は小さくなる（膨張弁前後の圧力差が小さくなる）．

Point
ディストリビュータを用いた大容量の乾式蒸発器における冷媒の制御には，ディストリビュータの圧力降下が大きくなり，内部均圧形温度自動膨張弁では過熱度が適切に制御できないため，外部均圧形温度自動膨張弁を使用するのがよい．

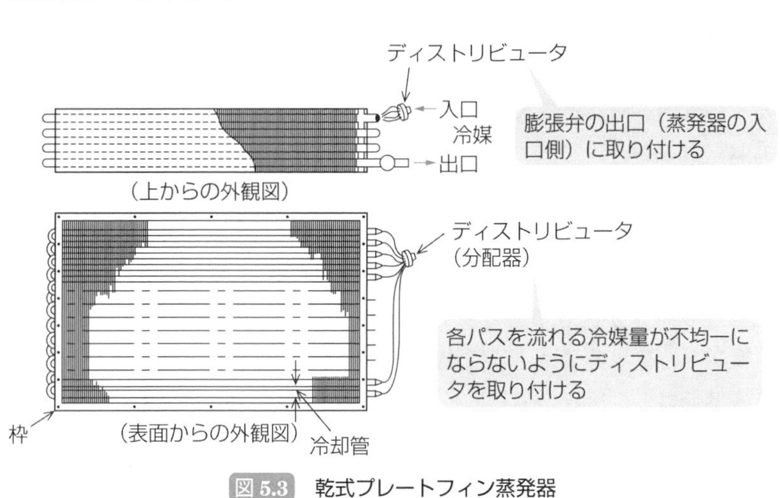

図 5.3　乾式プレートフィン蒸発器

② 乾式シェルアンドチューブ蒸発器

・水やブラインなどの液体を冷却する乾式シェルアンドチューブ蒸発器は，形はシェルアンドチューブ凝縮器と似ているが，冷媒が冷却管（チューブ）内に流れ，水やブラインが胴体（シェル）と冷却管の間を通る構造である．

・乾式シェルアンドチューブ蒸発器は，水やブライン側の熱伝達率を向上させるために，胴体側にバッフルプレート（邪魔板）を設け，水流を冷却管に対してできるだけ直角になるようにする（冷媒と冷水の接触を良くして伝熱効果を上げる）．また，冷媒側の熱伝達率は小さいので，冷却管の内側にフィンをもつインナフィンチューブを用いることが多い．

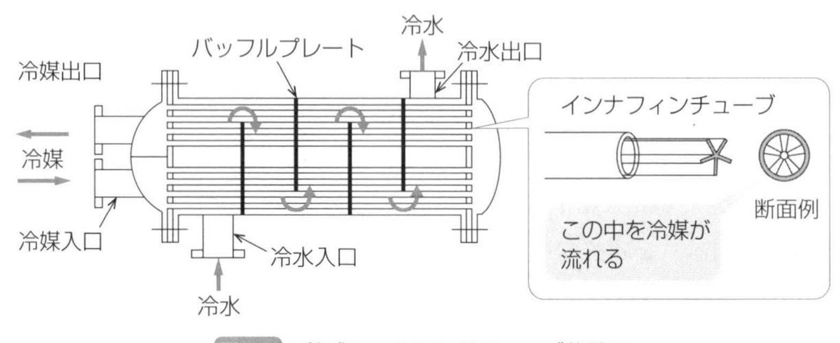

図 5.4　乾式シェルアンドチューブ蒸発器

3　満液式蒸発器

満液式蒸発器は，冷媒が冷却管の外側で蒸発する冷却管外蒸発器と，内側で蒸発する冷却管内蒸発器とに大別され，冷却管内蒸発器には自然循環式と強制循環式がある（表 5.1）．

（1）　満液式シェルアンドチューブ蒸発器（冷却管外蒸発器）

・満液式シェルアンドチューブ蒸発器は，大きな容量のシェルの中で冷媒が蒸発して冷媒蒸気が圧縮機に吸い込まれ，冷媒液は滞留してシェル（胴体）内の水またはブラインが流れる冷却管を絶えず浸っている構造の蒸発器である．なお，蒸発した冷媒蒸気は，ほぼ飽和蒸気の状態で圧縮機に吸い込まれる．

・満液式蒸発器には冷媒の過熱に必要な管部がないため，蒸発器冷媒側伝熱面における平均熱通過率は，乾式蒸発器の場合よりも大きい．また，冷媒の圧力損失も少なくてすむ特徴がある．なお，フルオロカーボン冷媒では，冷媒側の熱伝達率を大きくするためにローフィンチューブを使用している．

・満液式蒸発器の液面制御は，フロート弁またはフロートスイッチと電磁弁の組合せにより満液式蒸発器の液面が一定の範囲内になるように制御している．

・蒸発器内に入った油は，蒸発することができないため濃縮され，冷媒側の熱伝達が阻害されたり，圧縮機内の冷凍機油不足などをもたらす．満液式シェルアンドチューブ蒸発器では，蒸発器に入った油の戻りが悪いので，油戻し装置（油抜き）が必要である．

・油戻しの方法としては，フルオロカーボン冷凍装置では，油の濃度の高い液面の近くから油と混合した冷媒を抜き出し，それを加熱して冷媒と油とを分離し，油を圧縮機に戻す．また，アンモニア冷凍装置では，蒸発器の下部に溜まった油を油抜管から抽出する．

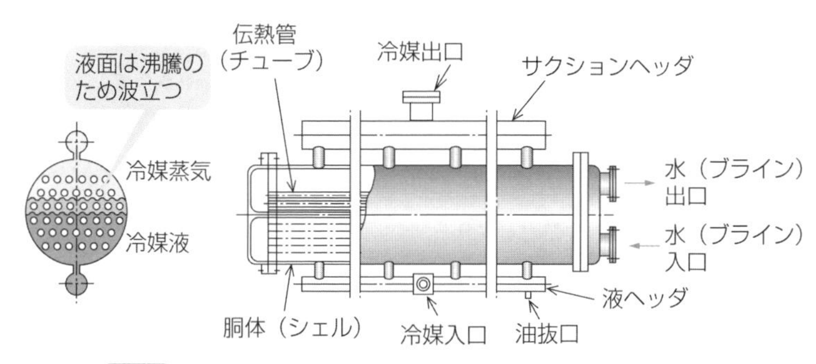

図 5.5　満液式シェルアンドチューブ蒸発器（アンモニア冷媒）

(2)　満液式プレートフィン蒸発器（冷却管内蒸発器）

・満液式プレートフィン蒸発器は，液集中器（ドラム）で蒸気を分離し，冷媒液面位置を一定に保つようにしている（冷媒は管内蒸発）．

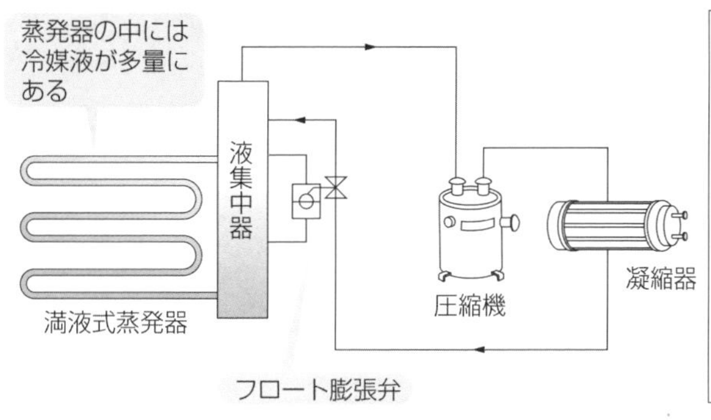

① 膨張弁からの湿り蒸気の冷媒は，液集中器に入る
② 冷媒液が蒸発器で一部だけ蒸発（周囲の空気を冷却する）
③ 湿り蒸気になった冷媒は再び液集中器に戻る
④ 液集中器の上部から飽和蒸気だけ圧縮機に吸い込まれる

図 5.6　満液式プレートフィン蒸発器

(3)　ヘリングボーン形満液式蒸発器（冷却管内蒸発器）

液集中器に連結された下部の冷媒液ヘッダと上部の蒸気ヘッダとの間に「く」の字形の冷却管を多数取り付けた構造で，このヘッダや冷却管部を大きなタンク内に設置し，水やブラインを冷却する目的で用いられる．

Ch.1
Ch.2
Ch.3
Ch.4
Ch.5
Ch.6
Ch.7
Ch.8
Ch.9
Ch.10
Ch.11
Ch.12
Ch.13

蒸発器

(4) 冷媒液強制循環式（液ポンプ方式）蒸発器（冷却管内蒸発器）

低圧受液器から蒸発器内で蒸発する冷媒液量の 3 ～ 5 倍の冷媒液を，冷媒液ポンプで強制的に冷却管内に送り，未蒸発の液は，気化した蒸気とともに低圧受液器へ戻す方式の蒸発器である．

- 冷却管内面の大部分が冷媒液であるから，良好な熱伝達率が得られる．
- 冷媒液を液ポンプで強制的に循環させるため，冷凍機油も冷媒液とともに運び出され，蒸発器内に油が滞留することはない．
- 液ポンプは，蒸発器へ強制的に液冷媒を送り込むため，低圧受液器の液面は常に液ポンプから約 2 m ほど高い位置に設定し，高圧受液器からの冷媒液の流入量をフロートスイッチ，電磁弁および流量調整弁で液面制御する．

Point

冷媒液強制循環式蒸発器では，蒸発器から冷媒液とともに油が低圧受液器に戻るので，冷凍機油の処理は低圧受液器まわりで行う．

Point

低圧受液器の液面が低いと液ポンプがガスを吸い込みキャビテーションを起こすおそれがある．

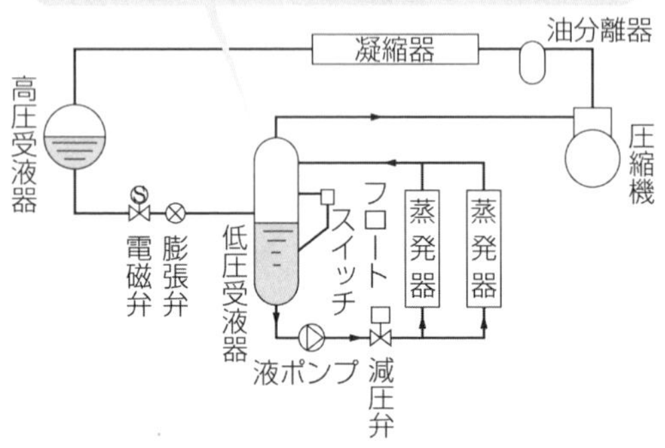

図 5.7 冷媒液強制循環式冷却装置

コラム

蒸発温度の低下

蒸発温度が低下すると，蒸発器内の冷媒の圧力が低下し，圧縮機の吸込み圧力が低下することによって，冷媒蒸気の比体積が大きくなるため圧縮機に吸い込まれる蒸気量（冷媒循環量）が減少し，体積効率も低下する．その結果，冷凍能力の減少そして成績係数の低下を招くことになる．さらに，冷蔵品の乾燥，蒸発器が着霜しやすくなるなどの問題が起こる．

蒸発温度低下の主な要因として，次のものがある．

① 冷媒循環量の不足
② 蒸発器への霜付き
③ 蒸発器への送風量減少
④ 蒸発器伝熱面積の不足
⑤ 蒸発器内冷媒に油が多量に溶解

例題

次のイ，ロ，ハ，ニの記述のうち，蒸発器について正しいものはどれか．

イ．蒸発器における冷凍能力は，冷却される空気や水などと冷媒との間の平均温度差，熱通過率および伝熱面積に比例する．

ロ．大きな容量の乾式蒸発器では，蒸発器の冷媒の出口側にディストリビュータを取り付けるが，これは多数の伝熱管に冷媒を均等に分配するためである．

ハ．水やブラインなどの液体を冷却する乾式蒸発器は，一般にシェルアンドチューブ形が用いられる．液体は胴体と冷却管の間を通り，バッフルプレートによって液体側の熱伝達率を向上させている．

ニ．フルオロカーボン冷媒を使用する満液式蒸発器では，蒸発器に入った油の戻りが悪いので，油戻し装置が必要となる．

(1) イ，ロ　(2) イ，ハ　(3) ロ，ハ　(4) ロ，ニ　(5) イ，ハ，ニ

▶解説

イ：(正) 蒸発器における伝熱量（冷凍能力）Φ_0〔kW〕は，次式になる．

Φ_0 = 熱通過率 × 伝熱面積 × 平均温度差 = $K \cdot A \cdot \Delta t_m$〔kW〕

ロ：(誤) 大きな容量の乾式蒸発器は，多数の伝熱管をもっているので，冷媒量が不均一にならないようにディストリビュータ（冷媒分流器）を膨張弁の出口（蒸発器の冷媒の入口側）に取り付ける．

ハ：(正) シェルアンドチューブ乾式蒸発器では，水側の熱伝達率を向上させるために，バッフルプレートを設置する．

ニ：(正) 満液式蒸発器は，蒸発器内や容器内に流れ込んだ冷凍機油が残留していくため，油戻し機構などが必要となり装置が複雑になる．

[解答] (5)

例題

次のイ，ロ，ハ，ニの記述のうち，蒸発器について正しいものはどれか．

イ．満液式蒸発器の冷媒側伝熱面における平均熱通過率は，乾式蒸発器のように冷媒の過熱に必要な管部がないため，乾式蒸発器の平均熱通過率よりも小さい．

ロ．大形の乾式蒸発器では，多数の伝熱管に均等に冷媒を分配させるためにディストリビュータを取り付けるが，ディストリビュータの圧力降下があるので，その分膨張弁の容量は小さくなる．

ハ．冷蔵用の空気冷却器の冷媒と空気の平均温度差は，通常5Kから10K程度である．庫内温度を保持したまま，この温度差を大きくすると，装置の成績係数は向上する．

ニ．冷媒液強制循環式蒸発器では，低圧受液器から蒸発液量の約3～5倍の冷媒液を液ポンプで強制的に循環させるため，潤滑油も冷媒液とともに運び出され，蒸発器内に油が滞留することはない．

(1) イ，ロ　(2) イ，ハ　(3) ロ，ハ　(4) ロ，ニ　(5) ハ，ニ

▶解説

イ：(誤) 満液式蒸発器の冷媒側伝熱面における平均熱通過率は，乾式蒸発器のように冷媒の過熱に必要な管部（過熱に必要な過熱部・管部）がないため，乾式蒸発器の平均熱通過率よりも大きい．

ロ：(正) ディストリビュータの圧力低下が大きいので，その分，膨張弁の容積は小さくなる．また，冷媒の制御には，内部均圧形温度自動膨張弁では過熱度が適切に制御できないため，外部均圧形温度自動膨張弁を使用する．

ハ：(誤) 冷蔵庫で使用される空気冷却器では，庫内温度と蒸発温度との平均温度差は5～10Kにとるが，この値が大き過ぎると蒸発温度を低くする必要があり，装置の成績係数が低下する．

ニ：(正) 液ポンプ方式の冷凍装置では，蒸発液量の3倍から5倍程度の冷媒液を強制循環させるため，蒸発器内に冷凍機油が滞留することはない．

[解答]　(4)

5-2 着霜，除霜（デフロフト）および凍結防止

1 着霜と除霜

空気冷却に使われる乾式プレートフィン蒸発器は，蒸発温度が氷点下になると空気中の水分が霜となって冷却管のフィン表面に霜が厚く付着（着霜，霜付き，フロスト）する．霜が付着すると空気の通路が狭くなって風量が減少する．また同時に，霜の熱伝導率が小さいので伝熱が妨げられ，蒸発圧力が低下するので冷凍能力と成績係数は低下する．

> **Point**
> 圧縮機の動力も小さくなるが，冷凍能力の低下の割合の方が大きいので，装置の成績係数が低下する．

冷却管のフィン表面に着霜→空気側の熱伝導抵抗が大→熱通過率低下→熱交換量の低下→冷媒の蒸発量の減少→蒸発圧力の低下・冷却能力低下→液滴が多くなる→液戻り

そこで，着霜した蒸発器から霜を除去するために次の方法がとられる．

(1) ホットガスデフロスト方式

圧縮機から吐き出される高温の冷媒ガスを冷却器（蒸発器）に送り込み，その顕熱と潜熱によって霜を融解させる方式（除霜中は送風機は停止状態）である．

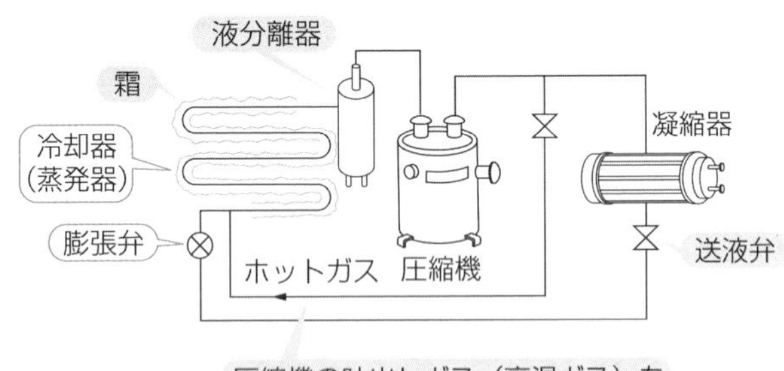

図 5.8 ホットガスデフロスト方式

ホットガスデフロスト方式では，冷却器に霜が厚く付いていると溶けにくくな

り，除霜の時間が長くなるため，霜が厚くならないうちに早めに行うようにする．

(2)　散水式除霜方式

除霜する蒸発器への冷媒の流れを止めて冷却器内の冷媒を回収してから，送風機を停止して適温の水を散水する方法である．

散水と融解した水は，内部に残留して凍結しないようにドレンパンに流し落して，排水管から冷蔵庫の外に排出する．排水管は氷結しないように防熱するか，ヒータで加熱する．また，庫外の排水配管には，庫外にトラップを設けて庫内への外気の侵入を防止する．

散水式除霜方式では，水の温度が低すぎると霜を融かす能力が不足し，温度が高すぎると冷蔵庫内に霧が発生し，それが再冷却時に霜付きの原因になるので，水温は **10 ～ 15℃** としている．

(3)　不凍液散布除霜方法

エチレングリコール水溶液などの不凍液を冷却器に散布する除霜方法である．不凍液は水分を吸収して濃度が下がるので，濃度を上げる再生処理が必要になる．

Point
空気中の水分は不凍液の氷結点が低いので氷結せず，不凍液と一緒に回収される．

(4)　電気ヒータ除霜方式

空気冷却器の冷却管配列の一部にフィンチューブ状の電気ヒータを組み込んで，除霜時に送風機を停止してから電気ヒータに通電し，加熱除霜する．

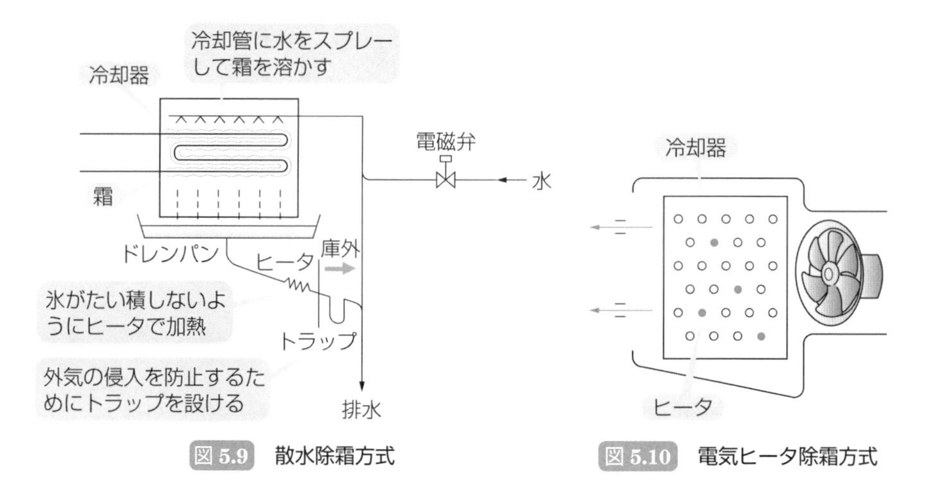

図 5.9　散水除霜方式

図 5.10　電気ヒータ除霜方式

(5) オフサイクル方式

庫内温度が5℃程度の冷蔵庫では，圧縮機を停止して冷媒の供給を止めた状態で，庫内の送風機を運転して，大量の庫内空気で霜を溶かす方式が用いられる．

Point

乾式空気冷却器の除霜方法として，オフサイクル方式は送風機を運転して行うが，電気ヒータ方式とホットガスデフロスト方式は送風機を止めて除霜する．

2 水冷却器，ブライン冷却器の凍結防止

水が凍結するとその体積が約9%膨張するので，密閉された容器や管の中で凍結すると，体積膨張による圧力上昇によって容器や管が破壊されてしまうことがある．

水やブラインを冷却する冷却器では，サーモスタットを用いて水やブラインの温度が下がり過ぎたときに，冷凍装置の運転を停止し，凍結防止をする．また，蒸発圧力調整弁を用いて，蒸発圧力が設定値よりも下がらないように制御して凍結を防止する方法もある．

Point

ブラインは，使用中に空気中の水分を凝縮させて取り込んで，濃度が薄くなるので，ブライン濃度の管理が悪いと0℃でも凍ることがあるので凍結防止装置が必要である．

コラム

凍結による冷却器の破損

満液式シェルアンドチューブ蒸発器は，シェル側に冷媒液がシェル内の直径の半分以上を満たし，冷却管内を流れるブラインから熱を奪いシェル内の冷媒が蒸発することで冷却する構造の蒸発器で，流体が凍結点以下になると冷却管内で凍結し，冷却管を破損することが多い．乾式蒸発器は被冷却液がシェル側を流れるので，ブラインが凍結しても冷却管を破損する確率は低い．

例題

次のイ，ロ，ハ，ニの記述のうち，蒸発器の凍結防止と除霜について正しいものはどれか．

イ．水は0℃で凍結するので，凍結防止装置が必要であるが，ブラインは0℃で凍らないので，凍結防止装置は必要ない．

ロ．庫内温度が5℃程度のユニットクーラの除霜には，蒸発器への冷媒の送り込みを止めて，庫内の空気の送風によって霜を溶かすオフサイクルデフロスト方式がある．

ハ．ホットガス除霜は，冷却管の内部から冷媒ガスの熱によって霜を均一に融解でき，霜が厚くなってからの除霜に適した方法である．

ニ．散水方式でデフロストをする場合，冷蔵庫外の排水管にトラップを設けることで，冷蔵庫内への外気の侵入を防止できる．

(1) イ　(2) ロ　(3) イ，ハ　(4) ロ，ニ　(5) ハ，ニ

▶解説

イ：(誤) ブライン濃度管理が悪いとは0℃では凍結することがあるので，凍結防止装置は必要である．

ロ：(正) 庫内温度5℃程度の冷蔵庫の庫内空気を熱源として霜を溶かすので，冷凍サイクルをオフ（冷凍機を停止）し，送風機を運転して除霜する．

ハ：(誤) 冷媒ガスを冷却管内に流して，その熱によって霜を内部から融解させるので，あまり霜が厚くなると溶けにくくなる．また，冷却管入口側と出口側では冷媒ガスの湿度に差があるので，霜は均一には溶けにくい．

ニ：(正) デフロスト水の排水配管には，庫外にトラップを設けて庫内への外気の侵入を防止する．

[解答] (4)

6-1 受液器（レシーバ）

冷凍装置に用いられる受液器は，冷媒液を溜めておくところで，大別して凝縮器の下流（凝縮器出口と膨張弁の間）に設ける高圧受液器と，冷媒液強制循環式で蒸発器に連結して用いられる低圧受液器とがある．

1 高圧受液器

高圧受液器（単に受液器と呼ぶことが多い）は，横形または立形円筒状の圧力容器で，次の役割をもっている．

① 受液器内に蒸気の空間の余裕をもたせ，運転状態に変化があっても，冷媒液が凝縮器に滞留しないように，受液器内に吸収する．

② 冷凍設備を修理する際に，大気に開放する装置部分の冷媒を回収できるようにする．

Point

高圧受液器は，運転状態の変化があっても，受液器より液とともに蒸気が流れ出ないように，流出口管端を受液器下部位置に設置し，常に液で出口配管を満たしておく．下部から液を取り出すようにする．

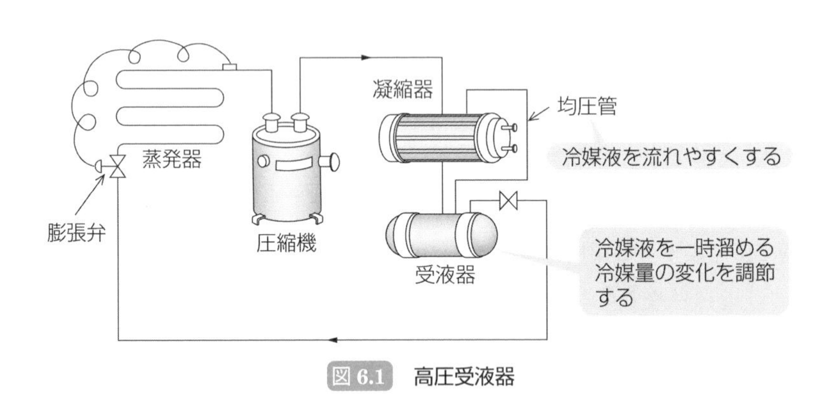

図 6.1 高圧受液器

2 低圧受液器

低圧受液器は，冷媒液強制循環式冷凍装置で蒸発器に連結され，蒸発器に液を送り，かつ蒸発器から戻る冷媒液の気液分離と液溜めの役割をもっている．

低圧受液器は，液ポンプが蒸気を吸い込まないように液面レベルの確保をするとともに，冷凍負荷に応じた液面位置の制御を行う（フロート弁あるいはフロートスイッチと電磁弁の組合せや液面計を取り付ける）．

6-2 油分離器（オイルセパレータ）

・圧縮機から吐き出される冷媒ガスに，若干の冷凍機油が混合されている．この量が多いと，次の障害を生じる．

① 圧縮機の油量が不足し，潤滑不良を起こす．

② 冷凍機油が凝縮器や蒸発器に入ると熱交換を阻害する．

このため，圧縮機の吐出しガス配管に油分離器を取り付けて，ここで吐出し冷媒ガス中の冷凍機油を分離する．

・油分離器は，中・大形や低温用（一般的には－40℃以下）のフルオロカーボン冷凍装置，アンモニア冷凍装置に用いることが多いが，小形フルオロカーボン冷凍装置では，油分離器を設けていない場合も多い．

・フルオロカーボン冷凍機では，分離した冷凍機油は容器の下部に溜められ，一定レベルに達すると圧力の低いクランクケースに自動的に戻される．非相溶性の冷凍機油（鉱油）を用いたアンモニア冷凍機の場合には，吐出しガス温度が高いため冷凍機油が劣化するので，一般には油分離器から油溜め器に回収して新しい冷凍機油を補充する．

最近，乾式膨張のアンモニア冷凍装置では熱による劣化が少ない合成油が使用され，クランクケースに自動返油される．

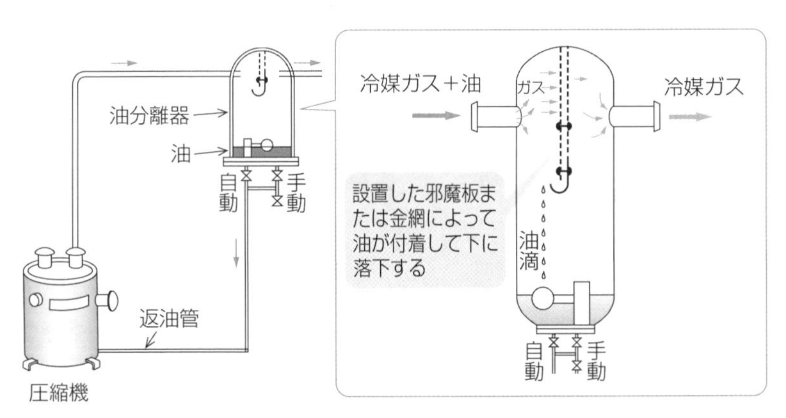

図 6.2 油分離器（フルオロカーボン冷凍機）

Ch.1
Ch.2
Ch.3
Ch.4
Ch.5
Ch.6
Ch.7
Ch.8
Ch.9
Ch.10
Ch.11
Ch.12
Ch.13
附属機器

6-3 液分離器（アキュムレータ）

- 液分離器は，蒸発器と圧縮機の間の吸込み蒸気配管に取り付けて，吸込み蒸気中に混在した冷媒液を分離し，蒸気だけを圧縮機に吸い込ませて液圧縮を防止し，圧縮機を保護する役目をする．

Point
多気筒圧縮機のアンローダ作動時の液戻り防止にも有効である．

- 液分離器の構造は，円筒形の胴をもった容器内で，流入した冷媒液が蒸気と分離しやすいように，蒸気速度を約 **1 m/s** 以下にし，蒸気中の液滴を重力で分離，落下させ，容器の下部に溜まるようにしたものである．
- 分離した液は蒸発器に戻す方法や受液器に戻す方法などがあるが，小形のフルオロカーボン冷凍装置やヒートポンプ装置に使用される小容量の液分離器では，内部の U 字管下部に設けられたメタリングオリフィス（小孔）から液圧縮にならない程度に少量ずつ液とともに圧縮機に吸い込ませる方法がとられている．

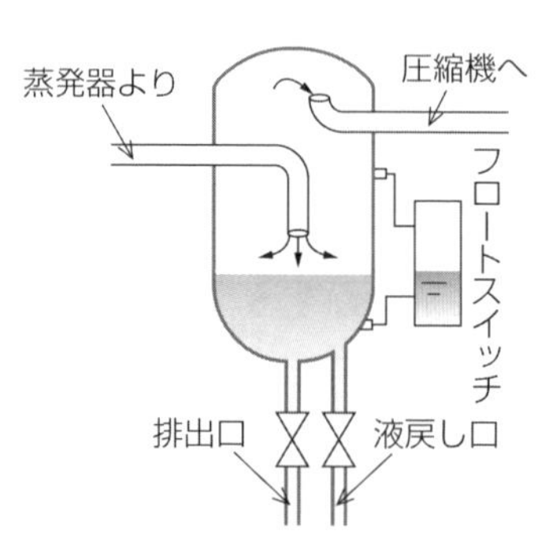

図 6.3　アンモニア用の液分離器

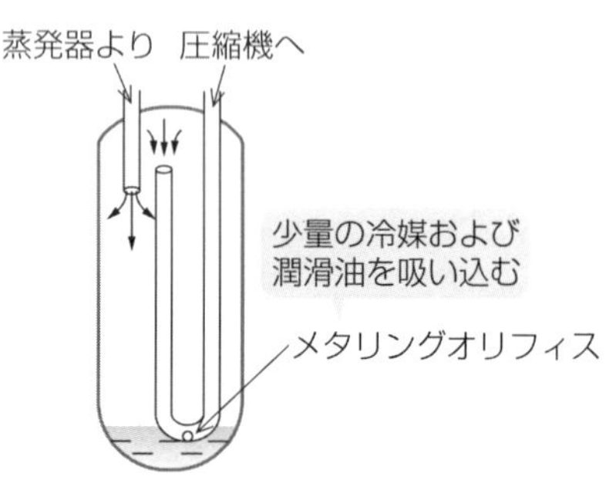

図 6.4　小形のフルオロカーボン用液分離器

6-4 液ガス熱交換器

・フルオロカーボン冷凍装置では，凝縮器を出た冷媒液を過冷却するとともに，圧縮機に戻る冷媒蒸気を適度に過熱させるために，液ガス熱交換器を設けることがある.

・液ガス熱交換器の設置目的は，次の通りである.

① 冷媒液を過冷却して液管内でのフラッシュガスの発生を防止する.

② 圧縮機吸込み蒸気を過熱して適度な過熱度をもたせて液戻りを防止する.

・アンモニア冷凍装置では，圧縮機の吸込み蒸気過熱度の増大にともなう吐出しガス温度の上昇が著しいので使用しない.

Point

フラッシュガスとは，高圧液配管において，冷媒液が温度上昇や圧力降下により，液が気化することで，膨張弁の冷媒流量が減少し，冷凍能力が減少するなどの不具合が生じる．そのため過冷却の状態にする（p.147 コラム参照）.

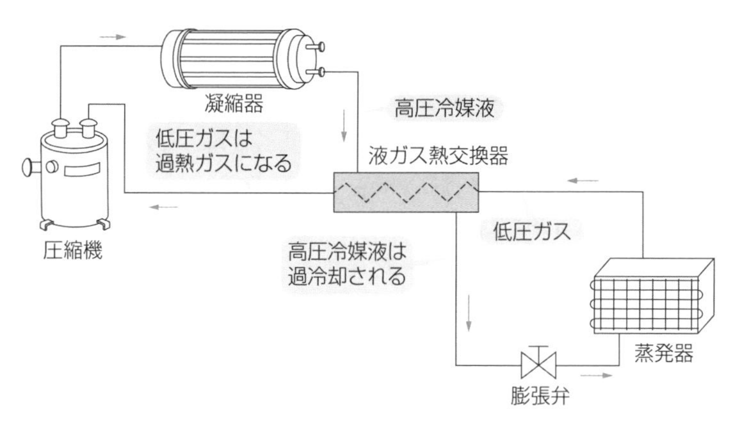

要点整理

液ガス熱交換器の主目的は，液管内のフラッシュガス発生の防止，圧縮機吸込み蒸気の適度な過熱で，成績係数は若干，改善されるが主目的ではない.

図 6.5　液ガス熱交換器

Ch.1
Ch.2
Ch.3
Ch.4
Ch.5
Ch.6
Ch.7
Ch.8
Ch.9
Ch.10
Ch.11
Ch.12
Ch.13

附属機器

6-5 リキッドフィルタ，サクションストレーナ

・冷媒中にごみや金属粉などの異物が混入すると，膨張弁が詰まったり，圧縮機の吸込み弁や吐出し弁に付着したりするなどのため，フィルタやストレーナによりごみや異物を除去する．

・膨張弁手前の液管に付けるものがリキッドフィルタ，また圧縮機吸込み口に付けるものがサクションストレーナである．

6-6 ドライヤ（乾燥器）

・フルオロカーボン冷凍装置の冷媒系統に水分が混入すると，フルオロカーボン冷媒と水とはほとんど溶け合わないため，冷媒液の上に水の粒となって浮き（遊離水分），膨張弁で氷結し，閉塞するなど悪影響を及ぼす．そこで，一般にドライヤ（乾燥器）を高圧液配管に取り付け，冷媒系統の水分を除去する．

・ドライヤは，シリカゲルやゼオライトなどの乾燥剤を使用し，水分を吸着して化学変化を起こさないこと，砕けにくいことなどが大切である．

・ドライヤ（水分除去）とフィルタ（ゴミの除去）兼用のものもあり，フィルタドライヤ（ろ過乾燥器）と呼ばれている．

・大形の装置で用いられるフィルタドライヤは，冷媒入口と出口がL形に配置されているもので，配管を外さずに乾燥剤の交換やフィルタの清掃を行うことができる．

Point

アンモニア冷凍装置の場合，冷媒系統内の水分はアンモニアと結合しているため，乾燥剤による吸着分離が難しく，通常，（ろ過）乾燥器（フィルタドライヤ）は使用しない．

6-7 サイトグラス

冷媒の流れの状態を日視で観察するために，冷媒液配管中のフィルタドライヤの下流にサイトグラスを設置する．

サイトグラスののぞきガラスで適正冷媒量を判断（冷媒不足時は気泡が発生し，規定量になると気泡が消える）できる．また，冷媒中の水分含有量が判断できるモイスチャーインジケータ（変色指示板）付きのものもある．

コラム

高圧受液器の内容積

高圧受液器の内容積を決めるには，次のことを考慮する．

① 高圧受液器の内容積は，装置内の冷媒充填量の全量または大部分が回収できるものとし，回収する液量は内容積の80%以内とする．少なくても20%の蒸気空間を残すようにする．

② 負荷変動が大きく，蒸発器の運転状態の変化（蒸発器の運転台数の変化など）に起因する凝縮器内と蒸発器内の冷媒量の変化量を受液器で吸収する．

③ ヒートポンプ装置の受液器は，冷房と暖房の切換えにより熱交換器内の冷媒量が変わるので，その変化量を吸収する．

例題

次のイ，ロ，ハ，ニの記述のうち，附属機器について正しいものはどれか．

イ．冷凍装置に用いられる受液器には，大別して凝縮器の出口側に連結される高圧受液器と，冷媒液強制循環式で凝縮器の出口側に連結して用いられる低圧受液器とがある．

ロ．往復圧縮機を用いたアンモニア冷凍装置では，一般に，油分離器で分離された鉱油を圧縮機クランクケース内に自動返油する．

ハ．フルオロカーボン冷凍装置の冷媒系統に水分が存在すると，装置の各部に悪影響を及ぼすので，冷媒液はドライヤを通して，水分を除去するようにしている．

ニ．液分離器は，蒸発器と圧縮機との間の吸込み蒸気配管に取り付け，吸込み蒸気中に混在した液を分離して，冷凍装置外部に排出する．

(1) イ　(2) ハ　(3) ロ，ハ　(4) ロ，ニ　(5) ハ，ニ

▶解説

イ：(誤) 冷媒液強制循環式の冷凍装置に用いられる低圧受液器は蒸発器に連結する．

ロ：(誤) アンモニア冷凍機の場合には，圧縮機の吐出しガス温度が高いため油が劣化するので，一般的には自動返油せず，油溜め器に回収する．

ハ：(正) ドライヤの乾燥剤として，水分を吸着しても化学変化を起こさないシリカゲルやゼオライトなどが用いられる．

ニ：(誤) 液分離器は，吸込み蒸気中に混在した液を分離して，蒸発器へ戻す，または，少量ずつ（液圧縮にならない程度）圧縮機に吸い込ませる．

[解答]　(2)

例題

次のイ，ロ，ハ，ニの記述のうち，附属機器について正しいものはどれか．

イ．フルオロカーボン冷凍装置には液ガス熱交換器を設けることがある．それの主な役割は，冷凍装置の成績係数を改善することである．

ロ．低圧受液器は．冷媒液強制循環式冷凍装置において，冷凍負荷が変動しても液ポンプが蒸気を吸い込まないように，液面レベル確保と液面位置の制御を行う．

ハ．冷凍機油は，凝縮器や蒸発器に送られると伝熱を妨げるので，液分離器を圧縮機の吸込み蒸気配管に設け，冷媒蒸気と冷凍機油を分離する．

ニ．サイトグラスは，冷媒液配管のフィルタドライヤの下流に設置され，冷媒充填量の不足やフィルタドライヤの交換時期などの判断に用いられる．

(1) イ，ロ　(2) イ，ハ　(3) ロ，ニ　(4) イ，ハ，ニ　(5) ロ，ハ，ニ

▶解説

イ：(誤) 液ガス熱交換器の設置目的は，冷媒液を過冷却して液管内でのフラッシュガスの発生を防止し，圧縮機吸込み蒸気の過熱度を適度に過熱して液戻りを防止することである．

ロ：(正) 冷凍負荷が変動しても液ポンプが蒸気を吸い込まないように液面レベルを確保するとともに，負荷に応じた液面位置の制御を行う．

ハ：(誤) 油分離器は，圧縮機の吐出しガス配管に取り付け，冷媒と冷凍機油を分離し，凝縮器や蒸発器に油が送られて，冷却管の伝熱を妨げるのを防止する．

ニ：(正) サイトグラスは，冷媒液配管中のフィルタドライヤの下流に設置され，冷媒の流れの状態を目視で観察するために用いられる．

[解答] (3)

例題

次のイ，ロ，ハ，ニの記述のうち，附属機器について正しいものはどれか．

イ．高圧受液器内には，常に冷媒液が保持されるようにし，受液器出口から冷媒ガスが冷媒液とともに流れ出ないように，その冷媒の液面よりも低い位置に液出口管端を設ける．

ロ．アンモニア冷凍装置では，圧縮機の吸込み蒸気過熱度の増大にともなう吐出しガス温度の上昇が著しいので，液ガス熱交換器は使用しない．

ハ．圧縮機から吐き出される冷媒ガスとともに，若干の冷凍機油が一緒に吐き出されるので，小形のフルオロカーボン冷凍装置でも，一般に，油分離器を設ける場合が多い．

ニ．液分離器の円筒内断面積は，流入した冷媒液が蒸気と分離しやすいように，蒸気速度が 5 m/s 以上になるように決められる．

(1) イ　(2) ロ　(3) イ，ロ　(4) ロ，ニ　(5) ハ，ニ

▶解説

イ：(正) 運転状態に変化があっても，冷媒液が凝縮器に滞留しないように，冷媒蒸気が液とともに流れ出ないように高圧受液器内に冷媒液を溜めておかねばならない．

ロ：(正) アンモニア冷凍装置では液ガス熱交換器を使用しないが，フルオロカーボン冷凍装置では，凝縮器を出た冷媒液を過冷却させるとともに，圧縮機に戻る冷媒蒸気を適度に過熱させるために，液ガス熱交換器を設けることがある．

ハ：(誤) 油分離器は，アンモニア冷凍装置および大形や低温用のフルオロカーボン冷凍装置に用いられることが多いが，小形のフルオロカーボン冷凍装置では，油分離器を設けていない場合が多い．

ニ：(誤) 液分離器の構造は，円筒形の胴をもった容器内で，流入した冷媒液が蒸気と分離しやすいように，蒸気速度を約 **1 m/s** 以下にし，蒸気中の液滴を重力で分離，落下させ，容器の下部に溜まるようにしたものである．

[解答]　(3)

7-1　自動膨張弁

1　自動制御機器の概要

冷凍装置の熱負荷は，周囲の外気温度の時間的な変化などにより刻々と変化する．このような熱負荷に応じて，冷凍装置が自動的に効率よく冷凍作用を行うためには，自動膨張弁（冷媒流量の調節），圧力制御弁（蒸発圧力や凝縮圧力などを制御）などの自動制御機器を取り付ける．また，装置の保安の面からは圧力スイッチ（圧力変化を検知）や断水リレー（断水や循環水量の低下を検知）なども必要である．

2　自動膨張弁の種類

蒸発器の熱負荷変動に応じ，冷媒流量を適切に調節する自動膨張弁として，一般に次のものが使用されている．

① 温度自動膨張弁，電子膨張弁…乾式蒸発器で蒸発器出口の過熱度を一定にする．

② 定圧自動膨張弁…蒸発圧力（蒸発温度）を一定にする．

③ キャピラリチューブ…エアコンや家庭用電気冷蔵庫など小容量の冷凍装置には膨張弁の代わりに使用する．

④ フロート弁…満液蒸発器における低圧受液器の液面制御に使用する．

3　温度自動膨張弁

(1)　温度自動膨張弁の役割

自動膨張弁の役割として，次の二つがある．

① 高圧の冷媒液を低圧部に絞り膨張させる機能（絞り膨張作用の機能）

② 熱負荷に応じて冷媒流量を自動的に調整する機能（冷媒流量の調整の機能）

(2)　温度自動膨張弁の作動

蒸発器の熱負荷に対して膨張弁の開度が大き過ぎると，蒸発器内の冷媒液が過大な量となり，圧縮機が液圧縮を起こしやすくなる．また，膨張弁開度が小さ過ぎると，蒸発器内の冷媒液が不足し，圧縮機吸込み蒸気の過熱度が過大となる．したがって，いずれの場合も冷凍装置の効率低下を招くことになる．温度自動膨張弁は，蒸発器の熱負荷変動に対応して，蒸発器の出口の温度を感温筒で感知して過熱度を一定（3～8 K）に保つように冷媒流量を調整する膨張弁である．

① 温度自動膨張弁における弁の開閉する圧力は，次の状態でバランスしている．

感温筒の圧力：P_1 ＝ 蒸発器の圧力：P_2 ＋ スプリングの圧力：P_3

なお，蒸発器の圧力は，内部均圧形では蒸発器の入口，外部均圧形では蒸発器出口の圧力になる．

② 蒸発器の熱負荷が増大すると，過熱度が大きくなり $P_1>P_2+P_3$ の状態になり，弁開度が増大して，弁通過冷媒量が増すので，過熱度がもとの適正な状態に戻される．

熱負荷が増大 → 過熱度：大 → 感温筒内の冷媒：膨張 → P_1：大 → $P_1>P_2+P_3$ → 弁開度：増大 → 冷媒量：増大 → 過熱度：適正な状態

③ 蒸発器の熱負荷が減少すると，過熱度が小さくなり $P_1<P_2+P_3$ の状態になり，弁開度が減少して，弁通過冷媒量が減少するので，過熱度がもとの適正な状態に戻される．

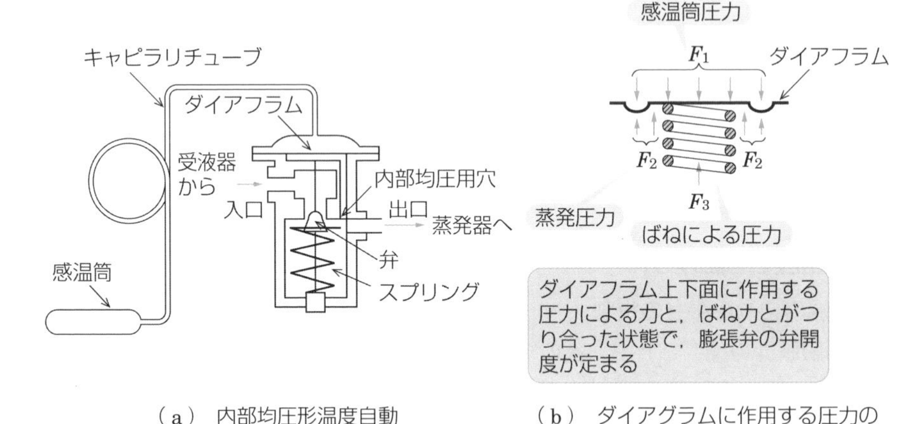

（a） 内部均圧形温度自動膨張弁の構造　（b） ダイアグラムに作用する圧力のつり合い

図 7.1 温度自動膨張弁

(3) 温度自動膨張弁の弁容量の選定

・膨張弁の選定は，カタログなどで示されている膨張弁定格容量にする．メーカカタログなどの膨張弁定格容量は，

Point

温度自動膨張弁の容量は，弁開度と弁オリフィス口径が同じであっても，凝縮圧力と蒸発圧力との圧力差によって異なる．

特定の凝縮温度と蒸発温度における弁開度 80%のときの値としている.

・蒸発器の容量に対して大きな容量の膨張弁を選定すると，冷媒流量と過熱度が極端に変化するハンチング現象が発生し，小さ過ぎると熱負荷が大きなときに冷媒流量が不足する.

(3) 内部均圧形と外部均圧形

・温度自動膨張弁には，蒸発圧力を蒸発器入口から直接検出する内部均圧形と，蒸発器出口の圧力を外部均圧管で膨張弁のダイアフラム面に伝える構造になっている外部均圧形の 2 種類がある.

Point

乾式空気冷却器では，蒸発器入口の冷媒分配を均等にするためにディストリビュータを取り付けると，圧力降下が大きいので外部均圧形温度自動膨張弁を用いるのがよい.

・一般に，小形の冷凍装置には膨張弁から蒸発器出口に至る圧力降下が小さいので内部均圧形が使用され，大型の冷凍装置には膨張弁から蒸発器出口に至る圧力降下が大きいので外部均圧形が使用される.

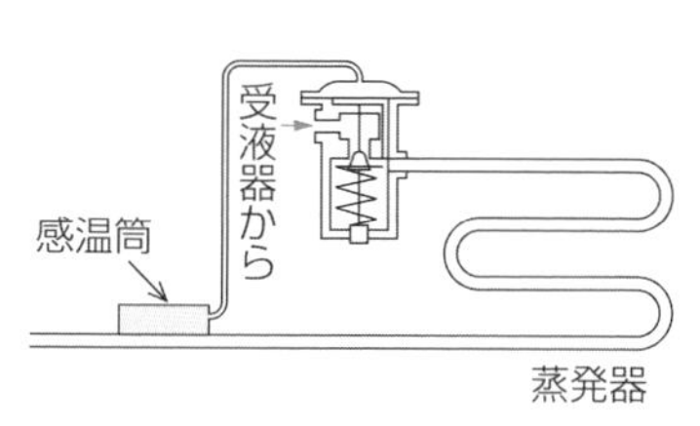

（a） 内部均圧形

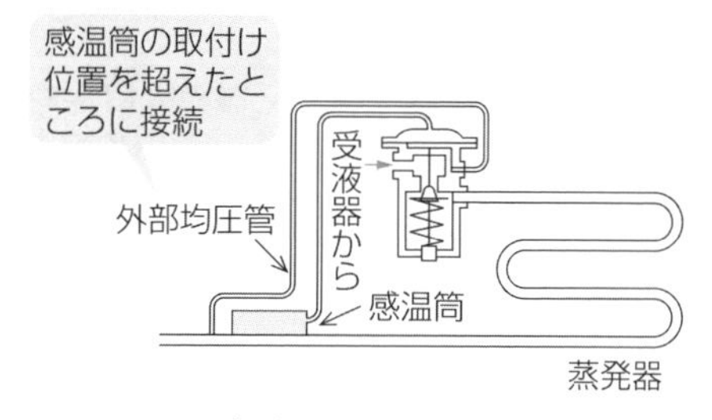

（b） 外部均圧形

要点整理

内部均圧形は，弁本体内部の均圧孔を通ってダイアフラム下面に弁出口からの冷媒圧力を伝えるようになっている．外部均圧形は，膨張弁本体の内部に均圧孔がなく，蒸発器出口と膨張弁本体の均圧管接続部との間を均圧管で連結して用いる.

図 7.2 温度自動膨張弁の種類

(4) 感温筒のチャージ方式

温度自動膨張弁の感温筒のチャージ方式には次のものがある.

① **液チャージ方式**：感温筒内のチャージ媒体は，一般に，冷凍装置に用いている冷媒と同じもので，チャージ量が多く，感温筒が

感温筒が液チャージ方式の温度自動膨張弁は，弁本体の温度が感温筒温度よりも低くなっても正常に作動する.

過度に高くなるとダイアフラムを破損するおそれがある（感温筒の許容上限温度：40 ～ 60℃）.

② **ガスチャージ方式**：感温筒内のチャージ媒体は，一般に，冷凍装置に用いている冷媒と同じであるが，感温筒内に封入した媒体が最高使用温度ですべて蒸発し終わるようにチャージ量を制限したものである．したがって，ヒートポンプ装置のように感温筒温度が高温になることがあってもダイアフラムを破壊しない（**MOP付温度自動膨張弁**と呼んでいる）．なお，膨張弁本体の温度が感温筒よりも低くなると，チャージ媒体が膨張弁本体に集中し感温筒内に飽和液がなくなり，適切な過熱度制御ができなくなる欠点がある．

③ **クロスチャージ方式**：冷凍装置の冷媒と温度，および圧力特性の異なる媒体を感温筒にチャージしている．

④ **吸着チャージ方式**：感温筒内には活性炭などの吸着剤とともに，炭酸ガスのような通常の状態で液化しないガスが封入され，感温筒からの熱伝導により吸着剤がガスを吸収や脱着する．

(5) 取付け上の注意

- 膨張弁はできるだけ蒸発器の入口近くに，感温筒は蒸発器出口に近くに取り付ける（過熱度制御の安定性がよい）．
- 温度自動膨張弁は，弁本体と感温筒とがキャピラリチューブで接続されているので，取付け位置の制限がある．
- 温度自動膨張弁の弁本体の取付け姿勢は，ダイアフラムのある頭部を上側にするのがよい．
- 感温筒は，蒸発器出口の水平配管部に弁に付属している金属バンドで密着して取り付け，蒸発器の風や周囲の熱の影響を受けないようにする．

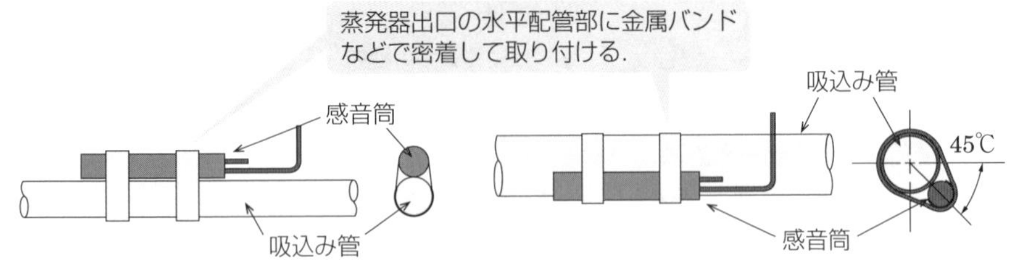

（a） 吸込み管径が 20 mm 以下の場合　（b） 吸込み管径が 20 mm を超える場合

図 7.3 感温筒の取付け方法

・外部均圧形温度自動膨張弁の均圧管は，蒸発器出口配管の感温筒よりも下流の圧縮機側の配管上側から接続する．配管下側に接続すると油やスケールが入り込むおそれがある．

Point
感温筒を冷却コイル出口ヘッドや吸込み管の液の溜まりやすい箇所に取り付けるのは避ける．

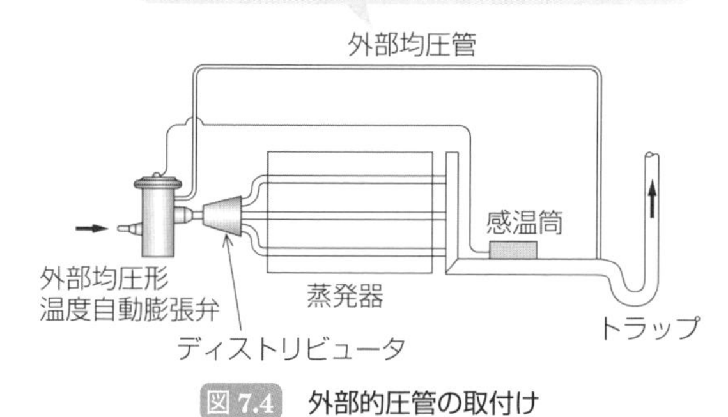

図 7.4　外部的圧管の取付け

コラム

感温筒の外れや液漏れ

・感温筒の外れ…感温筒の冷媒が膨張（蒸発器の周囲の温度は蒸発器出口配管温度より高い）し，弁本体のダイヤフラムを押し下げるので膨張弁が大きく開き，多量の冷媒が蒸発器に流れ込む．未蒸発の冷媒液が圧縮機に流れ込むので液圧縮の危険がある．

・感温筒にチャージされている冷媒の漏れ…感温筒内の冷媒の圧力が下がり，ダイアフラムを押す力が小さくなるので，膨張弁は閉じて冷媒循環量が減少し，冷凍装置が冷えなくなる．

4　その他の自動膨張弁

(1)　定圧自動膨張弁

・定圧自動膨張弁は，蒸発圧力（蒸発温度）がほぼ一定になるように，冷媒流量を調節する蒸発圧力制御弁である．

・定圧自動膨張弁は，蒸発圧力が設定値よりも低くなると開き，設定値よりも高くなると閉じて，蒸発圧力をほぼ一定に保つ．

・定圧自動膨張弁は，蒸発器出口冷媒の過熱度は制御できないので，冷凍負荷の変動の少ない小形冷凍装置に用いる．

(2) キャピラリチューブ

・家庭用電気冷蔵庫や小形ルームエアコンディショナのような小容量の冷凍装置には，温度自動膨張弁の代わりにキャピラリチューブ（細い銅管）が使われている．

・キャピラリチューブは，細管を流れる冷媒の流路抵抗による圧力降下を利用して，冷媒の絞り膨張を行う．

・キャピラリチューブは固定絞りであり，蒸発器の圧力の影響を受けにくく，チューブの口径と長さ，チューブ入口の冷媒液の圧力と過冷却度により流量がほぼ決まる．したがって，蒸発器出口冷媒の過熱度の制御はできない．

(3) 電子膨張弁

・電子膨張弁は，サーミスタなどの温度センサからの過熱度の電気信号を調節器で演算処理し，過熱度設定値との偏差に応じて膨張弁を開閉する．

・温度自動膨張弁と比べて，調節器によって幅広い制御特性にすることができる利点がある．

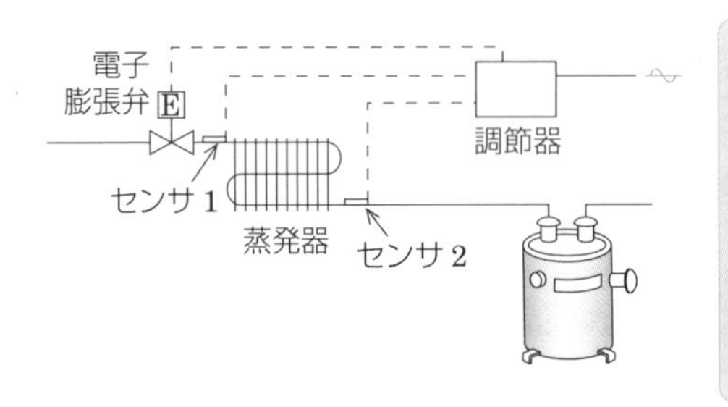

蒸発温度と蒸発器出口過熱蒸気温度を 2 個の温度センサで検出して調節器に取り込み，これらの差を過熱度信号としてあらかじめ設定してある．過熱度の値と比較し，その差異の大きさに応じて電子膨張弁を開閉する

図 7.5 電子膨張弁による過熱度制御

例題

次のイ，ロ，ハ，ニの記述のうち，自動制御機器について正しいものはどれか．

イ．温度自動膨張弁は，高圧の冷媒液を低圧部に絞り膨張させる機能と，過熱度により蒸発器への冷媒流量を調節して冷凍装置を効率よく運転する機能の，二つの機能をもっている．

ロ．温度自動膨張弁の感温筒が外れると，膨張弁が閉じて，蒸発器出口冷媒蒸気の過熱度が高くなり，冷凍能力が小さくなる．

ハ．外部均圧形温度自動膨張弁の感温筒は，膨張弁の弁軸から弁出口の冷媒が漏れることがあるので，均圧管の下流側に取り付けるのがよい．

ニ．定圧自動膨張弁は，蒸発圧力が設定値よりも低くなると開き，設定値よりも高くなると閉じて，蒸発圧力をほぼ一定に保つ．

(1) イ　(2) ロ　(3) イ，ハ　(4) ロ，ニ　(5) イ，ニ

▶解説

イ：(正) 温度自動膨張弁は，絞り膨張作用と冷媒流量の調整の二つの機能をもっている．

ロ：(誤) 温度自動膨張弁の感温筒が外れると，感温筒が周囲のより高い温度を感知し，膨張弁が大きく開いて液戻りを生じる．なお，温度自動膨張弁の感温筒にチャージされている冷媒が漏れると膨張弁が閉じて，蒸発器出口冷媒蒸気の過熱度が高くなり，冷凍能力が小さくなる．

ハ：(誤) 外部均圧形温度自動膨張弁の感温筒は，膨張弁の弁軸から弁出口の冷媒が漏れることがあるので，均圧管の上流側に取り付けるのがよい (外部均圧管は感温筒よりも圧縮機側からとる)．

ニ：(正) 定圧自動膨張弁は，蒸発圧力が設定値より低くなると開き，高くなると閉じて，蒸発圧力すなわち蒸発温度がほぼ一定になるように，冷媒流量を調節する蒸発圧力制御弁である．

[解答] (5)

例題

次のイ，ロ，ハ，ニの記述のうち，自動制御機器について正しいものはどれか．

イ．膨張弁の容量が蒸発器の容量に対して小さ過ぎる場合，冷媒流量と過熱度が周期的に変動するハンチング現象を生じやすくなり，熱負荷の大きなときに冷媒流量が不足する．

ロ．ガスチャージ方式感温筒は，ダイアフラム受圧部温度を感温筒温度より常に高く維持する必要がある．

ハ．内部均圧形温度自動膨張弁は，冷媒の流れの圧力降下の大きな蒸発器，ディストリビュータで冷媒を分配する蒸発器に使用される．

ニ．キャピラリチューブは，冷媒の流動抵抗による圧力降下を利用して冷媒の絞り膨張を行うとともに，冷媒の流量を制御し，蒸発器出口冷媒蒸気の過熱度の制御を行う．

(1) ロ　(2) イ，ロ　(3) イ，ハ　(4) ロ，ニ　(5) イ，ニ

▶解説

イ：(誤) 膨張弁の容量が蒸発器の容量に対して過大であると，冷媒流量と過熱度が周期的に変動するハンチングが生じやすくなる．

ロ：(正) 膨張弁本体（ダイアフラム受圧部）の温度が感温筒よりも低くなると，適切な過熱度制御ができなくなる．

ハ：(誤) 冷媒の流れによる圧力降下が大きな蒸発器や，ディストリビュータで冷媒を分配する蒸発器の場合は，外部均圧形温度自動膨張弁を使用する．

ニ：(誤) キャピラリチューブは，細管を流れる冷媒の抵抗による圧力降下を利用して，冷媒の絞り膨張を行うが，流量調整ができないので過熱度の制御もできない．熱負荷変動の少ない小容量の量産冷凍装置に用いられる．

[解答]　(1)

7-2 圧力調整弁，圧力スイッチおよび電磁弁など

1　圧力調整弁

冷凍装置の高圧部や低圧部の圧力を適正な範囲に制御する調整弁である．

・低圧側用…蒸発圧力調整弁と吸入圧力調整弁

・高圧側用…凝縮圧力調整弁と冷却水調整弁

(1)　蒸発圧力調整弁（EPR：Evaporating Pressure Regulator）

・蒸発圧力が設定圧力以下になるのを防止するために，蒸発器出口の吸込み蒸気配管に蒸発圧力調整弁を取り付ける．

・蒸発圧力が下がる方向に作用したとき，蒸発圧力調整弁が閉じ加減となって圧力降下が大きくなる．蒸発圧力調整弁により圧縮機の吸込み圧力が下がっても，蒸発圧力をほぼ一定のまま運転を続けることができる．

・蒸発圧力調整弁は，水（ブライン）冷却器の凍結防止，被冷却物の一定温度管理，1台の圧縮機による蒸発温度の異なる複数蒸発器の運転などに使用される．

・温度の異なる複数の冷蔵室を1台の冷凍機で運転するとき，蒸発温度が高いほうの蒸発器出口の吸込み蒸気配管に蒸発圧力調整弁を取り付けて，蒸発圧力が設定値以下に下がるのを防止する．

・蒸発圧力調整弁と温度自動膨張弁とを組み合わせて用いる場合には，感温筒と均圧管は蒸発圧力調整弁の上流側に取り付けなければならない．したがって，

温度自動膨張弁 → 蒸発器出口 → 感温筒 →（均圧管）→ 蒸発圧力調率弁（EPR）

の順に取り付ける．

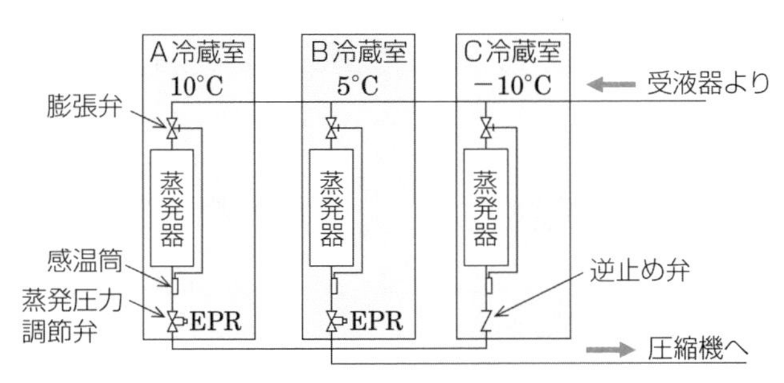

図 7.6　冷蔵室の EPR 制御

(2) 吸入圧力調整弁（SPR：Suction Pressure Regulator）

・圧縮機の吸込み蒸気配管に取り付けて，弁出口側の冷媒蒸気の圧縮機吸込み圧力が設定値よりも上がらないように調整する．

・吸入圧力調整弁の設置により，圧縮機の始動時や蒸発器の除霜などのときに，圧縮機の吸込み圧力が上昇し過負荷の状態になって，電動機の過熱，焼損を防止する．

(3) 凝縮圧力調整弁（CPR：Condensing Pressure Regulator）

凝縮圧力調整弁は，空冷凝縮器の出口の液配管に取り付け，凝縮圧力が設定圧力以下にならないように，凝縮圧力調整弁の弁開度（調整弁の入口側圧力が低下すると弁が閉じ，上昇すると弁が開く）によって，凝縮器から流出する冷媒液の量を絞る．

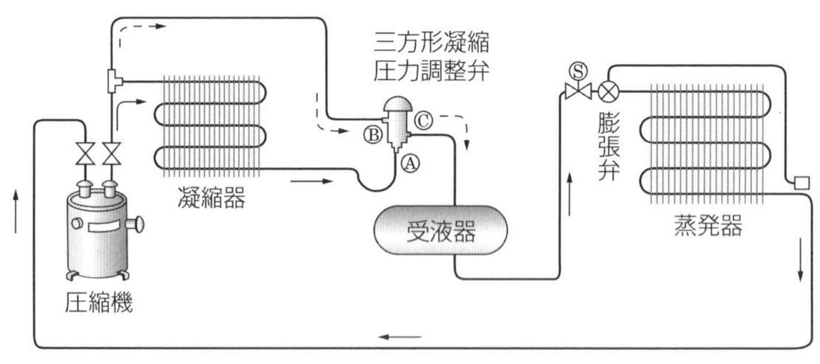

要点整理

凝縮圧力が所定の圧力以下になると弁が閉じて，空冷凝縮器内に冷媒液を溜めて凝縮圧力を高める．また，圧縮機からの吐出しガスはバイパス配管を通って蒸発器への送液に必要な圧力を供給する．

図 7.7　三方形凝縮圧力調整弁による制御

Point

凝縮圧力調整弁は，空冷凝縮器の異常低圧を防止するもので，水冷には関係しないことに注意する（水冷の場合なら「冷却水調整弁」である）．

(4) 冷却水調整弁（節水弁または制水弁）

冷却水調整弁は，水冷凝縮器の冷却水出口側に取り付け，凝縮器の負荷変動により冷却水量を調整（凝縮圧力が高くなったときに冷却水を増加し，圧力が低くなったときに，冷却水量を減少する）して凝縮圧力を一定圧力に保持するようにする．

2　圧力スイッチ

圧力スイッチは，圧力の変化を検出し，電気回路の接点を開閉することによって，圧縮機駆動用電動機や電磁弁を制御して，冷凍機の保安を確保するオンオフ制御機器である．

(1)　高圧圧力スイッチ

・高圧圧力スイッチは，圧縮機の吐出し側（圧縮機吐出し側止め弁より圧縮機側）に取り付け，圧縮機の吐出し圧力が設定値よりも異常に上昇したとき，接点を開いて圧縮機を停止させる．

・高圧圧力スイッチは，安全上，異常原因を修復してから装置の運転を再開するために，原則として手動復帰式を使用する．なお，図7.8のように，制御用の場合には，自動復帰式を用いることになる（制御用は自動，保安用は手動）．

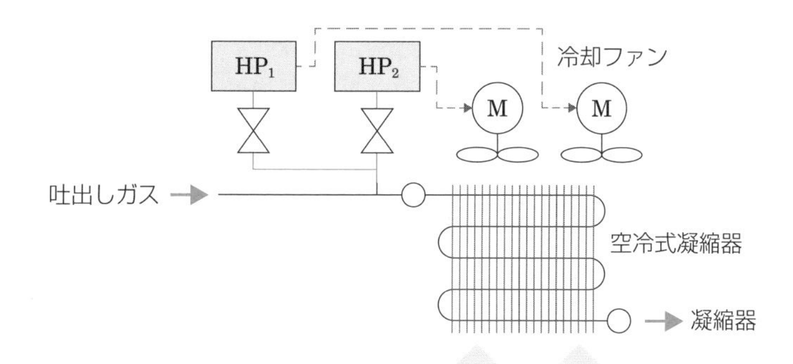

要点整理

高圧圧力スイッチを凝縮器用送風機の台数制御に用いる場合には，制御用であるから自動復帰式を用いる．

図7.8　空冷式凝縮器の冷却ファンの台数（冷却風量）を制御

(2)　低圧圧力スイッチ

・低圧圧力スイッチは，圧縮機の吸込み蒸気配管にその検出端を接続し，冷凍機の負荷が低下するなどの原因で圧縮機の吸込み圧力が異常に低下したとき，スイッチの接点が開いて圧縮機を停止させる．ただし，蒸発圧力が上昇すると接点が閉じて圧縮機を再始動させるので，低圧圧力スイッチは自動復帰式を使用する．

・自動復帰式の圧力スイッチには，開と閉の作動の間に圧力差（ディファレンシャル）を調節できるようになっている．圧力差をあまり小さくとると圧縮機の始動・停止を頻繁に繰り返すことになり，電動機焼損の原因になることがある．

(3)　高低圧圧力スイッチ

高低圧圧力スイッチは，高圧圧力スイッチと低圧圧力スイッチを一体にまとめたもので，コンパクト化されている．

(4)　油圧保護圧力スイッチ

・油圧保護圧力スイッチは，給油ポンプを内蔵または外部に装着している中・大形圧縮機の油圧保護用として使用され，圧縮機の軸受けなどが潤滑不良で焼付きを防止する．

> **Point**
> 油圧保護圧力スイッチの圧力接点が直ちに作動しないのは，始動時など，油圧が上昇するまでの間運転できるようになっているためである．

・油圧保護圧力スイッチは，圧縮機の給油ポンプ圧力とクランクケース内圧力との圧力差が **0.15 ～ 0.4 MPa** 以下になるとヒータでバイメタルを過熱して，約 90 秒の時間遅れ（タイムラグ）後，スイッチの接点が開き圧縮機を停止させる（手動復帰式）．

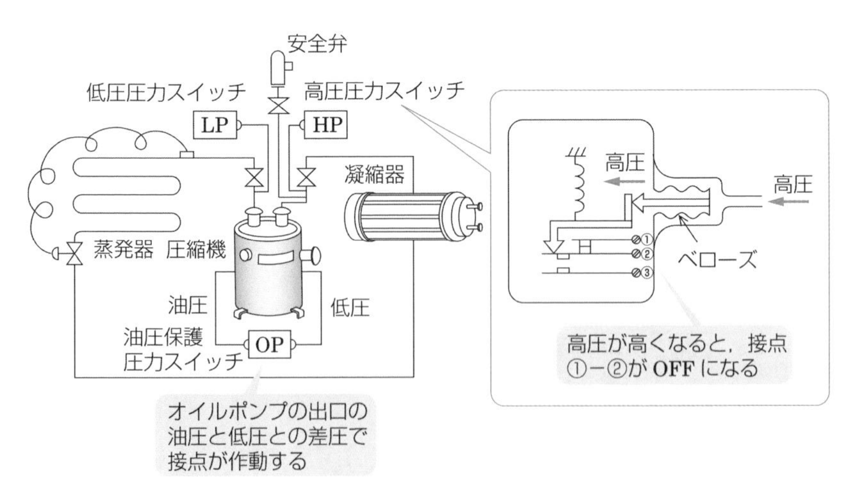

図 7.9　圧力スイッチ

3　電磁弁

・電磁弁は，配管内の冷媒の流れを電気的信号によって制御している弁で，用途，口径寸法によって多くの形式，種類があるが，主なものは口径の小さなものに用いる直動式，弁口径の大きいものに用いられるパイロット作動式電磁弁（弁とプランジャが分離）がある．

① **直動式電磁弁**：電磁コイルに通電すると磁場がつくられてプランジャを吸引して弁を開き，電磁コイルの電源を切るとプランジャ自身の重さによって弁を閉じる（弁の前後の圧力差がなくても開閉できる）．

② **パイロット作動式電磁弁**：プランジャは直動式同様，電磁コイルの吸引力で作動し，主弁（メインバルブ）はその前後の流体の圧力差によって開く．パイロット式電磁弁の開閉動作には，弁前後の圧力差が **7 〜 30 kPa** 必要で，圧力差がゼロでは作動しない．

・電磁弁は，本体に表示されている流れの方向と逆に取り付けると，弁を閉じて流れを止めることはできないので，取り付けに注意する必要がある．

4　四方切換弁

四方切換弁は，冷暖房兼用ヒートポンプ装置やホットガスデフロフト装置などで使用され，冷凍サイクルの高低圧の系統を切り換える（冷凍サイクルの凝縮器と蒸発器の役割を逆にする）ため，冷媒の流れを変える弁である．

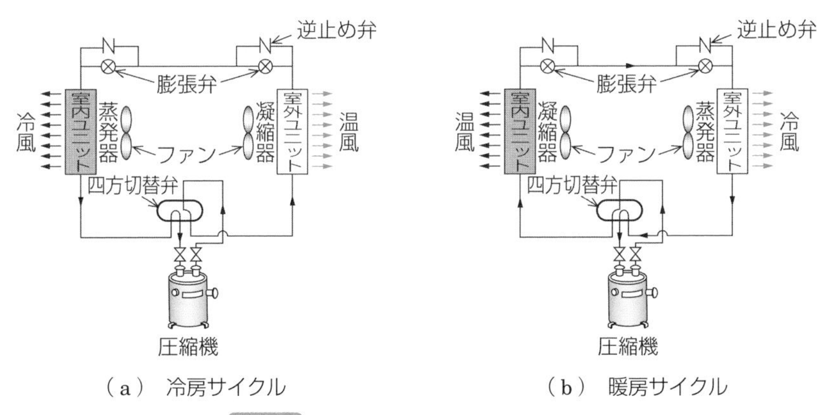

図 7.10　ヒートポンプ方式と四方切換弁

この弁は切換え時に高圧側から低圧側への冷媒漏れが短時間起こるので，高低圧間の差圧が十分にないと完全に切り換わらない．

5 断水リレー

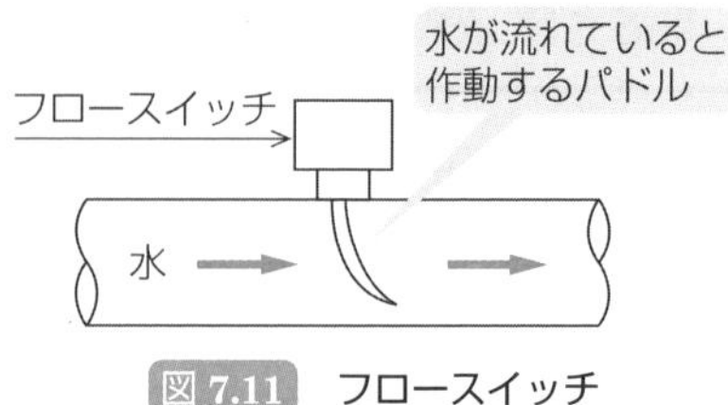

図 7.11 フロースイッチ

- 断水リレーは，水冷凝縮器や水冷却器で，断水や循環水量が異常に低下した場合に電気回路を遮断して，圧縮機を停止したり，警報を出して，装置を保護するスイッチである．
- 断水リレーには，圧力でスイッチを作動させるもの（圧力式）と，直接流れを検出するもの（流量式…パドル形フロースイッチ）がある．

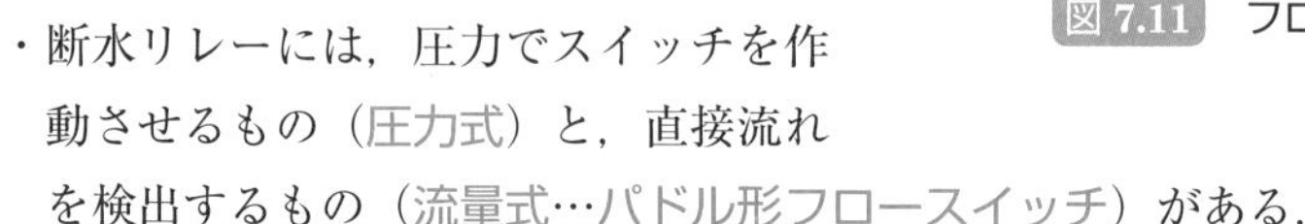

- 水冷却器では，断水により凍結のおそれがあるので，必ず断水リレーが必要である．

6 フロートスイッチ

- フロートスイッチは，液面高さの上昇，下降に対応したフロート（浮き）の動きを電気信号に変え，電磁弁などを開閉して流量などを制御するものである．
- フロートスイッチは操作部をもたないので，電磁弁，膨張弁，リレー，アラームなどに接続して使用し，フロートスイッチに振動が伝わらないように取り付ける．

7 フロート弁

フロート弁は，フロート（浮子）から弁を機械的に連結して，フロートが液面に浮かんだ状態（液面の上下）によって，弁の開度を調節して送液する．

フロート弁には，高圧側に取り付ける高圧フロート弁と低圧側に取り付ける低圧フロート弁がある．

> **Point**
> フロート弁はフロートから弁を機械的に連結して開閉を行うが，フロートスイッチは，フロートが液位に合せて上下することでオン・オフを行うレベルスイッチの一種で，操作部をもたないので電磁弁などと組み合わせて使用する．

① **低圧フロート弁**：低圧フロート弁は，満液式蒸発器，冷媒液強制循環式蒸発器や中間冷却器などの液面レベル制御用に使用される（液面レベルの上昇で弁が閉じ，下降で弁が開く）．

② **高圧フロート弁**：高圧フロート弁は遠心式冷凍機の高圧受液器や凝縮器の液面レベルを制御（液面レベルの上昇で弁が開き，下降で弁が閉じる）すると同時に蒸発器への液量を制御（絞り膨張機能）するのに用いられている．

例題

次のイ，ロ，ハ，ニの記述のうち，自動制御機器について正しいものはどれか．

イ．断水リレーとして使用されるフロースイッチは，水の流れを直接検出する機構をもっている．

ロ，蒸発圧力調整弁は，蒸発器の出口配管に取り付けて，蒸発器内の冷媒の蒸発圧力が所定の蒸発圧力以下に下がるのを防止する．

ハ．吸入圧力調整弁は，弁入口側の冷媒蒸気の圧力が設定値よりも高くならないように作動する．このことにより圧縮機駆動用電動機の過負荷を防止できる．

ニ．凝縮圧力調整弁は，凝縮圧力が設定圧力以下に低下すると，弁が開き，空冷凝縮器から滞留した冷媒液が流出する．

(1) イ，ロ　(2) イ，ハ　(3) イ，ニ　(4) ロ，ハ　(5) ロ，ニ

▶解説

イ：(正) 断水リレーとして使用されるフロースイッチは，水が流れているとき作動するパトルにより作動する（配管内に水があっても水が流れていないとパドルは作用しない）．

ロ：(正) 蒸発圧力調整弁は蒸発器の出口配管に取り付けて，蒸発器内の冷媒の蒸発圧力が設定値以下に下がるのを防止する目的で用いる．

ハ：(誤) 吸入圧力調整弁は，圧縮機の吸込み蒸気配管に取り付けて，弁出口側の冷媒蒸気の圧縮機吸込み圧力が設定値よりも高くならないように作動する．また，圧縮機の始動時や蒸発器の除霜などのときに，圧縮機駆動用電動機の過負荷も防止できる．

ニ：(誤) 凝縮圧力調整弁は凝縮圧力が設定圧力以下に低下すると，弁を絞り，より多くの冷媒液が凝縮器内に溜まり，凝縮圧力を所定の圧力に保持する．

[解答]　(1)

例題

次のイ，ロ，ハ，ニの記述のうち，自動制御機器の作用について正しいものはどれか．

イ．低圧圧力スイッチは，設定値よりも圧力が下がると圧縮機が停止するので，過度の低圧運転を防止できる．

ロ．電磁弁には，直動式とパイロット式がある．直動式では，電磁コイルに通電すると．磁場がつくられてプランジャに力が作用し弁が閉じる．

ハ．蒸発圧力調整弁は，1台の圧縮機に対して蒸発温度の異なる2台の蒸発器を運転する場合，蒸発温度が低いほうの蒸発器出口の吸込み管に取り付ける．

ニ．給油ポンプを内蔵した圧縮機は，運転中に定められた油圧を保持できなくなると油圧保護圧力スイッチが作動して，停止する．このスイッチは，一般的に自動復帰式である．

(1) イ　(2) ロ　(3) ニ　(4) ロ，ハ　(5) ハ，ニ

▶解説

イ：(正) 低圧圧力スイッチは，設定値よりも圧力が下がるとスイッチが「開」となって，圧縮機が停止するので，過度の低圧運転を防止できる．

ロ：(誤) 直動式電磁弁は，電磁コイルに通電すると磁場がつくられてプランジャを吸引して弁を開き，電磁コイルの電源を切ると弁を閉じる．

ハ：(誤) 1台の圧縮機に複数の蒸発器がある場合，蒸発圧力調整弁は蒸発温度が高いほうの蒸発器出口の吸込み管に取り付ける．

ニ：(誤) 運転中に何らかの原因によって，一定時間（約90秒）油圧を保持できなくなると，油圧保護圧力スイッチが作動して圧縮機を停止させる．このスイッチは手動復帰式である．

[解答] (1)

8-1 冷媒配管の基本

1 冷凍装置の冷媒配管の役割

冷凍装置の冷媒配管は，圧縮機→凝縮器→（受液器）→膨張弁→蒸発器→圧縮機と各機器を接続して冷凍サイクルを構成するだけでなく，配管の施工方法，配管の選定の良否によって，冷凍能力に大きな影響をもたらす．

2 冷媒配管の区分

冷媒配管は，冷凍サイクルの各区分に応じて，次の四つに大別される（図8.1）．

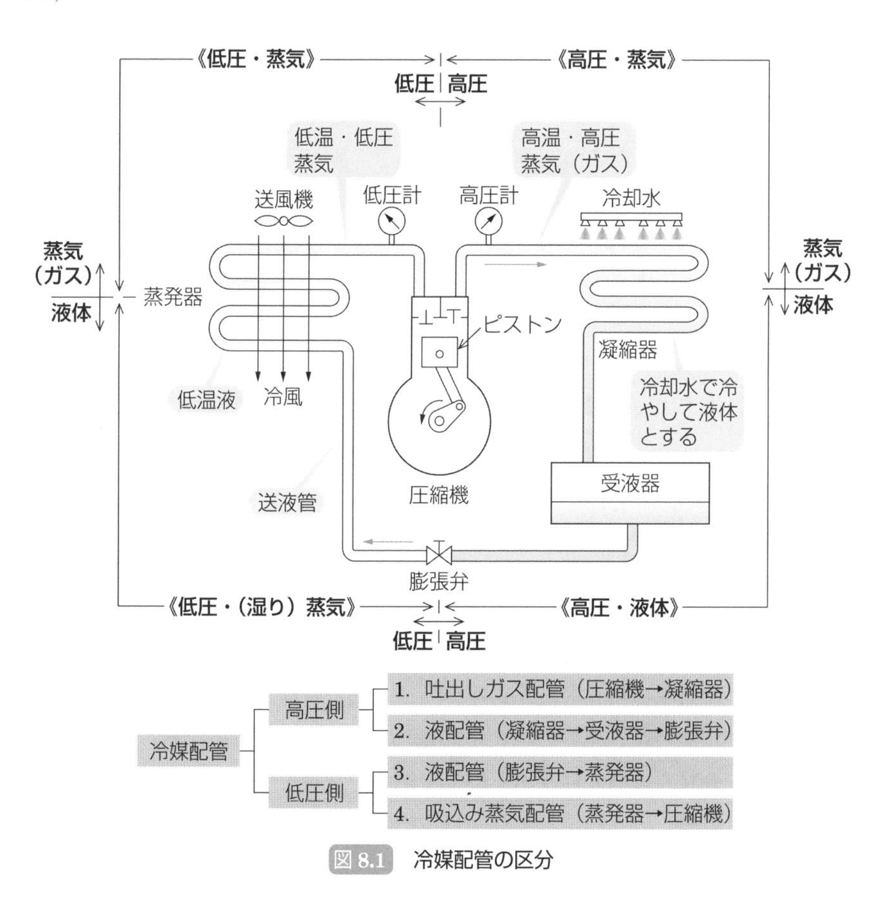

図 8.1 冷媒配管の区分

3　冷媒配管の基本事項

冷媒配管の基本的な留意事項として，次のものがある．

① 十分な耐圧性能と気密性能を確保する．

② 配管材料は用途，冷媒の種類，使用温度，加工方法に応じて選択する．

③ 各機器との接続はできるだけ短くする．

④ 圧力損失が過大にならないようにする．

・配管長さは短くする．

・配管の曲がり部はできるだけ少なくし，曲がり半径は大きくする．

・弁類などは極力少なくする．

⑤ 各機器に過剰の冷凍機油が滞留したり，冷凍機油不足から圧縮機焼損のないようにする．

・配管の途中で不必要なトラップ（U字状の配管）や行き止まり管を設けないようにする

・吸込み蒸気配管内の蒸気速度は，油の戻りのための同伴速度を考えて適切な流速となるようにする

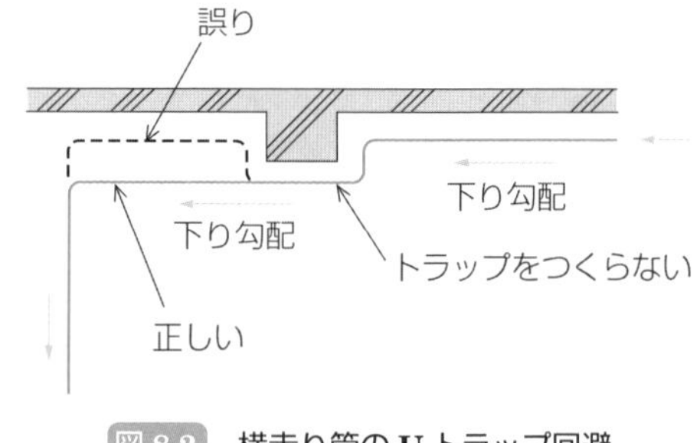

図8.2　横走り管のUトラップ回避

・横走り管は，原則として，冷媒の流れの方向に1/150～1/250の下り勾配を付ける．

⑥ 配管途中での周囲温度変化はできるだけ避ける（必要箇所に断熱を施す）．

4　配管材料

冷媒の種類や圧力に応じて適切な配管材料を選ばなければならない．

① 冷媒と冷凍機油の化学的作用によって，劣化しない．

② 冷媒の種類に応じた材料を選定する．

・アンモニア冷媒は，銅および銅合金（銅と亜鉛の合金である真ちゅうなど）の材料を使用してはならないので，鋼管を使用する．

・フルオロカーボン冷媒は，2%を超えるマグネシウムを含有したアルミニウム合金材料は腐食性があるので，銅管や鋼管を使用する．

③ 低圧（低温）配管には，低温脆性（ていおんぜいせい）の生じない温度（最低使用温度）で使用する．下記はその一例である．

・一般鋼材用圧延鋼材（SS）…－20℃
・配管用炭素鋼鋼管（SGP）…－25℃
・圧力配管用炭素鋼鋼管（STPG）…－50℃
・低温配管用鋼管（STPL）…－60℃

なお，ステンレス鋼，銅管，アルミニウム管は，超低温（－60℃以下）に使用できる（低温脆性が発生しない）．

Point
低温脆性…金属材料が温度低下によってもろくなる性質．この性質が顕著に現れる温度を延性脆性遷移温度という．

表 8.1 配管材料

材　料	内　容
アンモニア冷媒と配管材料	①鋼管を使用できる
	②銅および銅合金を侵す
フルオロカーボン冷媒と配管材料	①銅管および鋼管が使用できる
	② 2%以上のマグネシウムを含んだアルミニウム合金を侵す
配管用炭素鋼鋼管（SGP）	①アンモニアには使用できない
	②設計圧力 1 MPa を超えるところには使用できない
	③設計温度 100℃を超える耐圧部分には使用できない
	④－25℃より低い低温部には使用できない
圧力配管用炭素鋼鋼管（STPG）	最低使用温度－50℃

要点整理
配管用炭素鋼鋼管（SGP）は，毒性ガスの冷媒，フルオロカーボン冷媒の設計圧力が 1 MPa を超える耐圧部分，温度が 100℃を超える耐圧部分および温度が－25℃より低温の部分に使用できない．

5　銅管の接続方法

銅管の接続には，ろう付け継手，フレア継手，フランジ継手で行うが，フルオロカーボン冷凍装置に使用する銅配管の接続方式は，一般にフレア継手，ろう付け継手を用いることが多い．

Point
鋼管の接続には，溶接，フランジ継手，ねじ込み継手を用いて行う．

① **ろう付け継手**　銅管を差し込んで接合面を重ね合わせ，その隙間にフラックスを用いて溶けた「ろう」を流し込んで溶着する．

② **フレア継手**　円弧と円弧または円弧と直線とでできた開先形状の溶接をする溶接継手で，管径 19.05 mm 以下の銅管で使用する．

③ **フランジ継手**　冷媒配管の修理や点検の際に，取り外したい箇所に冷媒用管フランジ継手を使用する（銅管，鋼管）．

Ch.1
Ch.2
Ch.3
Ch.4
Ch.5
Ch.6
Ch.7
Ch.8
Ch.9
Ch.10
Ch.11
Ch.12
Ch.13

冷媒配管

例題

次のイ，ロ，ハ，ニの記述のうち，冷媒配管について正しいものはどれか．

イ．フルオロカーボン冷媒，アンモニア冷媒用の配管には，銅および銅合金の配管がよく使用される．

ロ．冷媒がフルオロカーボンの場合には，2%を超えるマグネシウムを含有したアルミニウム合金は使用できない．

ハ．高圧側液配管とは，膨張弁から蒸発器に至る配管のことである．

ニ．配管用炭素鋼鋼管（SGP）は，1 MPa 未満のアンモニアの冷媒配管に使用できる．

(1) イ　(2) ロ　(3) ニ　(4) イ，ニ　(5) ロ，ハ，ニ

▶解説

イ：(誤) アンモニアは，銅および銅合金を腐食させるため．アンモニア冷凍装置の配管には，銅および銅合金を用いることができない．

ロ：(正) フルオロカーボン冷媒は，2%を超えるのマグネシウムを含有したアルミニウム合金材料は，腐食性があるので使用できない．

ハ：(誤) 高圧側液配管は，凝縮器→（受液器）→膨張弁に至る液配管である．なお，膨張弁から蒸発器に至る配管は，低圧側の液配管である．

ニ：(誤) 配管用炭素鋼鋼管（SGP）は，アンモニアなどの毒性をもつ冷媒の配管には使用できない．

[解答] (2)

例題

次のイ，ロ，ハ，ニの記述のうち，冷媒配管について正しいものはどれか．

イ．横走り吸込み蒸気配管に大きなUトラップがあると，トラップの底部に油や冷媒液の溜まる量が多くなり，圧縮機始動時などに，一挙に多量の液が圧縮機に吸い込まれて液圧縮の危険が生じる．

ロ．冷凍装置内各部の冷媒配管は，冷媒の流れ抵抗を小さくするためにできるだけ大きくし，油の戻りについては考慮しなくてもよい．

ハ．配管用炭素鋼鋼管（配管用炭素鋼管）（SGP）は，設計圧力が1.6 MPaのフルオロカーボンの冷媒配管に使用できる．

ニ．配管用炭素鋼鋼管（SGP）は−50℃，圧力配管用炭素鋼鋼管（STPG）は−25℃までは使用できる．

(1) イ　(2) ハ　(3) ニ　(4) イ，ニ　(5) イ，ロ，ハ

▶解説

イ：(正) 横走り吸込み蒸気配管にUトラップがあると，軽負荷運転時や停止時に油や冷媒液が溜まり，圧縮機の再始動時に液圧縮の危険がある．

ロ：(誤) 冷凍装置内各部の冷媒配管は，その箇所によって適切な流速となるように配管径を決定する．特に，フルオロカーボン冷凍装置では，圧縮機の冷凍機油が冷媒とともに冷凍サイクル内を循環するので，常に油が圧縮機に戻るようにする必要がある．

ハ：(誤) 配管用炭素鋼鋼管（SGP）は．設計圧力が1 MPa以下，温度が100℃以下のる耐圧部分のフルオロカーボンの冷媒配管に使用できる．したがって，SGPは設計圧力が1.6 MPaのフルオロカーボンの冷媒配管に使用できない．

ニ：(誤) 配管用炭素鋼鋼管（SGP）は−25℃，圧力配管用炭素鋼鋼管（STPG）は−50℃までは使用できる．

[解答] (1)

8-2 冷媒配管の施工

1 低圧冷媒蒸気配管（吸入み蒸気配管）

(1) 圧縮機吸込み蒸気配管の管径

・フルオロカーボン圧縮機吸込み蒸気配管の管径は，冷媒蒸気中に混在している油を，最小負荷時にも圧縮機に戻せるような蒸気速度を保持できる管径にする．

① 横走り管では約 **3.5 m/s** 以上

② 立ち上り管では約 **6 m/s** 以上

・過大な圧力降下および騒音を生じない程度の蒸気速度（一般に 20 m/s 以下）に抑える．

・吸込み蒸気配管による摩擦損失が，吸込み蒸気の飽和温度が 2 K の降下に相当する圧力降下を超えないようにする．

(2) 油戻しのための配管

吸込み蒸気配管の施工上の主な留意事項を次に示す．

① **二重立上り管**　フルオロカーボン冷凍装置では，容量制御装置をもった圧縮機の吸込み立上り管に，二重立上り管が採用される．これはアンロード運転中の軽負荷時の吸込み蒸気の流速が低下したときの油戻し対策で，最小負荷と最大負荷の運転のとき管内蒸気速度を適切な範囲内にすることができるようにする．

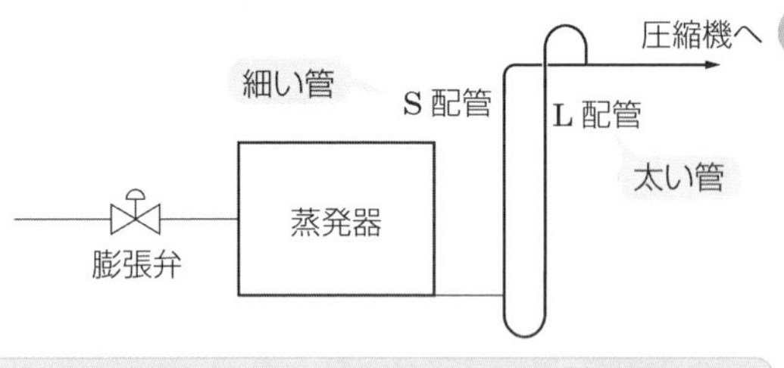

要点整理

容量制御装置付きのフルオロカーボン多気筒圧縮機の立上り吸込み配管は，立上り吸込み配管径を圧縮機最大負荷時における最小蒸気速度で決定すると，負荷が減少したときに返油に必要な速度が保てないので，二重立上り配管にする必要がある．

図 8.3　二重立上り管

② **U トラップの回避**　圧縮機の近くでは，立上り吸込み管以外には，U ト

ラップを避ける．横走り管中にUトラップを設けると，軽負荷運転時や停止時に油や冷媒液が溜まり，圧縮機の始動時やアンロードからフルロード運転に切り換わったときに液圧縮（リキッドハンマ）の危険がある．

③　**中間トラップ**　吸込みの立上り管が長い場合には，冷凍油が戻りやすいように，約 **10 m** 以下ごとに中間トラップを設ける．

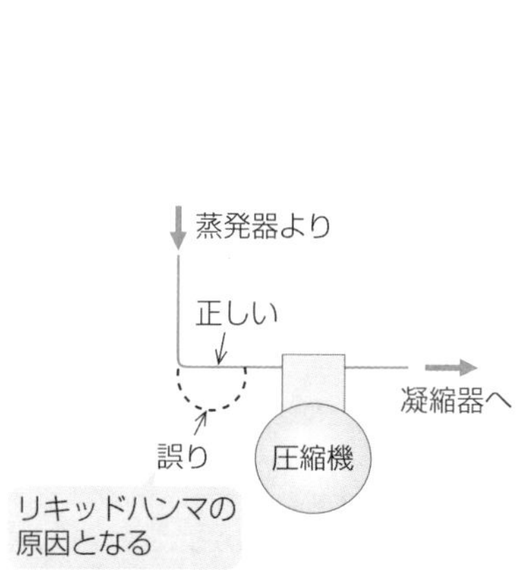

図 8.4　圧縮機吸込み口近くのトラップ

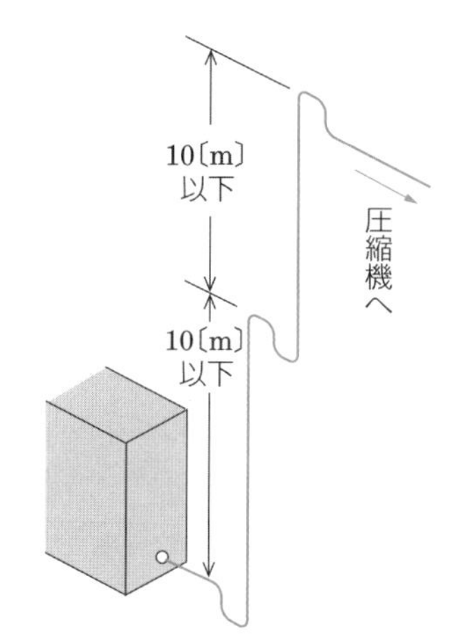

図 8.5　吸込み管の長い立上りの場合

④　**吸込み主管への接続**　複数の蒸発器から吸込み主管に接続する管は，それぞれの吸込み管にトラップと立上り管を設け，主管の冷媒液や油が主管に流れ込まないように，主管の上側に立ち上げて配管する．

また，圧縮機が蒸発器より低い位置にある場合，停止中に冷媒液が圧縮機へ流れ落ちるのを防ぐため，蒸発器出口の管は小さい油戻しトラップをつくり，蒸発器上部以上に立上り管を設け，主管に接続する．

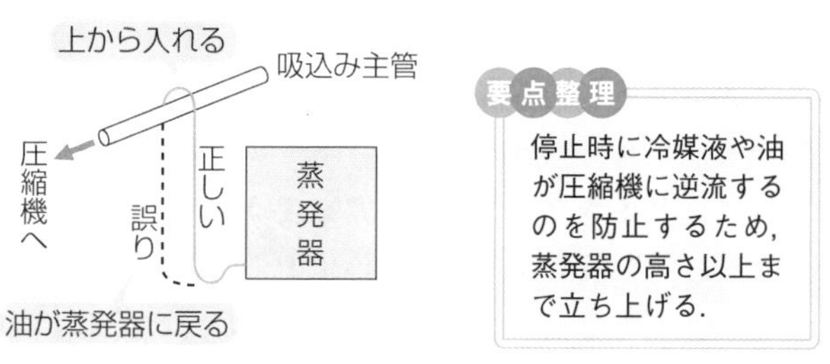

図 8.6　吸込み主管への接続

(3) 吸込み蒸気配管の防熱

圧縮機吸込み蒸気配管は，外部からの熱の侵入や管表面の結露，あるいは着霜を防ぐために防熱材を巻いて防熱を施す．防熱が不十分であると，吸込み蒸気温度が上昇し，圧縮機吐出しガス温度が異常に高くなり，油を劣化させたり，冷凍能力を減少させることがある．

2 高圧冷媒ガス配管（吐出しガス配管）

(1) 圧縮機吐出しガス配管の管径

吐出しガス配管の管径は，以下を考慮して決定する．

① 圧縮機吐出しガス配管の管径は，冷媒ガス中に混在している油が運ばれるだけのガス速度を確保できる管径にする．
 ・横走り配管では約 **3.5 m/s** 以上の冷媒ガス速度
 ・立上り配管では約 **6 m/s** 以上の冷媒ガス速度

② 吐出しガス配管では，過大な圧力降下や騒音が生じないように，一般に冷媒ガス速度を **25 m/s** 以下に抑える．

③ 吐出しガス配管によって生じる全摩擦損失圧力は **0.02 MPa** を超えないようにする．

Point

吐出しガス配管の管径は，冷媒ガス中に混在している油が確実に運ばれるだけのガス速度を下限とし，過大な圧力降下と騒音を生じないガス速度を上限として決定する．

(2) 圧縮機への液と油の逆流防止

吐出しガス配管施工上で大切なのは，圧縮機が停止中に，配管内で凝縮した冷媒液や油が逆流しないようにすることである．圧縮機の停止中に冷媒液や油が逆流して圧縮機に溜まると始動時にリキッドハンマーやオイルハンマーを起こし，圧縮機破損の原因となる．

・圧縮機の吐出しガス配管は流れ方向（凝縮器側）に下り勾配（**1/150～1/250**）とする．
・圧縮機と凝縮器が同じ高さ，あるいは，圧縮機が凝縮器より低い位置にある場合では，いったん立上り管を設けてから，下り勾配で凝縮器に配管する（吐出し配管の高低差に応じてトラップや逆止弁を設ける）．
・年間を通して運転する装置では，冬季に停止中の圧縮機に，凝縮器内の冷媒が再蒸発して圧縮機頭部で凝縮しないように，吐出しガス配管上部に逆止め弁を設ける．
・**2** 台以上の圧縮機を並列運転する場合，停止している圧縮機に吐出しガス配管

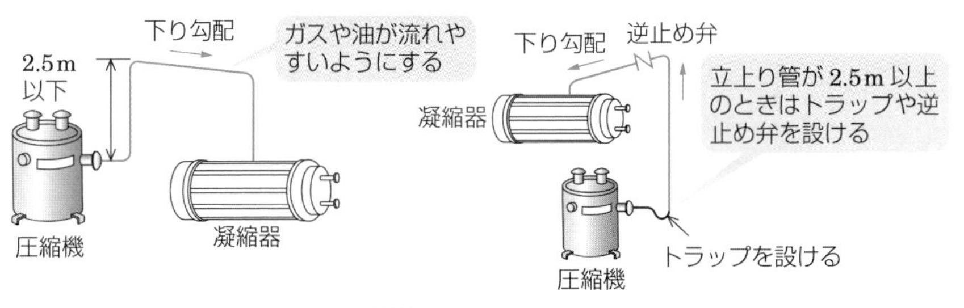

図 8.7　吐出し管の立上り

内の冷媒や油が流れ込まないように，それぞれの圧縮機の吐出しガス配管には逆止め弁を取り付け，主管の上側（上面側）に接続する．また，各圧縮機は同一レベルに設置し，均油管で結び，クランクケース内の油量が同じになるようにする．

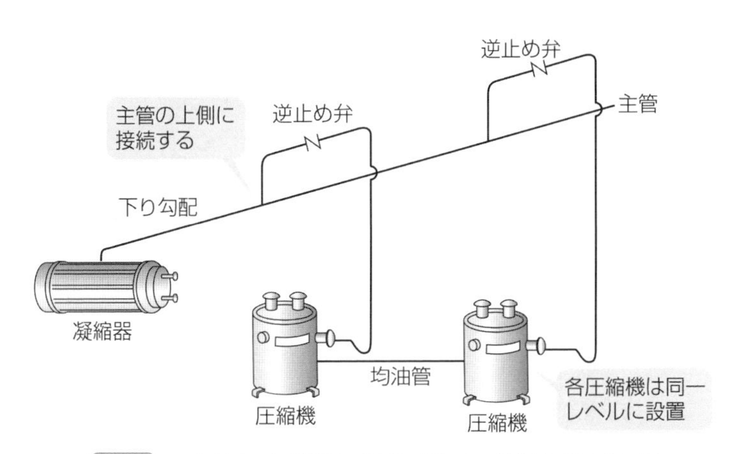

図 8.8　2 台以上の圧縮機を並行運転している場合の吐出し管

3　高圧液配管

(1)　受液器から膨張弁の高圧液配管

液配管は，フラッシュガスが発生（液の温度上昇や圧力降下により，液の一部が気化すること）しないようにすることと，運転停止中に液封が生じないようにすることである．

・冷媒液がフラッシング（気化）するのを防ぐために流速はできるだけ小さくなるような管径とする．

・液管内の冷媒の流速は，**1.5 m/s** 以下．

・液管の流れの抵抗による圧力降下が **20 kPa** 以下.
・冷媒液の飽和温度以上の温かい箇所に配管する場合は，液配管に防熱を施す（フラッシュガス発生防止）.
・装置の運転中に周囲温度よりも低い冷媒温度の液配管は，運転停止時に止め弁や電磁弁などで液配管が封鎖される箇所をつくらないようにする（液封防止）.

(2) 凝縮器の液流下管と均圧管

凝縮器と受液器を接続する液流下管を冷媒液が流下しやすくするために，十分に大きくして自然に落下させるか，あるいは均圧管を取り付ける.

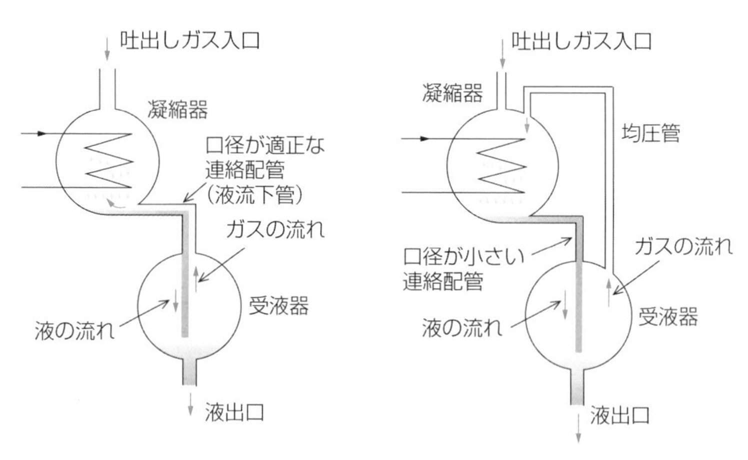

図 8.9　凝縮器と受液器の均圧管

コ ラ ム

フラッシュガスの発生

(1)　フラッシュガスが発生する原因

高圧液管内にフラッシュガス（液の一部が気化）が発生する原因として，次のものがあげられる．

① 飽和温度以上に高圧液配管が温められた場合

② 凝縮液温に相当する飽和圧力よりも液の圧力が低下した場合（配管の立ち上がりが大きい場所，配管が細い場所）

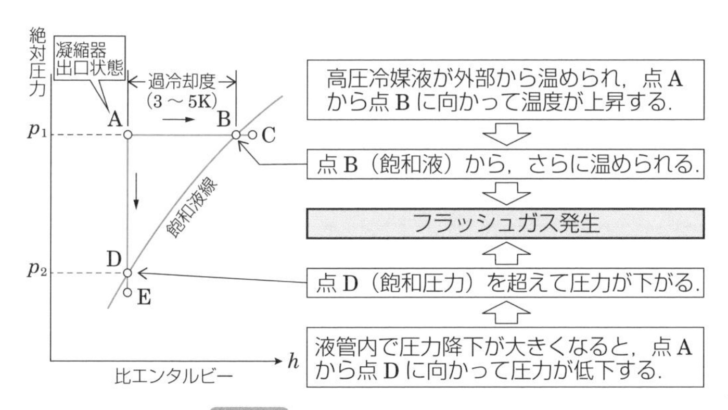

図 8.10　フラッシュガスの発生

(2)　フラッシュガス発生による影響

フラッシュガスが発生すると，次の影響が生じる．

① 膨張弁の冷媒流量が減少して，冷凍能力が減少する．

② 配管内の冷媒の流れ抵抗が大きくなって，フラッシュガスの発生がより激しくなる．

③ 膨張弁の冷媒流量が変動して，安定した冷凍作用が得られなくなる．

(3)　フラッシュガス発生防止対策

次のフラッシュガス発生防止対策がとられる．

① 圧力損失の大きいときは過冷却を十分にする（フルオロカーボン冷媒では，液ガス熱交換器を取り付ける）．

② 周囲温度が高いときは，液管の防熱を行う．

例題

次のイ，ロ，ハ，ニの記述のうち，冷媒配管について正しいものはどれか．

イ．フルオロカーボン冷凍装置の吸込み管では 1 m/s 以下の流速にし，油が確実に圧縮機に戻るようにする．

ロ．圧縮機吸込み管の二重立上り管は，容量制御装置をもった圧縮機の吸込み管に，油戻しのために設置する．

ハ．横走り吸込み蒸気配管に大きな U トラップがあると，トラップの底部に油や冷媒液の溜まる量が多くなり，圧縮機始動時などに，一挙に多量の液が圧縮機に吸い込まれて液圧縮の危険が生じる．

ニ．圧縮機の停止中に，配管内で凝縮した冷媒液や油が逆流しないようにすることは，圧縮機吐出し管の施工上，重要なことである．

(1) イ　(2) ロ　(3) ハ　(4) ハ，ニ　(5) イ，ロ，ニ

▶解説

イ：(誤) フルオロカーボン冷媒蒸気中に混在している油が，確実に圧縮機へ運ばれるだけの蒸気速度（横走り管では約 **3.5 m/s** 以上，立上り管では約 **6 m/s** 以上）を確保する．

ロ：(誤) 吸込み蒸気配管の二重立上り管は，冷媒液の戻り防止のためでなく，返油のための最小蒸気速度の確保と同時に圧力降下を適切範囲に収めることを目的としている．

ハ：(正) 横走り管の途中には U トラップを避ける．U トラップを設けると，軽負荷運転時や停止時に油や冷媒液が溜まり，圧縮機の再始動時に液圧縮の危険を生じる．

ニ：(正) 圧縮機吐出しガス配管の施工上の大切なことは，圧縮機の停止中に配管内で圧縮機への液と油の逆流防止である．

[解答] (4)

例題

次のイ，ロ，ハ，ニの記述のうち，冷媒配管について正しいものはどれか．

イ．高圧冷媒液管内にフラッシュガスが発生すると，膨張弁の冷媒流量が減少して，冷凍能力が減少する．

ロ．吸込み蒸気配管には十分な防熱を施し，管表面における結露あるいは結霜を防止することによって吸込み蒸気温度の低下を防ぐ．

ハ．高圧液管に大きな立上り部があり，その高さによる圧力降下で飽和圧力以下に凝縮液の圧力が低下する場合には，フラッシュガスは発生しない．

ニ．吐出しガス配管では，冷媒ガス中に混在している冷凍機油が確実に運ばれるだけのガス速度が必要である．ただし，摩擦損失による圧力降下は，20 kPa を超えないことが望ましい．

(1) イ，ロ　(2) イ，ニ　(3) ロ，ニ　(4) イ，ロ，ニ　(5) ロ，ハ，ニ

▶解説

イ：(正) 液管内にフラッシュガスが発生すると，流れ抵抗は大きくなり，膨張弁の冷媒流量を減少させる．

ロ：(誤) 吸込み蒸気配管には，管表面の結露あるいは着霜を防止し，吸込み蒸気の温度上昇を防ぐために防熱を施す．

ハ：(誤) 凝縮液温に相当する飽和圧力よりも液の圧力が低下した場合には，フラッシュガスは発生する．

ニ：(正) 吐出しガス配管では，過大な圧力降下や騒音が生じないように，一般に冷媒ガス速度を 25 m/s 以下，全摩擦損失圧力は 0.02 MPa を超えないようにする．

[解答] (2)

第9章　安全装置

1　主な安全装置の種類

冷凍装置は，高圧ガスを使用している．そのため火災が近くで発生したり，冷却水が冷凍機の運転中に止まった場合など，圧力が異常に高くなったときに，その圧力を許容以下に戻すことができる安全装置を取り付ける必要がある（図9.1，表9.1）．冷凍装置の主な安全装置としては，次のものがある．

- ・安全弁（圧縮器内蔵形安全弁を含む）
- ・高圧遮断装置
- ・破裂板（可燃性ガス，毒性ガスは使用不可）
- ・溶栓（可燃性ガス，毒性ガスは使用不可）
- ・圧力逃がし装置（有効に直接圧力を逃がすことができる装置）

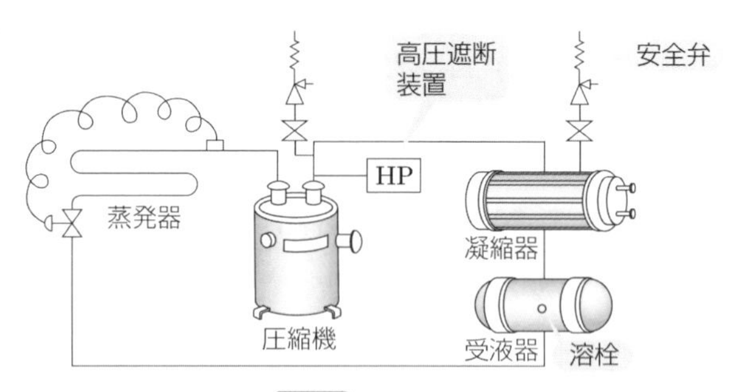

図 9.1　安全装置

表 9.1　安全装置の取付け箇所

取付箇所	安全装置	備　考
圧縮機吐出し部	安全弁および高圧遮断装置	冷凍能力が 20 トン未満のときは安全弁を省略できる
シェルアンドチューブ凝縮器および受液器	安全弁	内容積 500 ℓ 未満ならば溶栓でもよい
プレートフィン凝縮器（冷凍能力 20 トン以上）	安全弁または溶栓	20 トン未満でも受液器がない場合は安全弁または溶栓を取り付けたほうがよい
低圧部の容器で，容器本体に附属する止め弁で封鎖される構造のもの	安全弁，破裂板または圧力逃がし装置	
液封によって著しい圧力上昇のおそれがある部分	安全弁，破裂板または圧力逃がし装置	銅管および外径 26 mm 未満の配管を除く

2　安全弁

(1)　安全弁の働きおよび規定

・安全弁は冷凍装置の高圧遮断装置が作動しなかったとき，安全弁が自動的に弁が開いて容器内の高圧ガスを噴出し，圧力が設定値以下になれば弁が閉じて異常な圧力上昇を防止する．

・圧縮機（遠心式圧縮機を除く）やシェル型凝縮器や受液器などの圧力容器には，安全弁の取付けが義務づけられている．ただし，20冷凍トン未満の圧縮機には安全弁の取付けを省略することができる．また，内容積500ℓ未満の圧力容器には，溶栓をもって代えることができるとされている(冷凍保安規則関係例示基準)．

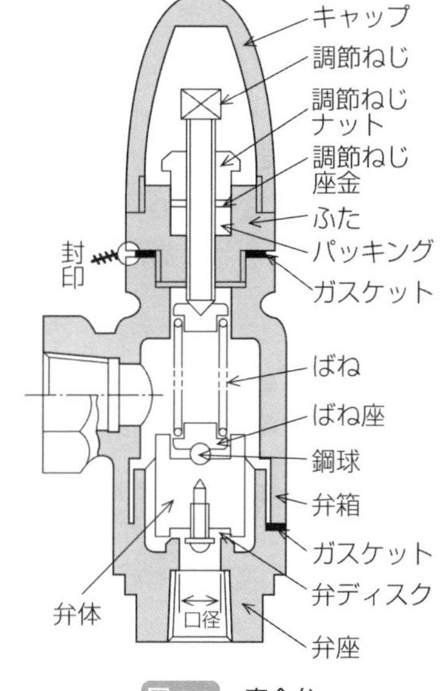

図9.2　安全弁

・安全弁の保守管理に関しては，危害予防規定などで規定し，1年以内ごとに安全弁の作動検査を行い，検査記録を残しておく必要がある（第一種製造者に対するものであるが，一般的にもこの基準に従う）．

・安全弁には，修理等（修理または清掃）のために止め弁を設けるが，修理等のときを除き，止め弁を開にしておき「常時開」の表示をしなければならない．

Point

安全弁の止め弁は，修理等のためのものであり，漏えいする冷媒の閉止のためではない．したがって，修理等のとき以外は常時開にする．

(2)　安全弁の作動圧力

・冷凍装置の安全弁の作動圧力とは，吹始め圧力と吹出し圧力のことである．

　・吹始め圧力…微量のガスが吹き出し始める圧力．

　・吹出し圧力…吹始め圧力よりさらに圧力が上昇して，安全弁が全開して，激しくガスが吹き出す圧力．

・安全弁の作動圧力は，許容圧力をもとにして定められる．

(a)　圧縮機に取り付ける安全弁

・吹出し圧力 ≦ 圧縮機吐出し側の許容圧力 ×1.2

なお，吐出しガスの圧力を直接受ける容器の許容圧力の 1.2 倍と比較していずれかの低い圧力を超えてはならない．

・吹出し圧力 ≦ 吹始め圧力 ×1.15

(b)　圧力容器に取り付ける安全弁

・高圧部の安全弁の吹出し圧力 ≦（高圧部の許容圧力）×1.15

・低圧部の安全弁の吹出し圧力 ≦（低圧部の許容圧力）×1.1

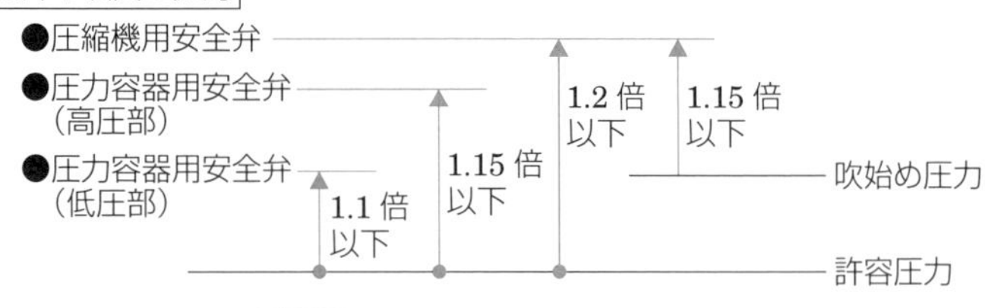

図 9.3　安全弁の作動圧力基準

(3)　安全弁の必要最小口径

(a)　圧縮機に取り付けられる安全弁の必要最小口径 d_1〔mm〕

圧縮機用の安全弁は，吹出し圧力において圧縮機が吐き出すガスの全量を噴出する口径が必要である．

圧縮機に取り付けるべき安全弁の必要最小口径は，冷媒の種類に応じて決まるが，圧縮機のピストン押しのけ量の平方根に正比例する．

圧縮機に取り付けられる安全弁の必要最小口径　$d_1 = C_1\sqrt{V_1}$

ここで，V_1：標準回転速度における1時間当たりのピストン押しのけ量〔m^3/h〕

C_1：冷媒の種類による定数

(b)　圧力容器に取り付ける安全弁の必要最小口径 d_3〔mm〕

圧力容器用安全弁は，火災などで外部から加熱されて容器内の冷媒が温度上昇したとき，その飽和圧力が設定された圧力に達したとき，蒸発する冷媒を噴出して，過度に圧力上昇するのを防ぐ．

圧力容器に取り付ける安全弁の必要最小口径は，容器の外径と長さの積の平方根に正比例し，同じ大きさの圧力容器であっても高圧部と低圧部によって異なる（多くの冷媒では低圧部のほうが大きくなる）．

圧力容器に取り付ける安全弁の必要最小口径　$d_3 = C_3\sqrt{D \cdot L}$

ここで，D：容器の外径〔m〕

L：容器の長さ〔m〕

C_3：冷媒の種類ごとに高圧部，低圧部に分けて決められた定数

(4) 安全弁の放出管

安全弁の放出管は，一般に安全弁の口径以上の内径とする．なお，フルオロカーボン冷媒では，酸欠のおそれが生じないようにする．また，アンモニア用で外部放出形のときは，除害設備を設けることなどが大切である．

3 高圧遮断装置

・高圧遮断装置は，一般に高圧圧力スイッチのことで，異常な高圧圧力を検知して作動し，圧縮機を駆動している電動機の電源を切って圧縮機を停止させ，運転中の異常な圧力の上昇を防止する．

・通常は，安全弁噴出以前に高圧遮断装置によって圧縮機を停止させ，高圧側圧力の異常な上昇を防止する．そのために高圧遮断装置の作動圧力は，安全弁の吹始め圧力の最低値以下の圧力で，かつ，高圧部の許容圧力以下に設定しなければならない．

・高圧遮断装置は，手動復帰式を原則とするが，可燃性ガスおよび毒性以外のガスを使用する法定冷凍能力が10トン未満のユニット式冷凍装置（熱交換器とファンを一体構造としたもの）は，危険のおそれがない場合には自動復帰式でもよいとされている．

4 溶 栓

(1) 溶栓の働きおよび規定

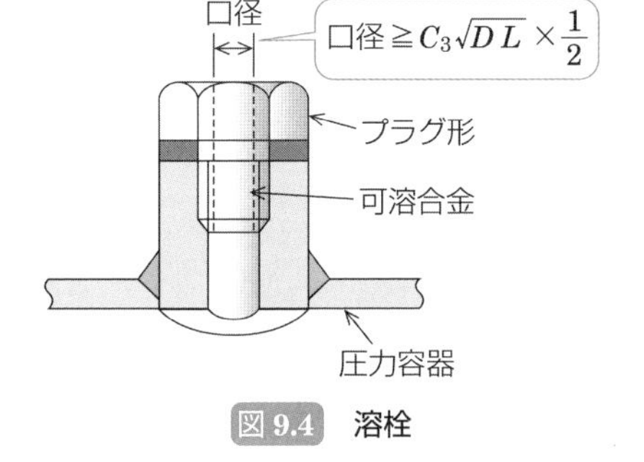

図9.4 溶栓

・溶栓は，容器の温度により可溶合金が溶け，内部のガスを噴き出させて圧力の異常な上昇を防ぐように作動する．

・シェル形凝縮器および受液器には，安全弁を取り付けなければならないが，内容積500 ℓ未満のフルオロカーボン用シェル形凝縮器や受液器などにあっては，溶栓をもって代えることができる．

・溶栓の溶融温度は75℃以下である．

・溶栓の口径は，容器の安全弁の必要最小口径 d_3〔mm〕の1/2以上でなけれ

ばならない.

(2) 溶栓の使用禁止

・溶栓は，温度によって作動するので，冷媒の飽和温度が正確に感知できない次の場所などには取り付けない.

① 圧縮機などの高温の吐出しガスに影響を受ける高温部分など

② 水冷凝縮器の冷却水で冷却される管板など

・溶栓が作動すると内部の冷媒が大気圧になるまで放出するので，可燃性または毒性ガスを冷媒とした冷凍装置には溶栓を使用できない（アンモニア冷媒は毒性なので使用できない）.

・液封の起こるおそれのある場所には，溶栓は使用できない.

5 破裂板

破裂板は，圧力によって金属の薄板が破れ，溶栓と同様に内部の冷媒ガス圧力が大気圧に下がるまで，噴出を続ける構造の安全装置である.

・構造が簡単であるため，大口径のものが容易に制作できるが，あまり高い作動圧力のものには使用できないので，遠心冷凍機や吸収冷凍機以外には，あまり使用されていない.

・溶栓と同様に，可燃性，毒性ガスのアンモニアなどには使用できない.

・破裂板の作動圧力は，安全弁の作動圧力よりも高く，耐圧試験圧力以下と定められている.

・圧力容器に取り付ける破裂板の必要最小口径は，安全弁と同一口径とする.

6 圧力逃がし装置

圧力逃がし装置は，液封のおそれのある配管に取り付け，圧力を逃がす目的を達成できるようにする.

Point

液封による配管や弁の破壊，破裂などの事故は，低圧液配管において発生することが多い.

7 ガス漏えい検知警報設備

・可燃性ガス，毒性ガスまたは特定不活性ガスの製造施設には，漏えいしたガスが滞留するおそれのある場所に，ガス漏洩検知警報設備の設置が義務付けられている（冷凍保安規則第 7 条）.

コ ラ ム

液封防止のための安全対策

液封とは，冷媒配管内において，その両端が止め弁などで封印されたとき，周囲からの熱によって配管内部の冷媒液が熱膨張し，著しく高圧となり，配管や弁などが破壊，破裂する現象である.

液封の事故は，止め弁，電磁弁などの誤操作による原因が多いが，次の液封が起こるおそれのある箇所があり，運転中の温度が低い冷媒配管に多い.

① 冷媒液強制循環方式の冷媒液ポンプ出口から蒸発器まで低圧液配管
② 高圧受液器から膨張弁（蒸発器）までの高圧液配管
③ 二段圧縮冷凍装置の過冷却された液配管

液封による配管や弁などが破壊，破裂する事故を防止するために，液封の起こるおそれのある部分には，溶栓以外の安全弁，破裂板または圧力逃がし装置を取り付ける必要がある（銅管および外径 26 mm 未満の鋼管を除く）.

なお，冷媒ガスが可燃性ガスまたは毒性ガスである冷凍設備の安全装置には，破裂板または溶栓以外のものを用いることとしている.

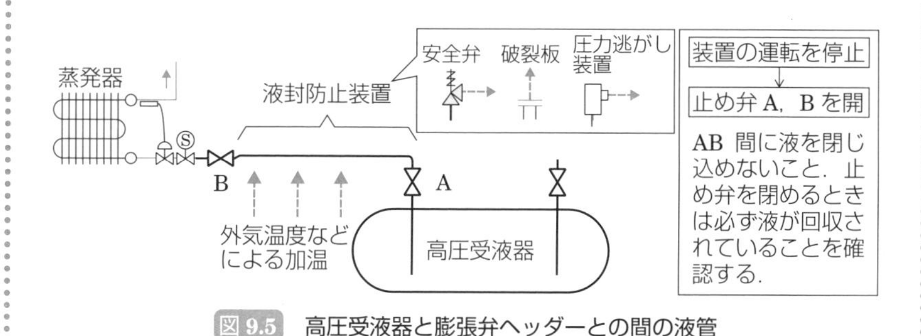

図 9.5 高圧受液器と膨張弁ヘッダーとの間の液管

例題

次のイ，ロ，ハ，ニの記述のうち，安全装置について正しいものはどれか．

イ．圧縮機に取り付けるべき安全弁の最小口径は，ピストン押しのけ量の平方根に反比例する．

ロ．内容積 500 ℓ 未満のフルオロカーボン冷媒用受液器に使用する溶栓は，原則として 125℃ で溶融することとなっている．

ハ．高圧遮断装置の作動圧力は，高圧部に取り付けられた安全弁の吹始め圧力の最低値以下の圧力であって，かつ，高圧部の許容圧力以下に設定しなければならない．

ニ．安全弁の放出管は，一般に安全弁の口径以上の内径とする．なお，アンモニア用の安全弁の放出管には，除害設備を設ける．

(1) イ，ロ　(2) イ，ニ　(3) ロ，ハ　(4) ハ，ニ　(5) ロ，ハ，ニ

▶ 解説

イ：(誤) 20 トン以上の圧縮機に取り付ける安全弁の最小口径は，冷媒の種類に応じて決まるが，圧縮機のピストン押しのけ量の平方根に正比例する．

ロ：(誤) 内容積 500 ℓ 未満のフルオロカーボン冷凍装置に使用される溶栓は，75℃以下の溶融温度となっている．

ハ：(正) 高圧遮断装置の作動圧力は，圧縮機に取り付けた安全弁の吹き始め圧力以下で，高圧部の許容圧力以下に設定しなければならない．

ニ：(正) アンモニア用の安全弁の放出管には，アンモニアを水で薄めるなどの方法を用いて大気中に放出しないような除害設備を設ける．

[解答]　(4)

例題

次のイ，ロ，ハ，ニの記述のうち，安全装置について正しいものはどれか．

イ．冷凍装置の安全弁の作動圧力とは，吹始め圧力と吹出し圧力のことである．この圧力は耐圧試験圧力を基準として定める．

ロ．圧力容器に取り付ける安全弁の最小口径は，同じ大きさの圧力容器であっても高圧部と低圧部によって異なり，多くの冷媒では高圧部のほうが大きい．

ハ．液封による事故は，低圧液配管で発生することが多く，弁操作ミスなどが原因になることが多い．

ニ．通常，高圧遮断装置は，安全弁噴出前に圧縮機を停止させ，高圧側圧力の異常な上昇を防止するために取り付けられ，原則として手動復帰式である．

(1) イ，ロ　(2) イ，ニ　(3) ロ，ハ　(4) ロ，ニ　(5) ハ，ニ

▶解説

イ：(誤) 作動圧力とは「吹始め圧力」と「吹出し圧力」のことで，圧縮機用は吐出し側の許容圧力，圧力容器用は高圧部もしくは低圧部の許容圧力を基準として定める．

ロ：(誤) 圧力容器に取り付ける安全弁の必要最小口径は，同じ大きさの圧力容器であっても高圧部と低圧部によって異なり，多くの冷媒では低圧部のほうが大きい．

ハ：(正) 弁操作ミスなどが原因で，液封による配管や弁の破壊，破裂などの事故は，低圧液配管において発生することが多い．

ニ：(正) 高圧遮断装置は安全弁噴出前に異常な高圧圧力を検知して作動し，圧縮機を駆動している電動機の電源を切って圧縮機を停止させ，運転中の異常な圧力の上昇を防止する．高圧遮断装置は，原則として手動復帰式とする．

[解答] (5)

例題

次のイ，ロ，ハ，ニの記述のうち，安全装置などについて正しいものはどれか．

イ．破裂板は，構造が簡単であるために，容易に大口径のものを製作できるが，比較的高い圧力の装置や可燃性または毒性を有する冷媒を使用した装置には使用しない．

ロ．圧力容器などに取り付ける安全弁には，修理等のために止め弁を設ける．修理等のとき以外は，この止め弁を常に閉じておかなければならない．

ハ．溶栓は，取り付けられる容器内の圧力を直接検知して破裂し，内部の冷媒を放出することにより，圧力の異常な上昇を防ぐ．

ニ．ガス漏えい検知警報設備は，冷媒の種類や機械換気装置の有無にかかわらず，酸欠事故を防止するために必ず設置しなければならない．

(1) イ　(2) ニ　(3) ロ，ハ　(4) ロ，ニ　(5) ハ，ニ

▶解説

イ：(正) 破裂板は，圧力を感知して冷媒を放出するが，可燃性や毒性を有する冷媒を用いた装置では使用できない．

ロ：(誤) 安全弁には，検査や修理等のために止め弁を設けるが，検査や修理等の時以外はこの止め弁を開にしておき，「常時開」の表示をする．

ハ：(誤) 溶栓は，温度を検知して溶融（溶融温度 75℃以下）し，冷媒を放出し，過大な圧力上昇を防ぐ．なお，圧力を直接検知するのは破裂板である．

ニ：(誤) 可燃性ガスまたは毒性ガスまたは特定不活性ガスの製造施設には，漏えいしたガスが滞留するおそれのある場所に，酸欠事故を防止するためにガス漏えい検知警報設備の設置を義務づけている．

[解答]　(1)

10-1 材料力学の基礎

1 応力とひずみ

外力（荷重）が加えられたとき，材料の構造は変形すると同時に，材料の内部には変形に抵抗する力（外力に応じる力）である応力とひずみが生じる．

(1) 応 力

応力は，材料内部に生じる力で次式で表される．

$$応力\ \sigma = \frac{加えている力の大きさ（荷重）}{力が加えられている材料の断面積} = \frac{F}{A}\ 〔\mathrm{N/mm^2 = MPa}〕$$

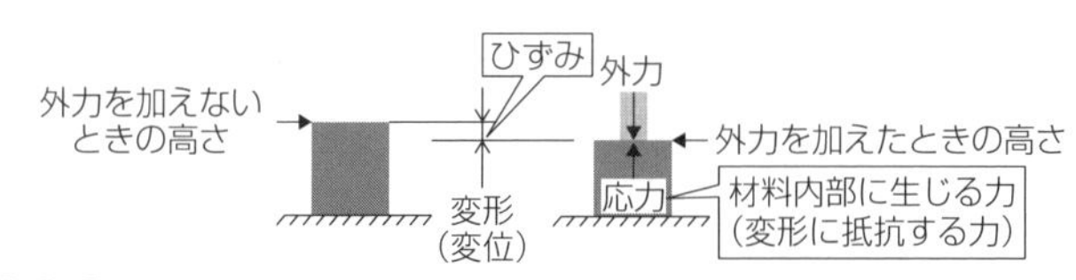

要点整理

物体に外力が作用すると，物体内部には元の形状や寸法を保とうとする抵抗力（内力）が生じ，破断しない限り外力と釣り合っている．

図 10.1 応力

- 外力が引っ張る方向にかかる場合には引張応力（内部から外側に向かう圧力），また押し縮める圧縮方向にかかる場合は圧縮応力という．圧力容器で耐圧強度が問題となるのは，一般に引張応力である．
- 形状や板厚が急変する部分やくさび形のくびれの先端部には，応力集中が発生しやすい．

(2) ひずみ

材料が引っ張られると，その材料は伸びる．もとの長さに対する伸びの増加量をひずみ（伸びる割合）といい，次式で表される．力がかかる以前の材料の長さを l，力がかかって Δl だけ伸び，$(l+\Delta l)$ になったとすると

$$ひずみ\ \varepsilon = \frac{伸びた長さ}{もとの長さ} = \frac{\Delta l}{l}$$

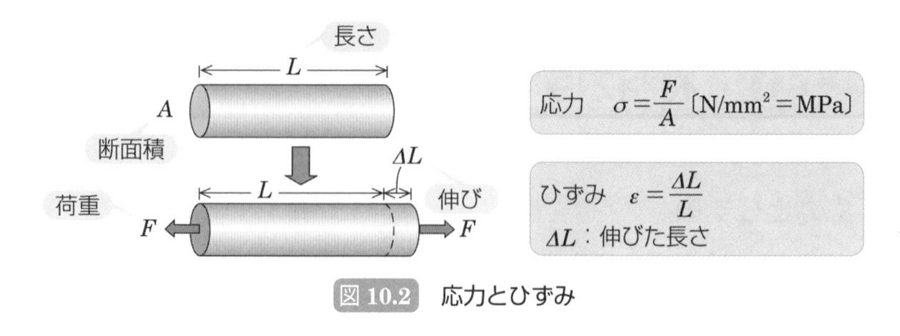

図 10.2　応力とひずみ

コラム

応力（stress：ストレス）

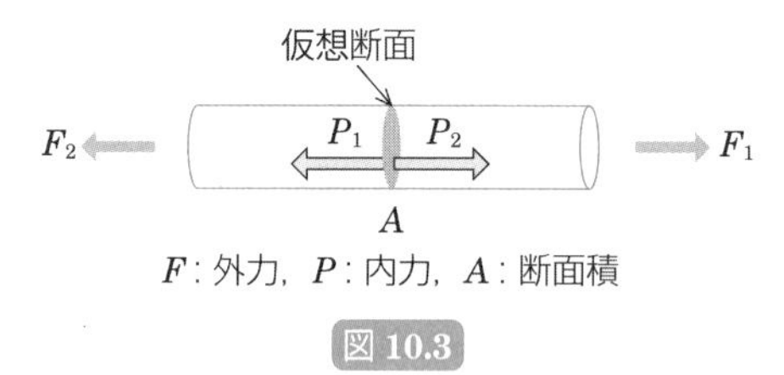

図 10.3

・応力とは，外力による物体の変形に対抗して物体内に生じる内力で，外力に抵抗してつり合いを保とうとする力である（破断しない限り外力＝内力）.

・応力には，引張応力，圧縮応力，せん断応力などがある.

・応力は，物体に作用する外力を物体の断面積で除した単位面積当たりの力の大きさで求めることができる.

$$\text{引張応力}\ \sigma\ \text{〔MPa〕}=\frac{\text{内力〔N〕}}{\text{断面積〔mm}^2\text{〕}}=\frac{P}{A}=\frac{F}{A}$$

(3)　応力－ひずみ線図

炭素鋼などの試験片を引張試験器にかけ，引張荷重を加え試験片が切断されるまでの引張応力と試験片に生じるひずみの関係を表したのが，応力－ひずみ線図である.

・比例限度（点 A の応力）：応力とひずみの関係は直線的で正比例する限界.

・弾性限度（点 B の応力）：応力とひずみの関係は比例しないが，引張荷重を取り除くとひずみがもとに戻る限界.

・降伏点（点 C，点 D の応力）：降伏中の最大の応力を上降伏点（点 C），最低の応力を下降伏点（点 D）.

点Cを超えるとひずみだけが進み始め，引張荷重を取り除いてもひずみが残って，もとの材料の長さに戻らない（降伏現象による塑性変形）．この点の応力を降伏点という．

・引張強さ（点Eの応力）：さらに引張荷重を増大させたときの最高応力．

・破断点（点Fの応力）：試験片にくびれが生じ応力が低下し破断する応力．

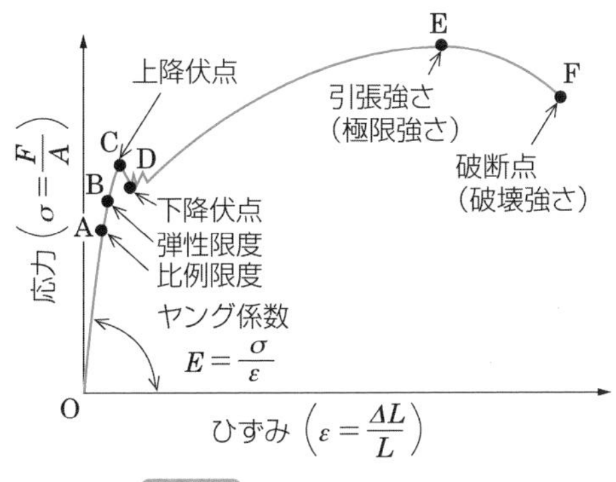

図 10.4　応力－ひずみ線図

Point

一般に鋼材における引張応力とひずみの関係では，応力の小さいほうから順に比例限度，弾性限度，下降伏点，上降伏点となっている．圧力容器では，使用する材料の応力－ひずみ線図における比例限度以下の適切な応力（許容引張応力）の値に収まるように設計する必要がある．

2　許容引張応力

圧力容器などでは，その材料にかかる応力の限界（点Eの引張強さ）で設計することは危険で，比例限度（応力－ひずみ線図における点A）以下の適切な応力の値に収まるように，次の許容引張応力以下で設計をする．

$$\text{許容引張応力} = \frac{\text{最小引張強さ}}{4}$$ （なお，安全率を4としている）

3　冷凍装置に使用される材料

(1)　材料一般

・冷凍装置に用いる圧力容器，配管および弁については，それらに用いる材料の種類と使用温度範囲に制限がある．

・冷凍装置に使用される主な金属材料の記号は，次の通りである（JIS規格）．

・**FC**：ねずみ鋳鉄

・**SS**：一般構造用圧延鋼材

・**SM**：溶接構造用圧延鋼材

・**SGP**：配管用炭素鋼鋼管

・**STPG**：圧力配管用炭素鋼鋼管

(2) 炭素綱と低温脆性

・一般に炭素鋼などの鉄鋼材料は，ある温度以下の低温（遷移温度）になると，引張強さなどが急激に低下して脆性変形（力を取り去っても変形したままの形を保つ）を起こす性質が失われて脆くなる．このような性質が低温脆性である．

> **Point**
> 冷凍保安規則関係例示基準で耐圧部分に使用する材料の最低使用温度が規定されている．材料に衝撃力を加えなければ，低温脆性による破壊の心配はほとんどない．

・一般に，鋼材の低温脆性による破壊が最も発生しやすくなるには，次の条件がある．この条件が重なったとき，降伏点以下の低荷重のもとでも突発的に発生する．

① 低温であること
② 形状に切欠きなどの欠陥（応力集中）があること
③ 三軸（円周，半径，長手）方向に引張応力があること

コラム

溶接構造用圧延鋼材の最小引張強さ

一般の圧力容器に使用されることの多い溶接構造用圧延鋼材は，SM400A, SM400B，SM400C などがある．

・末尾記号は，A>B>C の順で炭素含有量が少ないことを表す．
・材料記号の後の数字は，最小引張強さを表す．
・SM400 最小引張強さは 400 N/mm^2 であり，許容引張応力は 400×(1/4)＝100 N/mm^2 である．

4 設計圧力と許容圧力

(1) 設計圧力

・設計圧力は，凝縮器や受液器などの圧力容器を製作するとき，その各部について必要板厚さの計算または機械的強度を設計する際に使用し，耐圧試験電圧や気密試験圧力の基準となっている．

・設計圧力は，冷媒ガスの種類ごとに高圧部または低圧部の別に決めている．

・高圧部は，通常の運転状態で起こり得る最高の圧力を設計圧力とし，基準凝縮温度に応じて，表 10.1 に示す圧力〔単位：MPa〕としている（冷凍保安規則関係例示基準）．なお，高圧部の設計圧力は，凝縮温度が基準凝縮温度以外の

ときには，最も近い上位の基準凝縮温度に対応する圧力とする．

表 10.1　冷凍保安規則関係例示基準における設計圧力〔単位：**MPa**〕

冷媒の種類	高圧部設計圧力						低圧部設計圧力
	基準凝縮温度						
	43℃	50℃	55℃	60℃	65℃	70℃	
アンモニア	1.60	2.0	2.3	2.6	—	—	1.26
R134a	1.00	1.22	1.40	1.59	1.79	2.02	0.87
R404A	1.86	2.21	2.48	2.78	3.11	—	1.64
R407C	1.78	2.11	2.38	2.67	2.98	3.32	1.56
R410A	2.50	2.96	3.33	3.73	4.17	—	2.21
R507A	1.91	2.26	2.54	2.85	3.18	—	1.68

要点整理

圧力容器の強度計算に使用する圧力は，設計圧力も許容圧力も，ともに冷媒のゲージ圧力（＝絶対圧力－大気圧力）である．
一般に，高圧部の設計圧力は，冷媒の種類ごとに基準凝縮温度に対応する飽和圧力によって定められているが，その温度は43℃未満にすることはできない．

・低圧部では，停止中に周囲温度の高い夏季に内部の冷媒が 38 ～ 40℃程度まで上昇したときの，冷媒の飽和圧力に基づいて規定している．

Point

二段圧縮（または二元冷凍）装置では，高段側（高温側）の圧縮機の吐出し圧力を受ける部分を高圧部とし，その他を低圧部として取り扱う（冷凍保安規則関係例示基準）．高段圧縮機の吐出し圧力を受ける高圧部では，通常の運転状態で起こりうる最高の圧力を用いる．

(2)　許容圧力

・許容圧力とは，指定された温度における冷媒設備に係る高圧部または低圧部に対して現に許容しうる最高圧力である（設計圧力≧許容圧力）．

・許容圧力は，圧力容器の各部について，次のいずれか低い方の圧力をいう．

①　設計圧力

②　腐れしろを除いた肉厚に対応する圧力（限界圧力）

Point

設計圧力は，圧力容器などの設計において，その各部について必要厚さの計算または耐圧強度を決定するときに用いる圧力で，許容圧力は，その容器に取り付ける安全装置の作動圧力の基準である．

・許容圧力は，すでにできあがっている圧力容器の耐圧試験圧力，気密試験圧力，安全装置の作動圧力を定めるとき，および既設機器の最高使用圧力を求めるときなどに用いられる．

例題

次のイ，ロ，ハ，ニの記述のうち，機器の材料および圧力容器について正しいものはどれか．

イ．応力とひずみの関係が直線的で，正比例する限界を比例限度といい，この限界での応力を引張強さという．

ロ．JIS の定める溶接構造用圧延鋼材 SM 400 B の許容引張応力は 100 N/mm^2 であり，最小引張強さは 400 N/mm^2 である．

ハ．圧力容器では，使用する材料の応力－ひずみ線図における弾性限度以下の応力の値とするように設計する必要がある．

ニ．許容圧力は，設置された設備の耐圧試験圧力と気密試験圧力と，安全装置の作動圧力の基準である．

(1) イ，ロ　(2) イ，ニ　(3) ロ，ハ　(4) ロ，ニ　(5) イ，ハ，ニ

▶解説

イ：(誤) 材料の応力－ひずみ線図で，比例限度を超えて，さらに引張荷重を増大させせたときの最高引張応力が引張強さである．

ロ：(正) JIS では，材料の最小値の引張強さが規定されているので，SM400B の最小引張強さは 400 N/mm^2 となる．その 1/4 の応力が許容引張応力 100 N/mm^2 となる．

ハ：(誤) 圧力容器では，使用する材料の応力－ひずみ線図における比例限度以下の適切な応力の値に収まるように設計する必要がある．

ニ：(正) 許容圧力は，設置されて設備の耐圧試験圧力，気密試験圧力，安全装置の作動圧力を定めるときおよび既設機器の最高使用圧力を求めるときなどに用いられる．

[解答]　(4)

例題

次のイ，ロ，ハ，ニの記述のうち，機器の材料および圧力容器について正しいものはどれか．

イ．二段圧縮の冷凍設備では，低段側の圧縮機の吐出し圧力以上の圧力を受ける部分を高圧部とし，その他を低圧部として取り扱う．

ロ．一般の鋼材の低温脆性による破壊は，低温で切欠きなどの欠陥があり，引張応力がかかっている場合に，繰返し荷重が引き金になってゆっくりと発生する．

ハ．高圧部設計圧力は，停止中に周囲温度の高い夏期に内部の冷媒が38～40℃程度まで上昇したときの冷媒の飽和圧力に基づいている．

ニ．許容圧力は，冷媒設備において現に許容しうる最高の圧力であって，設計圧力または腐れしろを除いた肉厚に対応する圧力のうち低いほうの圧力をいう．

(1) イ　(2) ニ　(3) ロ，ハ　(4) イ，ハ，ニ　(5) ロ，ハ，ニ

▶解説

イ：(誤) 二段圧縮の冷凍設備では，高段側の圧縮機の吐出し圧力を受ける部分を高圧部とし，その他を低圧部として取り扱う．

ロ：(誤) 一般の鋼材の低温脆性による破壊は，ゆっくりではなく，突発的に極めて早く進行する．

ハ：(誤) 停止中に内部の冷媒温度が38～40℃程度まで上昇したときの冷媒の飽和圧力に基づいて規定されているのは，低圧部の設計圧力である．高圧部の設計圧力は，冷媒の種類と基準凝縮温度とによって定められている．

ニ：(正) 許容圧力は冷凍設備において現に許容する最高の圧力であって，設計圧力または腐れしろを除いた肉厚に対応する圧力のうち，いずれか低いほうの圧力をいう．

[解答] (2)

10-2 圧力容器の強さ

冷凍装置の凝縮器や受液器などは，高圧ガスが内部に充満している圧力容器で内圧が加わっている．普通，圧力容器は円筒形の胴と両端を密閉する鏡板で形成され，平板鋼の曲げ加工と継手の溶接によってつくられている．

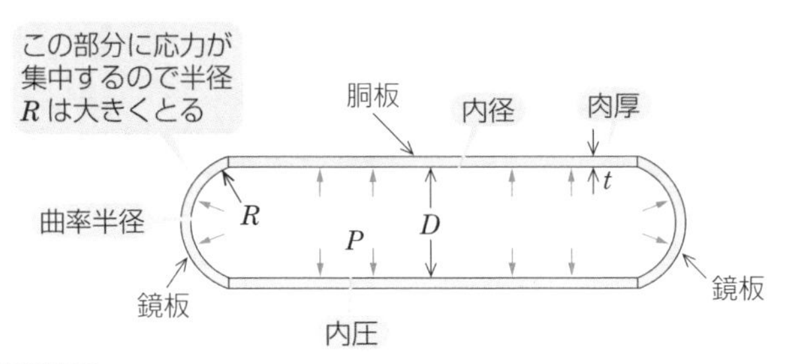

要点整理

冷凍装置の圧力は比較的低いため，使用される円筒形の圧力容器の板厚は，その直径に比べてかなり小さくなる（板厚はその直径1/100 程度）．このような容器を薄肉円筒胴圧力容器と呼ぶ．

図 10.5　圧力容器

1　薄肉円筒胴圧力容器にかかる応力

・冷凍装置の圧力容器内部に発生する円筒胴の鋼板に接線方向と長手方向の引張応力が生じる．

・内圧が作用する圧力容器の円筒胴の接線方向の引張応力（周方向に働く応力）σ_t，長手方向の引張応力（軸方向に働く応力）σ_l は，次式になる．

$$\text{接線方向応力}\quad \sigma_t = \frac{PDl}{2tl} = \frac{PD}{2t}\ \text{〔MPa〕}$$

$$\text{長手方向応力}\quad \sigma_l = \frac{P \times \frac{\pi D^2}{4}}{\pi D t} = \frac{PD}{4t}\ \text{〔MPa〕}$$

ここで，P：内圧〔MPa〕，D：内径〔mm〕，l：円筒胴の長さ〔mm〕，t：肉厚〔mm〕

Point

円の面積を求める式は，半径×半径×π である．内径 D は直径なので半径は $D/2$．これを 2 乗すると，$D^2/4$ となる．一方，円周を求める式は，直径×π なので πD となる．σ_t と σ_l を求める式は無理に覚えなくてもよいが，式の意味を考えること．

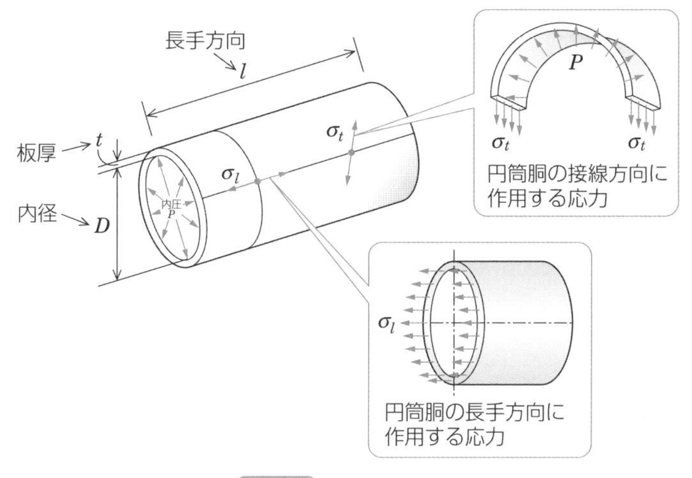

図 10.6　円筒胴の応力

- 内圧の作用する円筒胴圧力容器の胴板に誘起される引張応力は，内圧と円筒胴内径に比例し，円筒胴板厚に反比例する.
- 円筒銅の接線方向の引張応力は，長手方向の引張応力の 2 倍（$\sigma_t = 2\sigma_l$）より，円筒胴の圧力容器の胴板に生じる応力は，接線方向の応力が最大であり，この応力が許容応力を超えないようにすればよい.

2　容器の板厚

- 円筒胴圧力容器の板厚を計算する場合，設計圧力，容器の内径，材料の許容引張り応力，溶接継手の効率，腐れしろを考慮して，次式で求める（冷凍保安規則関係例示基準）.

円筒胴板の必要厚さ（実際厚さ）　$t_s = \dfrac{PD_1}{2\sigma_a\eta - 1.2P} + \alpha$〔mm〕

ここで，P：設計圧力〔MPa〕，D：内径〔mm〕

σ_a：材料の許容引張応力〔MPa〕

η：溶接継手の効率（溶接継手の種類により 1.00 ～ 0.45）

α：腐れしろ〔mm〕

Point

円筒胴の直径が大きく，内圧が高いほど，円筒胴の必要とする板厚は厚くなる.

- 腐れしろ α を除いた板厚を最小厚さと呼んでいる.

・腐れしろは，長年使用される間に腐食が進行するため肉厚が薄くなり，許容圧力が小さくなるため，使用材料の種類に応じて腐れしろの値が，冷凍保安規則関係例示基準に定められている（図 10.7）．

・圧力容器の実際の板厚計算において腐食性のない冷媒を使用するときには，圧力容器の内面側は腐食しないと考え，長年使用による圧力容器の外面側の腐食のみを考える（フルオロカーボン冷凍装置の銅配管は通常は腐食しないため，腐れしろは考慮しなくてもよい）．

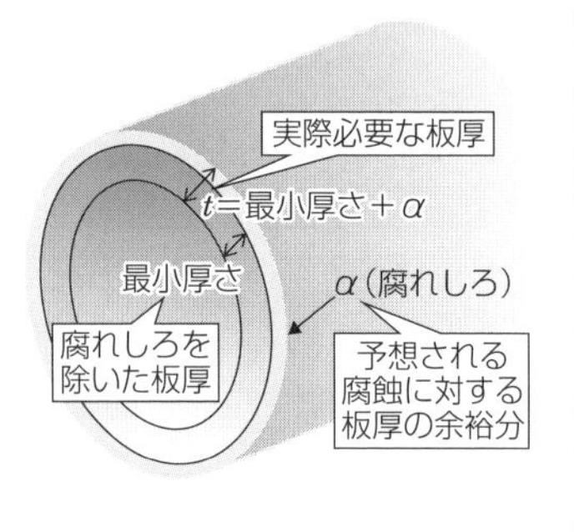

材料の種類		腐れしろ α〔mm〕
鋳鉄		1
鋼	直接風雨にさらされない部分で，耐食処理を施したもの	0.5
	非冷却液または加熱熱媒に触れる部分	1
	その他の部分	1
銅，銅合金，ステンレス鋼，アルミニウム，アルミニウム合金，チタン		0.2

要点整理

圧力容器に使用する材料は，ステンレス鋼など錆びない材料でも 0.2 mm の腐れしろが必要である．

図 10.7　圧力容器の腐れしろ

・圧力容器の溶接継手の効率は，溶着金属部の状態と溶接結合される母材が溶接にともなって生じる高熱によって弱められることを考慮した補正係数である．

・圧力容器の溶接継手の効率は，以下の二つの条件に決められてる．

①　溶接方法（溶接継手の種類）

②　溶接部の全長に対する放射線透過試験を行った部分の長さの割合

Point

突合せ両側溶接またはこれと同等以上とみなされる突合せ片側溶接継手の効率は，溶接部の全長に対して放射線透過試験を行った場合は 1 である．

3　鏡　板

・鏡板は，断面形状により図 10.8 に示す種類のものがある．冷凍装置に用いられる鏡板の形状は，さら形または半だ円形が多い．

・圧力容器の鏡板の必要厚さは，鏡板の形状が平形が最も厚く，平形，さら形，半だ円形，半球形さら形，半だ円形，半球形の順に，必要な板厚が薄くでき，半球形が最も薄くできる．これは，中央部の丸みの半径が小さく，隅の丸みの半径が大きいほど，局部的な応力（応力集中）が小さくなり，耐圧強度が大きくなるからである．

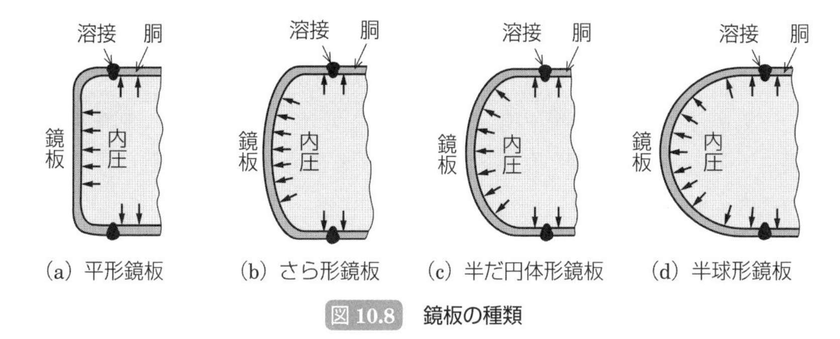

（a）平形鏡板　（b）さら形鏡板　（c）半だ円体形鏡板　（d）半球形鏡板

図 10.8　鏡板の種類

・応力集中（局所に応力が集中）は，容器の形状や板厚が急変する部分やくさび形のくびれの先端部などに発生しやすい．

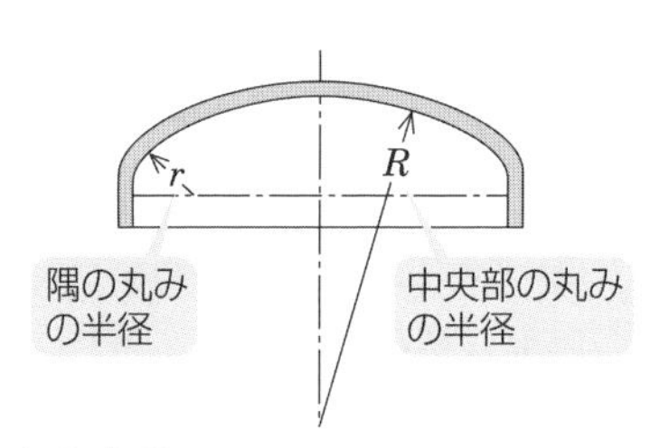

中央部の丸み半径 R が小さく，隅の丸みの半径 r が大きいほど，局部的応力が小さくなる．

R/r の値が大きくなると，隅の丸みの部分に局部的な大きな応力がかかる．

要点整理

圧力容器のさら形鏡板の隅の丸みが小さい場合には，応用集中により，隅の丸みの部分に大きな応力がかかりやすい．

図 10.9　応力集中

例題

次のイ，ロ，ハ，ニの記述のうち，機器の材料および圧力容器について正しいものはどれか．

イ．圧力容器の鏡板の板厚は，同じ設計圧力で，同じ材質では，さら形よりも半球形を用いたほうが薄くできる．

ロ．薄肉円筒胴圧力容器の板の内部に発生する応力は，円筒胴の接線方向に作用する応力が長手方向に作用する応力の1/2である．

ハ．円筒胴圧力容器の胴板内部に発生する応力は，「円筒胴の接線方向に作用する応力と，円筒胴の長手方向に作用する応力のみを考えればよく，圧力と内径に比例し板厚に反比例する．

ニ．溶接継手の効率は，溶接継手の種類に依存せず．溶接部の全長に対する放射線透過試験を行った部分の長さの割合によって決められている．

(1) イ，ハ　(2) ロ，ニ　(3) ハ，ニ　(4) イ，ロ，ハ　(5) イ，ハ，ニ

▶解説

イ：(正) 同じ圧力，同じ材質の場合，鏡板の形状は平形が最も厚く，平形，さら形，半だ円形，半球形さら形，半だ円形，半球形の順に，必要な板厚が薄くできる．したがって，さら形よりも半球形を用いたほうが薄くできる．

ロ：(誤) 薄肉円筒胴圧力容器の板の内部に発生する応力は，円筒胴の接線方向に作用する応力が長手方向に作用する応力の2倍になっている．

ハ：(正) 内圧の作用する円筒胴圧力容器の胴板に誘起される引張応力は，内圧と円筒胴内径に比例し，円筒胴板厚に反比例する．

ニ：(誤) 冷凍保安規則関係例示基準によれば，溶接継手の効率は，溶接継手の種類により決められており，さらに溶接部の全長に対する放射線透過試験を行った部分の長さの割合によって決められているものもある．

[解答] (1)

例題

次のイ，ロ，ハ，ニの記述のうち，機器の材料および圧力容器について正しいものはどれか．

イ．円筒胴の直径が小さいほど，また，内圧が高いほど，円筒胴の必要とする板厚は厚くなる．

ロ．圧力容器の腐れしろは，材料の種類により異なり，鋼，銅および銅合金は1 mmとする．また，ステンレス鋼には腐れしろを設ける必要がない．

ハ．応力集中は，容器の形状や板厚が急変する部分やくさび形のくびれの先端部に発生しやすいため，鏡板の板厚はさら形よりも半球形を用いたほうが薄くできる．

ニ．薄肉円筒胴に発生する応力は，長手方向にかかる応力と接線方向にかかる応力があるが，長手方向にかかる応力のほうが接線方向にかかる応力よりも大きい．

(1) イ　(2) ハ　(3) ニ　(4) ロ，ハ　(5) イ，ニ

▶解説

イ：(誤) 円筒胴の直径が大きく，また，内圧が高いほど，円筒胴の必要とする板厚は厚くなる．

ロ：(誤) 圧力容器の腐れしろは，鋳鉄1 mm，鋼（直接風雨にさらされない部分で耐食処理を施したもの）0.5 mm，鋼（被冷却液または加熱熱媒に触れる部分）1 mm，鋼（その他の部分）1 mm，銅，銅合金およびステンレス鋼は **0.2 mm** と冷凍保安規則関係例示基準に定められている．

ハ：(正) 応力集中は，形状や板厚が急変する部分やくさび形のくびれの先端部に発生しやすい．圧力容器に用いる板厚が一定の半球形鏡板に応力集中は起こらない．

ニ：(誤) 薄肉円筒胴に発生する応力は，長手方向にかかる応力のほうが接線方向にかかる応力よりも小さい．

[解答]　(2)

Ch.1 Ch.2 Ch.3 Ch.4 Ch.5 Ch.6 Ch.7 Ch.8 Ch.9 Ch.10 Ch.11 Ch.12 Ch.13 据付けおよび試験

11-1 機器の据付け

・機器の据付け位置は，運転・保守に支障が起こらないようにしなければならない．

・圧縮機は，その加振力による重加重を考慮し，十分な質量のコンクリート基礎を地盤に築き，固定する．

Point

多気筒圧縮機を設置するコンクリート基礎の質量は，圧縮機質量の2～3倍程度とする．

・圧縮機を防振支持したときは，圧縮機の振動が配管に伝わり，配管を損傷したり，配管を通じてほかに振動が伝わるのを防止するため，圧縮機の吸込み蒸気配管や吐出しガス配管に可とう管（フレキシブルチューブ）を挿入する方法などがとられる．なお，吸込み蒸気配管に可とう管を用いる場合，可とう管表面が氷結し破損するおそれのあるときは，可とう管をゴムで被覆することがある．

Point

防振支持とは，防振ゴムやゴムパッドなどの防振装置によって，振動を遮断する支持方法である．

11-2 圧力試験

圧力試験は，冷凍装置の圧縮機，圧力容器およびそれらを連絡する配管に対して，耐圧強度および気密性能を確認する試験の総称で，真空（放置）試験も含まれる．

- 冷凍装置の圧縮機，圧力容器，冷媒液ポンプなどの配管以外の部分は，耐圧試験を，また，配管を含むすべての部分は気密試験を実施しなければならない．
- 圧力試験を行う場合は，耐圧試験で耐圧の強度が確認された後に気密試験で気密性を検査し，必要に応じて真空放置試験の順に行う．

Point

冷凍保安規則関係例示基準に定められているものは，耐圧試験と気密試験である．なお，冷媒設備の耐圧試験と気密試験に使用する圧力は，すべてゲージ圧力である．

（1） 耐圧試験

耐圧試験は，圧縮機，冷媒液ポンプ（吸収冷凍機の場合は吸収溶液ポンプ），潤滑油ポンプ，圧力容器（内径が160 mmを超えるもの）およびそのほかの配管以外の部分（容器等）の組立品またはそれらの部品ごとに行う耐圧強度の確認試験である．

Point

気密試験とは異なり，耐圧試験には配管は含まれない．また，フィルタドライヤなどは耐圧試験の対象外である．

- 耐圧試験は，一般に水や油，その他の揮発性のない液体を用いる液圧試験である．なお，液体を使用することが困難である場合には，空気，窒素などの気体を用いて耐圧試験を行うことも認められている．

Point

圧縮空気を使用する場合は，140℃以下の空気温度で行う．また，アンモニア冷凍装置には，二酸化炭素以外のガスを使用する．

① 液体で行う耐圧試験の圧力

設計圧力または許容圧力のいずれか低い方の圧力の1.5倍以上の圧力

② 気体で行う耐圧試験の圧力

設計圧力または許容圧力のいずれか低い方の圧力の1.25倍以上の圧力

- 耐圧試験に使用する圧力計の条件は次のようになっている（気密試験も同じ）．

① 文字板の大きさ…液体で行う場合には75 mm（気体で行う場合には100 mm以上）

② 圧力計の最高目盛…耐圧試験圧力の1.25倍以上，2倍以下のもの

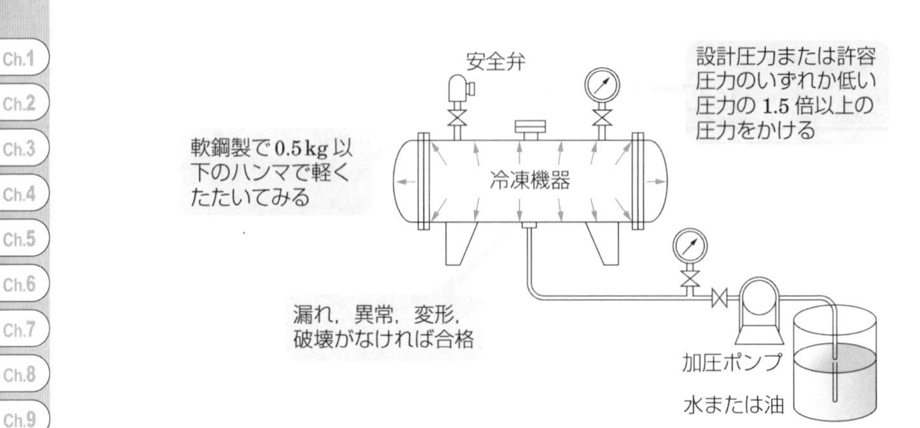

図 11.1　耐圧試験

③　圧力計の個数…2 個以上

(2)　気密試験

耐圧試験を行って耐圧強度が確認された容器等について，気密性能を確認する気密試験を行う．その後，機器などを配管接続した後に，すべての冷媒系統についても気密試験を行う．

Point
内部に圧力のかかった状態で，つち打ち（金槌などでたたくこと）したり，衝撃を与えたり，溶接補修などの熱を加えてはならない．

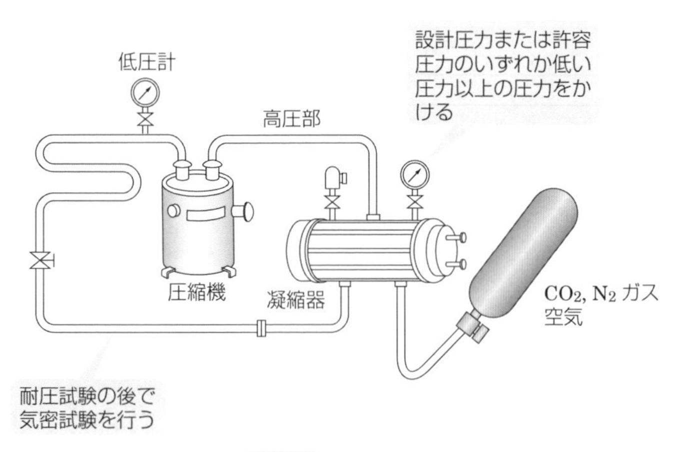

図 11.2　気密試験

(a)　気密試験圧力

・気密試験は，気密の性能を確かめるための試験であり，漏れを確認しやすいように，ガス圧試験を行う．

・気密試験圧力は，設計圧力または許容圧力のいずれか低いほうの圧力以上の圧力とし，昇圧は徐々に行う．

(b)　気密試験に使用するガス

・空気，窒素，フルオロカーボン（不燃性のもの）または二酸化炭素を使用し，酸素や毒性ガス，可燃性ガスを使用してはならない．

・圧縮空気を使用する場合は，吐出し空気の温度を 140℃以下とする．

・アンモニア冷凍装置の気密試験に炭酸ガスを使用しない（乾燥空気，窒素ガスなどが使用される）．炭酸ガスを使用すると試験後に残留した炭酸ガス（二酸化炭素ガス）とアンモニアが反応して炭酸アンモニウムの粉末が生成され，アンモニアの流れを妨げる．

(c)　気密試験の判定

・気密試験の判定は，被試験品内のガス圧を気密試験圧力に保った状態で，水中に入れたり，外部に発泡液を塗布し，泡の発生の有無で漏れのないこと確認する．

・気密試験の気体にフルオロカーボンを使用した場合は，ガス漏れ検知器（ハライドトーチ，ハロゲン漏れ検知器など）で容易に漏れ検知が行える．

(d)　気密試験に使用する圧力計

・気密試験に使用する圧力計の条件は次のようになっている．
  - ・文字板の大きさ…**75 mm** 以上
  - ・圧力計の最高目盛…気密試験圧力の **1.25** 倍以上，**2** 倍以下のもの
  - ・圧力計の個数…**2** 個以上

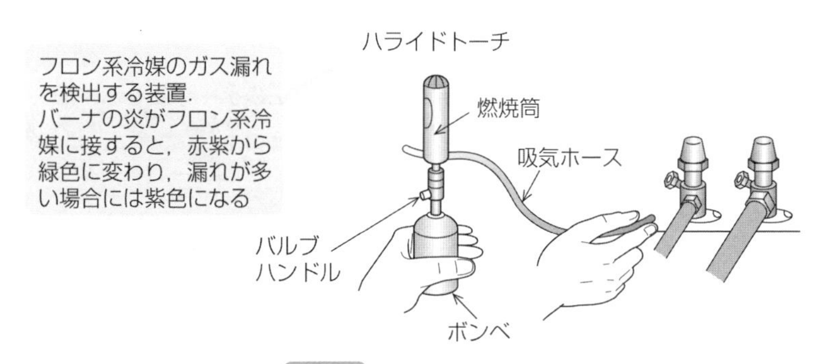

図 11.3　ハライドトーチ

(3) 真空試験（真空放置試験）

真空試験や真空乾燥などは，法令で規定されているものではないが，フルオロカーボン冷凍装置では，気密試験の後に，装置の気密の最終確認（微量な漏れの確認）とともに，冷媒系統の乾燥と残留している空気や窒素ガスの除去のための真空試験を行う．

Point

真空試験は，気密試験の後に行い，微量な漏れの確認および装置内の水分の除去を目的として行われるが，油分は除去できない．

真空試験で留意すべき事項について列記すると，次の通りである．

- 真空試験は，真空ポンプ（冷凍装置の圧縮機では不可能）を用いて少なくとも－93 kPa（絶対圧力では 8 kPa）程度の真空状態にする（真空にすると水分は低い温度で蒸発する）．
- 真空圧力の測定には，マノメータ（圧力計の一種で，管や容器内の気体や液体を測定する計器）や真空計（真空の程度を測定する計器）が用いられる（連成計では不正確）．
- 長時間（数時間から一昼夜程度）に渡って真空状態のまま放置した後，内部の真空乾燥と微量な漏れの有無を確認する（漏れの箇所は特定できない）．
- 装置内に，残留水分があると真空になりにくく（残留水分が蒸発するため），また，真空ポンプを停止すると圧力が上がってくる．そのような場合は，必要に応じて水分の残留しやすい場所を加熱（120℃以下）するとよい．

コラム

圧力計，真空計および連成計

圧力計：正のゲージ圧を測定するもの．
真空計：負のゲージ圧を測定するもの．
連成計：正および負のゲージ圧を測定するもの．正のゲージ圧を示す圧力部と，負のゲージ圧を示す真空部とからなる．

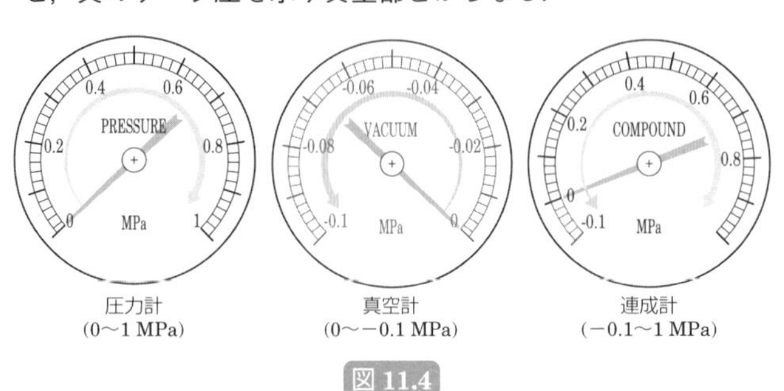

図 11.4

11-3 試運転

(1) 冷凍機油の充填

・真空乾燥の終わった冷凍装置には，適正な量の冷凍機油を充填する．

・冷凍機油および冷媒を充填するときには，冷凍装置内への水分混入を避けなければならない．

冷凍機油の容器のふたを開放して大気に触れた場合，合成油は鉱油に比較して湿気を吸収しやすい．

・冷凍機油は，水分を吸収しやすいので，密封容器に入っている油を使い，古い油や大気中に放出してある油の使用は避ける．

・冷凍装置の圧縮機に充填する冷凍機油として，低温用には一般に流動点が低いものを選定する．

・高速回転で軸受荷重の小さい圧縮機を用いる場合には，一般に粘度の低い冷凍機油を用いる．

・冷凍装置に使用する冷凍機油は，圧縮機の種類，冷媒の種類，運転温度条件などによって異なるので，一般には，メーカの指定した冷凍機油を使用する．

(2) 冷媒の充填

・冷媒の充填は，中大形冷凍装置に冷媒を充填する場合は，受液器（または受液器兼用の凝縮器）の冷媒液出口弁を閉じ，その先の冷媒チャージ弁から液状の冷媒を入れる．

・小形の冷凍装置では圧縮機手前の冷媒チャージ弁（サービスバルブ）から蒸気状の冷媒（冷媒ガス）を入れる．

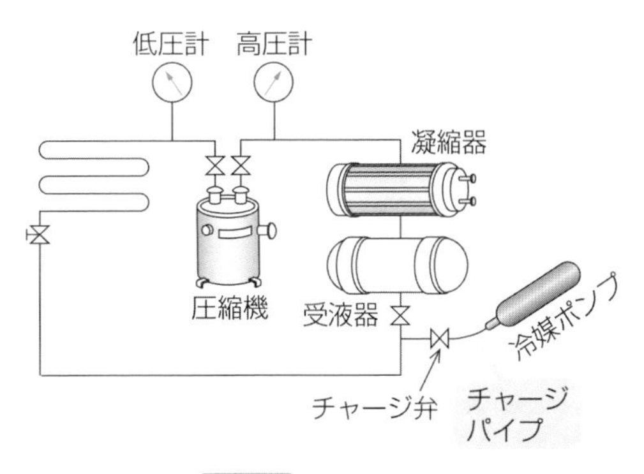

図 11.5 冷媒の補給

- 冷媒の過充填とならないように，規定の充填量を守らなければならない．
- 追加の充填を行う場合には，冷媒の種類を確認して，同じ種類の冷媒を充填する．
- 冷媒充填の際には，不必要にフルオロカーボン冷媒を大気中に放出しないようにする（地球温暖化などの環境保全に影響する）．また，アンモニア冷媒は，毒性ガスであり可燃性ガスなのでガス漏れに十分に注意する．

Point

非共沸混合冷媒の場合は成分割合（成分比）が変化（二相域で気相と液相の成分比が違う）するので，規格の成分比と異なる冷媒を充填することにならないよう，成分比の変化がより少ない液状の冷媒（冷媒液）を充填する．また，追加充填は好ましくない．

- 非共沸混合冷媒の充填の際は，液体状態の冷媒を入れなければならない．

(3)　試運転開始前

電気系統・自動制御系統の点検，冷媒系統・冷却水系統の配管経路の接続や弁の開閉状態，冷媒・潤滑油の種類と量などを十分に確認する必要がある．

(4)　試運転

- 装置の始動試験を行い，異常がなければ数時間運転を継続して運転データを採取する．
- 負荷変動のある装置では，それぞれの条件について調べ，正規運転時の状態を確認する．その際に，保安装置，自動制御装置の作動確認を行い，異常の有無を確認する．

例題

次のイ，ロ，ハ，ニの記述のうち，冷凍装置の圧力試験などについて正しいものはどれか．

イ．耐圧試験は，耐圧強度を確認するための試験であり，被試験品の破壊の有無を確認しやすいように，体積変化の大きい気体を用いて試験を行わなくてはならない．

ロ．アンモニア冷凍装置の気密試験には，乾燥空気，窒素ガスまたは酸素を使用し，炭酸ガスを使用してはならない．

ハ．真空試験では，装置内に残留水分があると真空になりにくいので，乾燥のために水分の残留しやすい場所を，120℃を超えない範囲で加熱するとよい．

ニ．気密の性能を確かめるための気密試験は，内部に圧力のかかった状態でつち打ちをして行う．この時に，溶接補修などの熱を加えてはいけない．

(1) イ　(2) ハ　(3) イ，ニ　(4) ロ，ニ　(5) ハ，ニ

▶解説

イ：(誤) 耐圧試験は，一般に水や油などを用いて液圧で行うが，液体を使用することが困難である場合は，空気，窒素などの気体を使用することが認められている．

ロ：(誤) 気密試験に使用するガスは，空気，窒素，フルオロカーボン（不燃性のもの）または二酸化炭素を使用し，酸素や毒性ガス，可燃性ガスを使用してはならない．アンモニア冷凍装置では，二酸化炭素を使用できない．

ハ：(正) 真空試験では，冷凍装置内部の乾燥のため，必要に応じて水分の残留しやすい場所を加熱するとよい（120℃以下）．

ニ：(誤) 気密の性能を確かめるための気密試験は，内部に圧力のかかった状態でつち打ちをしたり，衝撃を与えたりしない．この時に，溶接補修などの熱を加えてはいけない．

[解答] (2)

例題

次のイ，ロ，ハ，ニの記述のうち，圧力試験および試運転について正しいものはどれか．

イ．多気筒圧縮機を支持するコンクリート基礎の質量は，圧縮機の質量と同程度にする．

ロ．気密試験は，気密の性能を確かめるための試験であり，漏れを確認しやすいようにガス圧で試験を行う．

ハ．微量の漏れを嫌うフルオロカーボン冷凍装置の真空試験は，微量の漏れや漏れの箇所を特定することができる．

ニ．受液器を設けた冷凍装置に冷媒を充填するときは，受液器の冷媒出口弁を閉じ，圧縮機を運転しながら，その先の冷媒チャージ弁から液状の冷媒を充填する．

(1) イ，ロ　(2) イ，ハ　(3) ロ，ハ　(4) ロ，ニ　(5) ハ，ニ

▶解説

イ：(誤) 多気筒圧縮機を支持するコンクリート基礎の質量は，圧縮機の質量の2～3倍程度にする．

ロ：(正) 気密試験は，漏れを確認しやすいように，空気または毒性のない不燃性ガスを使用してガス圧力で行う．

ハ：(誤) 真空放置試験は，微量の漏れの有無を確認するための試験であるが，漏れ箇所の発見はできない．

ニ：(正) 中大形の装置の場合の冷媒充填方法である (受液器があれば中大形冷凍装置)．

[解答]　(4)

例題

次のイ，ロ，ハ，ニの記述のうち，圧力試験および試運転について正しいものはどれか．

イ．圧縮機を防振支持し，吸込み蒸気配管に可とう管（フレキシブルチューブ）を用いる場合，可とう管表面が氷結し破損するおそれのあるときは，可とう管をゴムで被覆することがある．

ロ．圧縮機など配管以外の部分について耐圧強度を確認してからそれらを配管で接続して，すべての冷媒系統について必ず真空試験を行ってから気密試験を行う．

ハ．真空放置試験を実施する場合には，圧縮機軸受が過熱しないように注意して行えば，冷凍装置の圧縮機を用いて実施してもよい．

ニ．真空乾燥の後に，水分が混入しないように配慮しながら冷凍装置に冷凍機油と冷媒を充填し，電力，制御系統，冷却水系統などを十分に点検してから始動試験を行う．

(1) イ，ロ　(2) イ，ニ　(3) ロ，ニ　(4) ハ，ニ　(5) イ，ハ，ニ

▶解説

イ：(正) 圧縮機の防振支持を行う場合，配管を通じた振動の伝播を防止するために可とう管（フレキシブルチューブ）を用いる．

ロ：(誤) 圧縮機など配管以外の部分について耐圧強度を確認してからそれらを配管で接続して，すべての冷媒系統について必ず気密試験を行ってから真空試験を行う．

ハ：(誤) 真空放置試験は，真空ポンプを用いて実施する．真空放置試験を実施する際の到達真空度は，少なくとも −93 kPa（絶対圧力では 8 kPa 程度）で行わなくてはならないので，冷凍装置の圧縮機で行うことは不可能である．

ニ：(正) 冷凍機油および冷媒を充填するときには，冷凍装置内への水分混入を避けなければならない．

[解答]　(2)

第12章 冷凍装置の運転と状態

冷凍保安責任者による冷凍装置の合理的な運転管理のため，冷凍機の点検，運転について熟知していなければならない．

12-1 冷凍装置の運転

冷凍装置の手動による基本的な運転操作について，一般的な水冷凝縮器を使用する往復圧縮機の冷凍装置の運転の要領は，次になる．

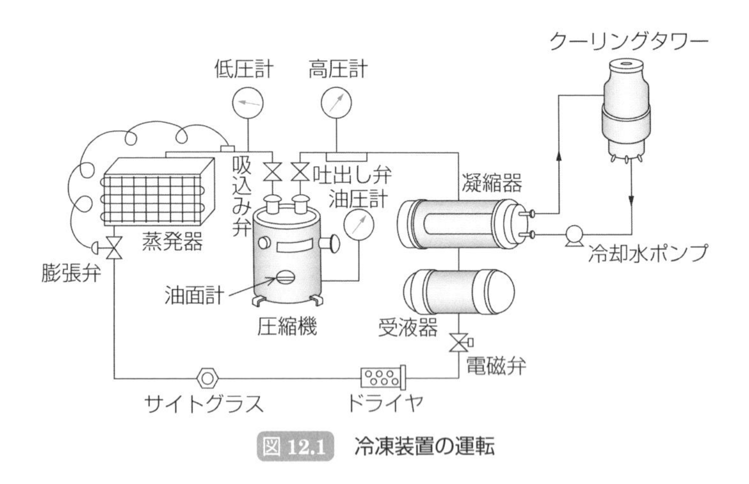

図 12.1 冷凍装置の運転

(1) 運転準備

冷凍装置の長期間運転停止後の運転開始前には，次のことを点検，確認しなければならない．なお，日常の運転開始前には，①～③，⑤，⑧などを実施する．

① 圧縮機クランクケースの油面の高さや清浄さを点検する．

② 水冷凝縮器などの冷却水出入口弁が開いていることを確認する．

③ 装置内各部の開く弁（安全弁の元弁など）と閉める弁の開閉状態を確認する．

④ 配管中にある電磁弁の作動確認する．

⑤ 高圧圧力計により冷媒のあることの確認をする．

⑥ 電気系統の結線，操作回路を点検し，絶縁抵抗を測り絶縁低下やショート（短絡）箇所がないか確認する．

Point

毎日運転する冷凍装置の運転開始前の準備では，配管中にある電磁弁の作動，操作回路の絶縁低下，電動機の始動状態の確認を省略できる場合がある．

⑦　各電動機の始動状態，回転方向を確認する．

⑧　クランクケースヒータの通電を確認する．

⑨　高低圧圧力スイッチ，油圧保護圧力スイッチ，冷却水圧力スイッチなどの作動を確認する．

(2)　運　転

冷凍装置の運転準備後，次の運転操作を行い，運転状態の点検と調節を行う．

①　蒸発器の送風機，空冷凝縮器や蒸発式凝縮器の送風機，冷却水，冷水またはブラインのポンプを運転する．

・冷却水ポンプを始動し，水冷凝縮器などに通水する．

・冷却塔（クーリングタワー），または，蒸発式凝縮器などを運転する．

・水冷凝縮器の水室の頂部にある空気抜き弁，または，配管中の空気抜き弁を開き，冷却水系統の空気を放出し，水系統が完全に水で満たされてから，確実に閉じる．

・蒸発器の送風機，冷水またはブライン循環ポンプを運転し，ポンプ系統の空気を完全に抜く．

②　圧縮機の吐出し側止め弁が全開であることを確認し，圧縮機を始動する．

③　圧縮機の吸込み側止め弁を徐々に全開になるまで開く（液戻りに注意）．

④　高圧圧力計および低圧圧力計の圧力が正常であることを確認する．

⑤　圧縮機の油量と油圧が正常であるかを確認，調整を行う．

⑥　運転が安定したら，各部の点検を行う．主な点検項目には次のものがある．

・電動機の電圧と電流を確認する．

・圧縮機クランクケースの油面を確認し，必要に応じて油を補給する．

・液配管にあるサイトグラスで，気泡が発生していないことを確認する．

・膨張弁の作動状況を点検し，適切な過熱度になるように調整する．

・凝縮器，または，受液器の冷媒液面の高さに注意する．

・冷凍装置の各部に異常音，異常振動などがないかを確認する．

(3)　運転停止

冷凍装置の運転を手動で停止するときは，次の停止操作を行う．

①　受液器の液出口弁を閉じてしばらく運転して，冷媒を受液器に回収（ポンプダウン）して液封が生じないようにしてから圧縮機を停止する．なお，低圧側の圧力は大気圧以下の真空にしない．

②　停止直後に圧縮機の吸込み側止め弁を閉じ，高圧側と低圧側を遮断する．

③　油分離器の返油弁を全閉とし，油分離器内の冷媒が圧縮機へ流入しないよ

うにする.

④ 冷却水ポンプを停止する.

⑤ 冷却塔（クーリングタワー）を停止する.

⑥ 蒸発器の送風機を停止する.

Point

ポンプダウンとは，運転を停止するときに，低圧側にある冷媒を高圧側の凝縮器または受液器に冷媒液にして回収する操作のことである.

(4) 運転の休止

冷凍装置を長期間休止させる場合には，次の操作を行う.

① 低圧側の冷媒を受液器に回収する.

装置に漏れがあったとき装置内に空気を吸い込まないように，低圧側と圧縮機内には大気圧より高いガス圧力（ゲージ圧力で **10 kPa** 程度のガス圧力）を残しておく.

② 安全弁の止め弁を除いて，各部の止め弁を閉じる（弁にグランド部があるものは締めておく）.

③ 冬期に凍結するおそれのある凝縮器や圧縮機のウォータジャケットなどの冷却水は排水しておく.

12-2 冷凍装置の運転状態の変化

冷凍装置が平衡状態で安定して運転されているときは，圧縮機，凝縮器，蒸発器および膨張弁の能力が，それぞれつり合った運転状態となっている．しかし，負荷が増減したり，蒸発器に着霜したりして冷凍装置の運転状態が変化する．

ここでは，往復圧縮機，空冷凝縮器，温度自動膨張弁および空気冷却用蒸発器で構成されている冷蔵庫の運転状態（凝縮器および蒸発器の風量と外気温度は変化ない）について解説する．

(1) 冷蔵庫の負荷が増加したとき

冷凍装置の冷凍能力が増加して，冷蔵庫の庫内温度の上昇を抑制するように運転状態が変化する．

① 冷蔵庫に高い温度の品物が入って，蒸発器の負荷が増大すると，庫内温度が上がって冷凍負荷は増加する（蒸発器における出入口空気の温度差は増加する）．

② 蒸発器内の冷媒が早く蒸発し，蒸発温度（圧力）は上昇し，過熱度が大きくなる．

③ 温度自動膨張弁感温筒内の冷媒が膨張して弁の開度が大きくなって冷媒流量は増加する．

④ 圧縮機の吸込み圧力は上昇する．

⑤ 凝縮負荷が増加して凝縮圧力は上昇する．

Point
冷蔵庫の負荷が増加したときは，増加，上昇，大きくなるなど，すべて上がる方向に働く．

Point
冷凍負荷が急激に増大すると，蒸発器での冷媒の沸騰が激しくなり，蒸気とともに多量の液滴が圧縮機に吸い込まれ，液圧縮を起こすことがある．

<冷蔵庫の負荷が増加したときの流れ>

冷蔵庫の負荷：増加 → 冷凍負荷：増加 → 蒸発温度：上昇・過熱度：大 → 膨張弁の開度：大 → 冷媒流量：増加 → 圧縮機の吸込み圧力：上昇 → 凝縮負荷：増加 → 凝縮圧力：上昇

(2) 冷蔵庫の負荷が減少したとき

冷凍装置の冷凍能力が減少して，冷蔵庫の庫内温度の低下を抑制するように運転状態が変化する．

① 冷蔵庫内の品物が冷えて，蒸発器の負荷が減少すると，冷蔵庫内の温度が下がって冷凍負荷は減少する（蒸発器における出入口空気の温度差は小さくなる）．

② 蒸発温度は低下し，過熱度は小さくなる．

③ 温度自動膨張弁感温筒内の冷媒が収縮して弁の開度が小さくなって冷媒流量は少なくなる．

④ 圧縮機の吸込み圧力は低下する．

⑤ 凝縮負荷が減少して凝縮圧力は低下する．

Point

冷蔵庫の負荷が減少したときは，減少，低下，小さくなるなど，すべて下がる方向に働く．

＜冷蔵庫の負荷が減少したときの流れ＞

冷蔵庫の負荷：減少 → 冷凍負荷：減少 → 蒸発温度：低下・過熱度：小
→ 膨張弁の開度：小 → 冷媒流量：減少 → 圧縮機の吸込み圧力：低下
→ 凝縮負荷：減少 → 凝縮圧力：低下

(3) 冷蔵庫の蒸発器に着霜したとき

冷蔵庫の蒸発器に着霜が増加するとともに冷凍装置の冷凍能力が低下し，庫内温度が上昇する．

① 冷蔵庫の蒸発器に着霜すると，空気の流れ抵抗が増加する．

② 風量が減少し，空気側熱伝達率が小さくなる．また，霜付きによる熱伝導抵抗が増加する．したがって，蒸発器の熱通過率が小さくなる．

③ 蒸発器内の冷媒蒸発量が少なくなり，蒸発温度（圧力）は低下し，過熱度は小さくなる．

④ 温度自動膨張弁感温筒内の冷媒が収縮して弁の開度が小さくなって冷媒流量は少なくなる．

⑤ 圧縮機の吸込み圧力は低下する．

⑥ 凝縮負荷の減少により凝縮圧力も若干低下する．

⑦ 蒸発器の冷凍能力は減少し，成績係数が低下するため，庫内温度は上昇する．

Point

冷蔵庫の蒸発器に着霜したとき，負荷が減少したときと同様に，減少，低下，小さくなるなど，下がる方向に働くが，冷蔵庫の温度だけが上昇する．

＜冷蔵庫の蒸発器に着霜したときの流れ＞

冷蔵庫の蒸発器：着霜 → 熱通過率：小 → 蒸発温度：低下・過熱度：小
→ 膨張弁の開度：小 → 冷媒流量：減少 → 圧縮機の吸込み圧力：低下
→ 凝縮負荷：減少 → 凝縮圧力：低下 → 冷凍能力：減少 → 成績係数：低下

12-3 運転時の点検

冷凍装置の正常な運転状態を維持するために，あらかじめ点検箇所を定めて，正常な運転状態と異常な場合との判定基準を明らかにしておく必要がある．

(1) 圧縮機の吐出しガス圧力と温度

・水冷凝縮器の冷却水の減少や冷却水温が上昇すると，凝縮圧力が上がって圧縮機吐出しガス圧力が高くなる．

・圧縮機の吐出しガス圧力が高くなれば，蒸発圧力が一定のもとでは，圧力比が大きくなるので圧縮機の体積効率は低下し，冷媒循環量が減少するので装置の冷凍能力も低下する．また，断熱効率や機械効率も低下し，圧縮機駆動の軸動力は増加するため，冷凍装置の成績係数が小さくなる．

・吐出しガス圧力が高くなると，吐出しガス温度も高くなる．吐出しガス温度の過大な上昇は，圧縮機のシリンダを過熱させ，冷凍機油の分解や劣化が起きて，潤滑不良の原因となってシリンダやピストンを傷める．

・アンモニア冷凍装置の吐出しガス温度は，同じ蒸発と凝縮の温度の運転条件でも，フルオロカーボン冷凍装置の吐出しガス温度より数十℃高くなる．

Point
一般に圧縮機吐出しガスの上限温度は120～130℃程度とされている．

表2.6 冷媒の圧縮機吐出しガス温度（再掲）

（蒸発/凝縮温度＝10/45℃，過冷却度/過熱度＝0/0K）

冷媒	R134a	R404A	R407C	R410A	R507A	アンモニア
圧縮機吐出ガス温度〔℃〕	48.51	49.63	56.90	59.55	49.32	87.62

(2) 圧縮機の吸込み蒸気の圧力と温度

・圧縮機の吸込み蒸気圧力は，蒸発器や吸込み蒸気配管などの冷媒の流れ抵抗により，蒸発器内の冷媒の蒸発圧力よりもいくらか低い圧力になるが，蒸発器の構造や膨張弁の調節具合によっても，蒸発圧力は変化する．

Point
凝縮圧力が一定の場合，蒸発温度が低くなるほど冷媒循環量が減少し，圧縮機の軸動力の減少割合よりも，冷凍能力の減少割合のほうが大きいので冷凍機の成績係数は小さくなる．

・一定の凝縮圧力のもとでは，圧縮機の吸込み蒸気圧力の低下により，圧力比が大きくなるので，圧縮機の体積効率が低下し，また吸込み蒸気の比体積が大きくなるので，冷媒循環量が減少し冷凍能力，圧縮機駆動の軸動力とも低下する．

・密閉形フルオロカーボン圧縮機では，冷媒充填量が規定量より不足していると，吸込み蒸気による電動機の冷却が不十分になることがある．

(3) 運転時の凝縮温度

凝縮器は，使用冷媒の種類，空冷凝縮器では外気の乾球温度（蒸発式凝縮器では湿球温度）と風量，水冷凝縮器では冷却水の入口温度と水量により凝縮温度の値が設計上ほぼ決められる．

① 横型シェルアンドチューブ凝縮器（開放型冷却塔使用），ブレージングプレート凝縮器

・凝縮温度は冷却水出口温度よりも **3～5 K** 高い温度（冷却水の出入口温度差は **4～6 K**）．

② 空冷凝縮器

・凝縮温度は外気乾球温度よりも **12～20 K** 高い温度．

③ 蒸発式凝縮器

・凝縮温度は外気湿球温度よりも，アンモニアの場合は約 **8 K**（フルオロカーボンの場合は約 **10 K**）高い温度．

Point

一般に空冷凝縮器では，水冷凝縮器より冷媒の凝縮温度が高くなる．空冷凝縮器＞蒸発式凝縮器＞水冷凝縮器の順に凝縮温度は小さくなる．

(4) 運転時の蒸発温度

・蒸発器では被冷却物の保持温度によって，蒸発温度の値が設計上ほぼ決められ

コラム

密閉圧縮機の電動機焼損とその影響

・冷媒系統にゴミ，さび，水分などが許容量以上あると，冷凍機油や冷媒の化学作用を促進させ，内蔵電動機の絶縁を劣化させ電動機焼損に進展する．

・圧縮機の吸入み蒸気の冷却効果を利用して電動機を小形化している．過負荷，冷媒漏れ，冷媒量不足，膨張弁の調整不良などで吸入み蒸気が少なくなると，巻線温度が上昇して電動機を焼損することがある．

・圧縮機の運転停止が頻繁に行われると，内蔵電動機の内部発熱が高くなり焼損することがある．

（電動機焼損とその影響）

電動機が焼損すると，電動機巻線の絶縁物や潤滑油が焼けて，圧縮機内にカーボンが付着したり，冷媒の分解が生じることがある．

電動機焼損による汚れが，熱交換器や配管などの冷凍装置全体に及ぶため，圧縮機の交換だけでなく，冷凍サイクル内すべてを洗浄しなければならない．

る．

・冷蔵倉庫に使用される乾式蒸発器の場合には，蒸発温度は庫内温度よりも **5 ～ 12 K**（空調用は 15 ～ 20 K）低くする．

例題

次のイ，ロ，ハ，ニの記述のうち，冷凍装置の運転状態について正しいものはどれか．

イ．冷凍装置運転中における，水冷凝縮器の冷却水の標準的な出入口温度差は，4 ～ 6 K であり，標準的な凝縮温度は，冷却水出口温度よりも 3 ～ 5 K ほど高い温度である．

ロ．冷蔵庫内の品物が冷えて，蒸発器の負荷が減少すると蒸発圧力が低下し，凝縮負荷は大きくなって凝縮圧力は上昇する．

ハ．冷蔵庫の蒸発器に厚く着霜すると，空気の流れ抵抗が増加するので風量が減少し蒸発器の熱通過率が小さくなる．

ニ．密閉形フルオロカーボン圧縮機では，冷媒充填量が規定量より不足していると，吸込み蒸気による電動機の冷却が不十分になることがある．

(1) イ，ロ　(2) ロ，ニ　(3) イ，ニ　(4) イ，ロ，ハ　(5) イ，ハ，ニ

▶解説

イ：(正) 横型シェルアンドチューブ凝縮器（開放形冷却塔使用）の運転状態が，冷却水の出入口温度差は 4 ～ 6 K で，凝縮温度は冷却水出口温度よりも 3 ～ 5 K 高い温度である．

ロ：(誤) 冷蔵庫内の品物が冷えて蒸発器の熱負荷が減少すると蒸発温度は低下し，過熱度は小さくなる．このため温度自動膨張弁の開度が小さくなって冷媒流量は少なくなるので，蒸発圧力，圧縮機吸込み圧力は低下し，凝縮負荷は減少して凝縮圧力は低下する．

ハ：(正) 冷蔵庫の蒸発器に厚く着霜すると，空気の流れの抵抗が増加するので，風量が減少し，熱通過率は小さくなり，蒸発圧力が低下し，膨張弁の冷媒流量が減少するので，蒸発器の冷却能力は減少する．

ニ：(正) 密閉形フルオロカーボン圧縮機は，吸入み蒸気の冷却効果を利用して電動機を小形化している．

[解答]　(5)

例題

次のイ，ロ，ハ，ニの記述のうち，冷凍装置の運転状態について正しいものはどれか．

イ．冷蔵庫の負荷が増加すると，冷蔵庫の庫内温度が上昇し，蒸発温度が上昇し，温度自動膨張弁の冷媒流量が増加し，圧縮機の吸込み圧力が上昇する．

ロ．アンモニア冷媒の場合は，蒸発と凝縮のそれぞれの温度が同じ運転状態でも，フルオロカーボン冷媒に比べて圧縮機の吐出しガス温度が高くなる．

ハ．水冷凝縮器の冷却水量が減少すると，凝縮圧力の低下，圧縮機吐出しガス温度の上昇，冷凍装置の冷凍能力の低下が起こる．

ニ．冷凍装置を長期間休止させる場合には，低圧側の冷媒を受液器に回収するが，装置内への空気の侵入を防ぐために，低圧側と圧縮機内に大気圧より高いガス圧力を残しておく．

(1) イ，ロ　(2) イ，ハ　(3) ロ，ハ　(4) イ，ロ，ニ　(5) ロ，ハ，ニ

▶解説

イ：(正) 冷蔵庫に高い温度の品物が入って，蒸発器の負荷が増大すると，温度自動膨張弁の冷媒流量は増大し，蒸発温度（圧力）は低下するので圧縮機の吸込み圧力が上昇する．

ロ：(正) アンモニア冷媒の場合は，蒸発と凝縮のそれぞれの温度が同じ運転状態でも，フルオロカーボン冷媒に比べて圧縮機の吐出しガス温度が数十℃高くなる．

ハ：(誤) 水冷凝縮器の冷却水量が減少すると，凝縮圧力の上昇，圧縮機吐出しガス温度の上昇などが起こり，圧縮機シリンダが過熱し，冷凍油を劣化させ，シリンダやピストンを傷めることがある．

ニ：(正) 冷凍装置を長期間休止させる場合には，低圧側の冷媒を受液器に回収するが，装置に漏れがあったとき装置内に空気を吸い込まないように，低圧側と圧縮機内には大気圧より高いガス圧力を残しておく．

[解答] (4)

第13章 冷凍装置の保守管理

冷凍装置を常に良好な状態に維持するため，装置の事故，故障を未然に防止し，冷凍装置全体を安全に維持しなければならない．

1　高圧圧力（凝縮圧力）の上昇

高圧圧力が既定値より上昇する原因と対策を表 13.1 に示す．

表 13.1　高圧圧力の上昇の原因と対策

現　象	原　因	対　策
高圧が高い	空気が入っている	空気をパージする
	冷却管が汚れている	冷却管を洗浄する
	冷却水温が高い	クーリングタワーを清掃する
	外気温が高い	空気の流れをチェックする
	冷却水量が少ない	・冷却水ポンプを点検する ・ストレーナを洗浄する
	風量が少ない	空冷凝縮器のファンを点検する
	冷媒の過充填	回収して適正量の冷媒を充填する

2　低圧圧力（蒸発圧力）の低下

低圧圧力が低下する原因と対策を表 13.2 に示す．

表 13.2　低圧圧力の低下の原因と対策

現　象	原　因	対　策
低圧が低い	冷媒が少ない	冷媒を入れる
	負荷が小さい	負荷を増す
	冷却管が汚れている	冷却管を洗浄する
	空冷蒸発器が汚れている	蒸発器を洗浄する
	膨張弁の作動不良	膨張弁を調整する

3　油圧の低下

冷凍機油の油量の不足，配管，ストレーナの詰まり，油ポンプの故障などで油圧が不足すると潤滑作用が阻害される．

圧縮器の油圧が低下する原因と対策を表 13.3 に示す．

表 13.3　油圧低下の原因と対策

現象	原因	対策
油圧低下	オイルストレーナが詰まっている	ストレーナを洗浄する
	オイルポンプ不良	オイルポンプ交換
	油圧調整弁不良	調整する
	メタル不良	メタル交換
	軸封不良	軸封修理

4　装置内の不凝縮ガス

冷凍装置内に不凝縮ガスが混入すると，不凝縮ガスは凝縮器で液化されないため凝縮器上部に溜まり，凝縮器の冷媒側の熱伝達が不良となる．そのため，凝縮器の熱通過率が小さくなり，不凝縮ガスの分圧相当分以上に高圧圧力が上昇する．冷凍装置からの不凝縮ガス除去は，次の方法がとられている．

① 大形装置でのガスパージャ（不凝縮ガス分離器）を使用する方法…冷媒は凝縮し不凝縮ガスと分離されるが，完全には分離されず多少の冷媒ガスが残留した状態で排出される．

Point
パージャは「一掃するもの」という意味である．

② 凝縮器上部の空気抜き弁を使用する方法…弁を大きく開くと冷媒が大量に放出してしまう．

ただし，フルオロカーボン冷媒の大気への排出を抑制するため，フルオロカーボン冷凍装置内の不凝縮ガスを含んだ冷媒を全量回収し，装置内に混入した不凝縮ガスを排除する．また，アンモニア冷媒の場合には直接大気に放出せず，必ず水槽などの除害設備に放出する．

Point
アンモニアガスを水に溶解させて除害する必要がある．

5　冷凍装置の冷媒充填量

・装置の冷媒量が適切であるか否かは，通常装置運転中の受液器の液面高さによって確認する．冷媒量は，受液器の液面計の 1/2 ～ 1/3 くらいの高さにあれば適量である．

・冷媒量がかなり不足すると，蒸発圧力が低下し，吸込み蒸気の過熱度は大きくなるので，圧縮機の吐出し圧力が低下し，吐出しガス温度は高くなる．このため，冷凍機油の劣化のおそれがある．また，密閉フルオロカーボン往復圧縮機では，吸込み蒸気による電動機の冷却が不十分になり，電動機の巻線焼損のおそれを生じる．

・受液器をもたない冷凍装置に冷媒を過充填すると，凝縮液が水冷凝縮器の多数の冷却管を浸すほどに冷媒が過充填されている場合には，伝熱面積が減少するために，凝縮圧力が高くなり，圧縮機軸動力が増加する．

6　液戻りと液圧縮

(1)　液戻り・液圧縮の影響

・圧縮機が湿り蒸気を吸い込むと，圧縮機の吐出しガス温度が低下する．

・圧縮機に連続的に液戻り（冷媒液を圧縮機が吸い込むこと）を生じると，クランクケースの冷凍機油に冷媒液が混じって，それが急激に蒸発して，オイルフォーミングを生じて給油ポンプの油圧が下がり，潤滑不良になりやすい．

・液戻りが多くなり，容積式圧縮機で液圧縮を生じると，冷媒や冷凍機油の液は非圧縮性のため，シリンダ内圧力が急激に上昇するので，吐出し弁や吸込み弁の破壊やシリンダ破損のおそれがある．

(2)　液戻り・液圧縮の主な要因

液戻りや液圧縮の起こる原因としては，以下のものがある．

①　冷凍負荷が急激に増大すると，蒸発器での冷媒の沸騰が激しくなり，蒸気が液滴（液体のつぶ）をともなって圧縮機に吸い込まれる．液戻りが多いときには液圧縮を起こす．

②　吸込み蒸気配管の途中に大きなUトラップがあると，運転停止中に凝縮した冷媒液や油がトラップが溜まって，圧縮機始動時やアンロードからフルロード運転に切り替わったときに，液戻りを生じる．

③　温度自動膨張弁の感温筒が吸込み蒸気配管から外れて，感温筒の温度が上がった場合など，膨張弁の開き過ぎにより過剰な液が蒸発器に流入して液戻りを生じる．

④　運転停止中に，蒸発器に冷媒液が多量に滞留していると，圧縮機を再始動したときに液戻りを生じる．

7　液　封

装置の中に液封が生じる箇所がある場合には，そこに安全弁や破裂板，または圧力逃がし

可燃性，毒性ガスのアンモニア等では破裂板，溶栓を使用できない．

装置（有効に直接圧力を逃がすことのできる装置）を取り付ける．
・液封の発生しやすい箇所としては，運転中に周囲温度より温度の低い冷媒液の配管に多い．

8　装置内の水分

・アンモニア冷凍装置内に，微量の水分が混入してもアンモニア水になるので運転に大きな障害を生じないが，水分が多量に混入すると，蒸発圧力の低下，冷凍機油の乳化による潤滑性能の低下などをもたらす．
・フルオロカーボン冷媒は，化学的に安定した冷媒であるが，水分の溶解度が極めて小さい．そのため装置内に水分が混入し，温度が高いと冷媒が分解して酸性物質などを生成し，金属を腐食することがある．また，低温の運転では膨張弁で遊離水分が凍結して詰まることもある．

9　装置内の異物

冷媒系統中に異物（金属，スラッジ，ごみなど）が混入すると，それが装置内を循環し，装置に次のような障害を起こす．

① 膨張弁などの狭い流路を詰まらせ，安定した運転ができなくなる．
② 各種の弁（止め弁，安全弁，電磁弁など）の弁座などを傷つけ，弁の機能を損なう．
③ 圧縮機の各摺前部に侵入してシリンダ，ピストン，軸受などの摩耗を速める．
④ 開放圧縮機のシャフトシールに汚れた冷凍機油が入ると，シール面を傷つけて冷媒漏れを起こす．
⑤ 密閉圧縮機の冷媒中に異物が混入し，電動機の電気絶縁性能を悪くし，電動機巻線の焼損事故の原因となる．

10　冷媒の取扱い

・フルオロカーボン冷媒は安定した冷媒で，一般的に毒性は弱く可燃性もないものが多いが，大気中では空気よりも重く，漏れると床面付近に滞留して酸欠の危険があるので，機械室の換気に注意しなければならない．
・フルオロカーボン系冷媒でも所定の機械換気装置または安全弁の放出管が必要な場合で，それらを設けることができないときには，ガス漏れまたは酸素濃度18%以下での酸欠事故を防止することが規定されている．

・冷媒設備の冷媒ガスが室内に漏えいしたときに，その濃度において人間が失神や重大な障害を受けることなく，緊急の処置をとったうえで，自らも避難できる程度の濃度を基準とした限界濃度が冷凍空調装置の技術基準において規定されている．

限界濃度　$P=\dfrac{m}{V}$〔kg/m^3〕

ここで，m：冷媒設備の全充填量〔kg〕

V：冷媒を内蔵した機器を設置した最小室内容積〔m^3〕

・フルオロカーボン冷媒が裸火や高温の物体に触れると，分解してふっ化水素やホスゲンなどの毒性の強いガスを生成するので，修理の際には，内部に残留ガスがないことをよく確かめる必要がある．

・アンモニア冷凍設備には除害設備と漏えい検知警報設備の設置が義務づけられている．

コラム

冷凍能力の低下

冷凍能力が低下する原因と対策を表 13.4 に示す．

表 13.4　冷凍能力の低下の原因と対策

現　象	原　因	対　策
冷凍能力低下	冷媒量不足	冷媒を補給する
	蒸発器不良	低圧が正常になるよう調整する
	高圧が高い	高圧が正常になるよう調整する
	負荷側の不良	負荷を調整する
	圧縮機不良	分解整備する
	膨張弁不良	調整または交換

例題

次のイ，ロ，ハ，ニの記述のうち，冷凍装置の保守管理について正しいものはどれか．

イ．アンモニア冷凍装置の冷媒系統に水分が浸入すると，アンモニアがアンモニア水になるので，少量の水分の浸入であっても，冷凍装置内でのアンモニア冷媒の蒸発圧力の低下，冷凍機油の乳化による潤滑性能の低下などを引き起こし，運転に重大な支障をきたす．

ロ．冷凍負荷が急激に増大すると，蒸発器での冷媒の沸騰が激しくなり，蒸気とともに液滴が圧縮機に吸い込まれ，液戻り運転となることがある．

ハ．密閉形フルオロカーボン往復圧縮機では，冷媒充填量が不足していると，吸込み蒸気による電動機の冷却が不十分になり，電動機を焼損するおそれがある．冷媒充填量の不足は，運転中の受液器の冷媒液面の低下によって確認できる．

ニ．不凝縮ガスが冷凍装置内に存在すると，圧縮機吐出しガスの圧力と温度がともに上昇する．

(1) イ，ロ　(2) イ，ハ　(3) ロ，ハ　(4) ロ，ニ　(5) ロ，ハ，ニ

▶解説

イ：(誤) アンモニアは水分をよく溶解してアンモニア水になるので，アンモニア冷凍装置の冷媒系統に水分が浸入しても，微量であれば装置に障害を起こすことはないが，多量の水分が浸入すると，運転に支障をもたらす．

ロ：(正) 冷凍負荷が急激に増大すると，蒸発器での冷媒の沸騰が激しくなり．蒸気が液滴をともなって圧縮機に吸い込まれ，液戻り運転となることがある．

ハ：(正) 密閉形フルオロカーボン往復圧縮機を用いた冷凍装置の冷媒充填量が不足すると，吸込み蒸気による駆動用電動機の冷却が不十分になり，はなはだしいときには電動機が焼損する．

ニ：(正) 冷凍装置の冷媒系統に空気などの不凝縮ガスが侵入すると，凝縮器の伝熱が阻害されて凝縮温度が上昇し，さらに不凝縮ガスの分圧相当分が加えられて，凝縮圧力が異常に上昇する．

[解答]　(5)

例題

次のイ，ロ，ハ，ニの記述のうち，冷凍装置の保守管理について正しいものはどれか．

イ．冷媒充填量が大きく不足していると，圧縮機の吸込み蒸気の過熱度が大きくなり，圧縮機吐出しガスの圧力と温度がともに上昇する．

ロ．フルオロカーボン冷凍装置に水分が浸入すると，0℃以下の低温の運転では膨張弁部に水分が氷結して冷媒が流れなくなるおそれがある．そのため，修理工事後の冷媒の充填には水分が浸入しないように細心の注意が必要である．しかし潤滑油の充填には油と水は相容れない性質があることを考えると，水分への配慮は必要ない．

ハ．横走り吸込み配管の途中の大きなＵトラップに冷媒液や油が溜まっていると，圧縮機の始動時やアンロードからロード運転に切り換わったときに，液戻りが生じる．とくに，圧縮機の近くでは，立上り吸込み管以外には，Ｕトラップを，設けないようにする．

ニ．アンモニア冷凍装置の液封事故を防ぐため，液封が起こりそうな箇所には，安全弁や破裂板を取り付ける．

(1) イ　(2) ハ　(3) イ，ロ，　(4) ロ，ニ　(5) ハ，ニ

▶解説

イ：(誤) 冷凍装置の冷媒充填量がかなり不足すると，蒸発圧力が低下し，吸込み蒸気の過熱度は大きくなり，圧縮機の吐出しガス圧力は低下するが，吐出しガス温度が高くなる．

ロ：(誤) 潤滑油（冷凍機油）は吸湿性が高いので，長い時間空気にさらされた潤滑油を充填すると，多少に関わらず冷凍装置内に水分をもち込むことになる．潤滑油の充填にあっても，水分への配慮は重要である．

ハ：(正) 吸込み蒸気配管の途中に大きなトラップがあると，運転停止中に凝縮した冷媒液や油がトラップに溜まり，圧縮機始動時に液戻りを発生することがある．

ニ：(誤) アンモニアは毒性ガス，可燃性ガスであるので，破裂板を用いることはできない．

[解答]　(2)

第2編

法　令

第１章　高圧ガス保安法の目的・定義 … 200
第２章　事　業 ………………………… 212
第３章　保　安 ………………………… 263
第４章　容器等 ………………………… 289

第Ⅱ編では，以下のように表記する．

法　　：高圧ガス保安法
政令　：高圧ガス保安法施行令
冷凍則：冷凍保安規則
一般則：一般高圧ガス保安規則
容器則：容器保安規則
特定則：特定設備検査規則

平成29年7月20日政令第198号の改正により，「都道府県知事」から「指定都市の長」に権限を移譲したため，平成30年度の問題文から，都道府県知事から都道府県知事等と表記されるようになりました（施行日は平成30年4月1日）．

第1章 高圧ガス保安法の目的・定義

1-1 高圧ガス製造と高圧ガス保安法の目的

1 高圧ガス保安法の目的（法第 1 条）

高圧ガス保安法の目的を次のように定義している．

「高圧ガスによる災害を防止するため，高圧ガスの製造，貯蔵，販売，移動その他の取扱及び消費並びに容器の製造及び取扱を規制するとともに，民間事業者及び高圧ガス保安協会による高圧ガスの保安に関する自主的な活動を促進し，もって公共の安全を確保することを目的とする．」

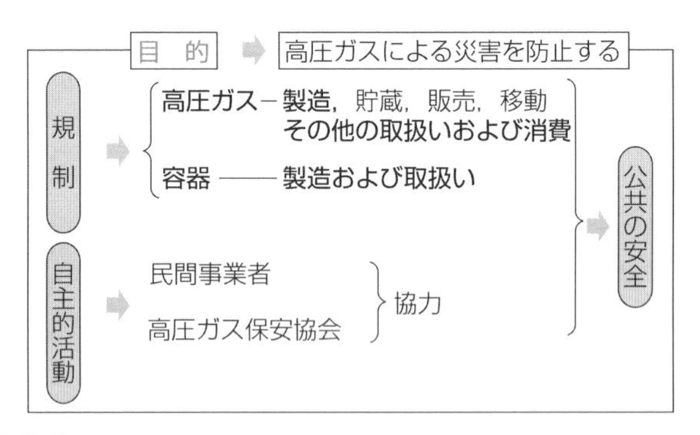

要点整理

高圧ガス保安法は，高圧ガスの製造などの規制とともに民間事業者および高圧ガス保安協会の保安に関する自主的な活動を促進することを定めている（規制と自主的活動の促進）.

図 1.1 高圧ガス保安法の目的

2 高圧ガスの製造

・高圧ガスの製造とは，原料ガスの製造だけでなく，圧力や状態を変化させて高圧ガスを製造することや高圧ガスを容器に充填することをいい，一般的な製造とは定義が異なる．

・冷凍設備では，一般的に冷媒を圧縮機で高圧ガスの状態にし，凝縮器で凝縮して液化するなど「高圧ガスの製造」に該当する．

高圧ガスの製造

- 圧力を変化させる場合
  - ・圧縮機（コンプレッサ）で高圧ガスでないガスを高圧ガスにする
  - ・高圧ガスを圧縮機などでさらに高い圧力の高圧ガスにする
  - ・圧力の高い高圧ガスを圧力の低い高圧ガスにする
- 状態を変化させる場合
  - ・液化ガスを気化させ，気化したガスを高圧ガスにする
  - ・気体を液化させ，液化したガスが高圧ガスにする
- 容器に充填する場合
  - ・大きな容器から小さな容器へ充填する

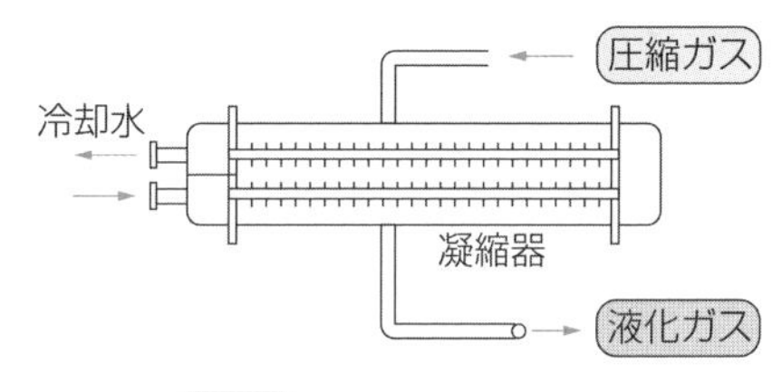

図 1.2　高圧ガスの製造とは

コラム

高圧ガスの保安法の体系

高圧ガスの保安法の体系は，図 1.3 のようになっている．

高圧ガス保安法（法律）

高圧ガス保安法施行令（政令）

省令			
冷凍保安規則（冷凍則）	一般高圧ガス保安規則（一般則）	容器保安規則（容器則）	特定設備検査規則（特定則）

告示：施行令関係告示，製造細目告示，保安検査の方法を定める告示，容器細目告示…

法律：憲法に基づく国会の議決により制定される
政令：法律を実施するため，内閣が制定する命令
省令：各省大臣が相当行政機関に発する命令
告示：各省の補完事項などを公示するもの

図 1.3　高圧ガスの保安法令の体系

例題

次のイ，ロ，ハの記述のうち，正しいものはどれか．

イ．高圧ガス保安法は，高圧ガスによる災害を防止するため，高圧ガスの製造，貯蔵，販売などを規制するとともに，民間事業者および高圧ガス保安協会による高圧ガスの保安に関する自主的な活動を促進し，もって公共の安全を確保することを目的としている．

ロ．高圧ガス保安法は，高圧ガスによる災害を防止して公共の安全を確保する目的のため，民間事業者および高圧ガス保安協会による高圧ガスの保安に関する自主的な活動を促進することも定めている．

ハ．高圧ガス保安法は，高圧ガスによる災害を防止して公共の安全を確保するため，高圧ガスの製造，貯蔵，販売および移動のみを規制している．

(1) イ　(2) ロ　(3) ハ　(4) イ，ロ　(5) ロ，ハ

▶解説

イ：(正) 高圧ガス保安法は，高圧ガスによる災害を防止して公共の安全を確保する目的のため，高圧ガスの製造，貯蔵，販売，移動，廃棄，消費，容器の製造や取扱いについて，法により規制（認可，許可，届出など）するとともに，民間事業者および高圧ガス保安協会による高圧ガスの保安に関する自主的な活動を促進することが定められている．

ロ：(正)「…することも定めている．」の記述に注意する．高圧ガス保安法の目的のための手段の一つとして，民間事業者および高圧ガス保安協会による高圧ガスの保安に関する自主的な活動を促進することを定めている．

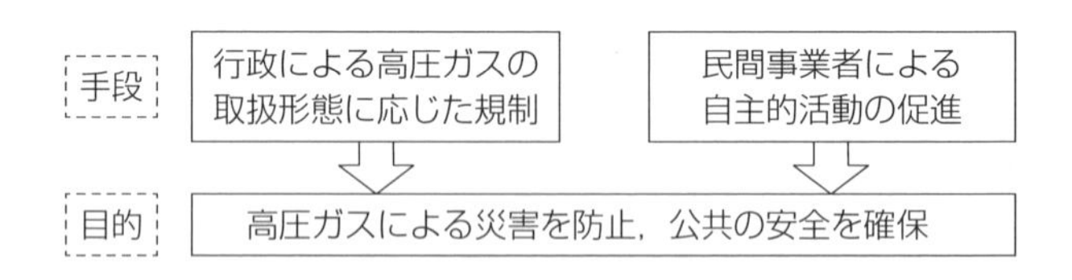

ハ：(誤) 高圧ガスの製造，貯蔵，販売，移動その他の取扱いなどを規制するとともに，民間事業者および高圧ガス保安協会による高圧ガスに関する自主的な活動を促進することも定められている．

[解答]　(4)

1-2 高圧ガスの定義と適用除外

1 高圧ガスの区分

高圧ガスの区分として，圧縮ガス（現に気体）と液化ガス（現に液体）がある．この区分は，ガスの種類によるものでなく，その時の状態によって定まる．

・圧縮ガス…常温では液化しない程度に圧縮されて取り扱うガスで水素，酸素，窒素などがある．

・液化ガス…常温で気体であるが，圧縮だけで液体になったガスを高圧容器内に貯蔵して取り扱うガスで，塩素，二酸化硫黄，アンモニア，プロパンなどがある．

2 高圧ガスの定義（法第２条）

「高圧ガス」とは，表 1.1 のいずれかに該当するものをいう．

表 1.1 高圧ガス

<table>
<tr><th colspan="2">状　態</th><th>高圧ガスの定義</th></tr>
<tr><td rowspan="2">圧縮ガス</td><td>圧縮アセチレンガス以外</td><td>・常用の温度において圧力が 1 MPa 以上で，現にその圧力が 1 MPa 以上であるもの
・温度 35℃において圧力 1 MPa 以上となるもの</td></tr>
<tr><td>圧縮アセチレンガス</td><td>・常用の温度において圧力が 0.2 MPa 以上で，現にその圧力が 0.2 MPa 以上であるもの
・温度 15℃において圧力が 0.2 MPa 以上となるもの</td></tr>
<tr><td rowspan="4">液化ガス</td><td>下記の液化ガス以外</td><td>・常用の温度において圧力が 0.2 MPa 以上で，現にその圧力が 0.2 MPa 以上であるもの
・圧力が 0.2 MPa 以上となる場合の温度が 35℃以下であるもの</td></tr>
<tr><td>液化シアン化水素</td><td rowspan="3">・温度 35℃において圧力 0 Pa を超えるもの</td></tr>
<tr><td>液化ブロムメチル</td></tr>
<tr><td>液化酸化エチレン</td></tr>
</table>

注）＊ボンベ内のように圧縮ガスと液化ガスが混在する場合は，液化ガスとして適用される．
＊「常用の温度」とは，設備が実際の運転状態（異常の状態でない）のときの通常なり得る最高温度をいう．
＊「現（在）の圧力」とは，そのガスが高圧ガスかどうか判断しようとする時点．

Point

高圧ガス保安法関連の圧力は，すべて「ゲージ圧力」として取り扱う．すなわち，耐圧試験や気密試験，設計圧力，許容圧力などは，すべてゲージ圧力となる．

2　高圧ガスの適用除外（法第３条，施行令第２条）

高圧ガス保安法では，以下に掲げる高圧ガスは適用除外（抜粋）になる．

(1)　他の法律により同等以上の規制を受けているもの（抜粋）

①　高圧ボイラー内の高圧蒸気（ボイラー及び圧力容器安全規則）

②　鉄道車両のエアコン内の高圧ガス（鉄道法）

③　航空機内の高圧ガス（航空法）

④　電気工作物内の高圧ガス（電気事業法）

(2)　取扱量が少量であるなど災害の発生のおそれがない高圧ガスで，政令（施行令第２条）で定めるもの

①　圧縮装置内の圧縮空気（35℃で 5 MPa 以下）

②　圧縮装置内の圧縮ガス（空気を除く第一種ガスで 35℃で 5 MPa 以下）

③　法定冷凍能力が **3 トン未満の冷凍設備内の高圧ガス**

④　法定冷凍能力が **3 トン以上 5 トン未満の冷凍設備内の高圧ガスであるである第一種ガス**

Point
第一種ガスとは，ヘリウム，ネオン，アルゴン，クリプトン，キセノン，ラドン，窒素，二酸化炭素，難燃性のフルオロカーボンまたは空気である．

Point
法定冷凍能力とは，冷凍則第５条に定める基準に従って算定した１日の冷凍能力をいう．

法定冷凍トン	0～3	3～5	5～〔トン〕
第一種ガス	適用除外	適用除外	
難燃性ガス以外のフルオロカーボン	適用除外		
アンモニア	適用除外		
その他のガス（プロパンなど）	適用除外		

図 1.4　冷媒ガス種別ごとの法適用除外

コ ラ ム

ゲージ圧力

高圧ガス保安法関連で，“圧力”とはとくに断りのない限りゲージ圧力を用いる．

ゲージ圧力は，地球上（1気圧の状態）で圧力計の指針が指す圧力で，大気圧を標準とした圧力をいう．単位は〔MPa〕が用いられている．

・1 Pa：1 m^2 当たりに 1 N の力がかかっている状態．

・MPa：M は 10 の 6 乗の意味，1 MPa＝1,000,000 Pa

・1 N：質量 1 kg の物体に 1 m/s^2 の加速をさせる力の大きさ．

・1 気圧：平均的な地表面での気圧，1 気圧≒0.1 MPa

絶対圧力〔MPa・abs〕＝ゲージ圧力〔MPa・g〕＋大気圧〔0.1 MPa・abs〕

例題

次のイ，ロ，ハの記述のうち，正しいものはどれか．

イ．常用の温度において圧力が 1 MPa 以上となる圧縮ガス（圧縮アセチレンガスを除く）であって，現にその圧力が 1 MPa 以上であるものは高圧ガスである．

ロ．常用の温度において圧力が 0.9 MPa の圧縮ガス（圧縮アセチレンガスを除く）であっても，温度 35℃において圧力が 1 MPa 以上となるものは高圧ガスである．

ハ．1 日の冷凍能力が 5 トン未満の冷凍設備内における高圧ガスは，そのガスの種類にかかわらず高圧ガス保安法の規定の適用を受けない．

(1) イ　(2) ロ　(3) ハ　(4) イ，ロ　(5) イ，ロ，ハ

▶解説

イ：(正) 常用の温度の圧力が 1 MPa となる圧縮ガスで，現在の圧力が 1 MPa であるものは，高圧ガスである．

ロ：(正) 温度 35℃おいて圧力が 1 MPa 以上となるものは高圧ガスである．

ハ：(誤) 冷凍能力が 3 トン以上 5 トン未満の冷凍設備内における高圧ガスで，第一種ガスは高圧ガス保安法の適用を受けないが，アンモニアおよび難燃性以外のフルオロカーボンやその他のガスは法の適用を受ける．

[解答] (4)

例題

次のイ，ロ，ハの記述のうち，正しいものはどれか.

イ. 温度35℃において圧力が1 MPaとなる圧縮ガス（圧縮アセチレンガスを除く.）であって，現にその圧力が0.9 MPaのものは高圧ガスではない.

ロ. 圧力が0.2 MPaとなる場合の温度が32℃である液化ガスは，現在の圧力が0.1 MPaであっても高圧ガスである.

ハ. 1日の冷凍能力が5トン未満の冷凍設備内におけるフルオロカーボン（不活性のものに限る.）は，高圧ガス保安法の適用を受けない.

(1) イ　(2) ロ　(3) ハ　(4) ロ，ハ　(5) イ，ロ，ハ

▶解説

イ：（誤）現在の圧力が0.9 MPaであっても，温度35℃において圧力が1 MPa以上となる圧縮ガス（圧縮アセチレンガスを除く.）は，高圧ガスである.

ロ：（正）圧力が0.2 MPaとなる場合の温度が35℃以下（問題では32℃）である液化ガスは，現在の圧力が0.1 MPaであっても高圧ガスである.

ハ：（正）5トン未満の冷凍設備内における高圧ガスで，不活性のフロオロカーボンなどの第一種ガスは高圧ガス保安法の適用を受けない.

［解答］（4）

例題

次のイ，ロ，ハの記述のうち，正しいものはどれか．

イ．1日の冷凍能力が3トン未満の冷凍設備内における高圧ガスは，そのガスの種類にかかわらず，高圧ガスの保安法の適用を受けない．

ロ．液化ガスであって，その圧力が0.2 MPaとなる場合の温度が30℃であるものは，常用の温度において圧力が0.2 MPa未満であっても高圧ガスである．

ハ．常用の温度40℃において圧力が1 MPaとなる圧縮ガス（圧縮アセチレンガスを除く．）であって，現在の圧力が0.9 MPaものは高圧ガスではない．

(1) イ　(2) ハ　(3) イ，ロ　(4) ロ，ハ　(5) イ，ロ，ハ

▶解説

イ：(正) 3トン未満の高圧ガスは，高圧ガスの保安法の適用を受けない．

ロ：(正) 30℃で0.2 MPaなので高圧ガスである．

ハ：(正) 常用の温度40℃で1 MPaは，35℃で1 MPaより減少する．

[解答] (5)

1-3 冷凍保安規則における用語の定義と冷凍能力

冷凍保安規則（冷凍則）は，高圧ガス保安法に基づいて，冷凍（冷凍設備を使用する暖房を含む）に係る高圧ガスに関する保安について規定したものである．

1 高圧ガスの用語の定義（冷凍則第2条）

(1) 可燃性ガス

・アンモニア　・イソブタン　・エタン
・エチレン　・クロルメチル　・水素
・ノルマルブタン　・プロパン　・プロピレン

その他のガスで，次の①または②に該当するもの（R1234yf，R1234ze を除く）．

① 爆発限界（空気と混合した場合の爆発限界）の下限が10%以下のもの
② 爆発限界の上限と下限の差が20%以上のもの

Point
可燃性ガスの濃度が低すぎても高すぎても爆発は起こらない．この限界を爆発限界といい，低いほうを爆発下限界，高いほうを爆発上限界という．

Point
HFO（ハイドロフルオロオレフィン）は，地球環境への影響が大きいフロンガスに代わる次世代のエアコン冷媒として，2008年に開発されたものである．

(2) 毒性ガス

・アンモニア　・クロルメチル
・その他のガスであって毒物及び劇物取締法第2条第1項に規定する毒物

(3) 不活性ガス

・ヘリウム　・ネオン　・アルゴン　・クリプトン　・キセノン　・ラドン
・窒素　・二酸化炭素　・フルオロカーボン（可燃性ガスを除く）

(4) 特定不活性ガス

不活性ガスのうち，フルオロカーボンで，温度60℃，圧力0 Paにおいて着火したときに火炎伝播を発生させるもの（R1234yf，R1234ze，R32）．

(5) 移動式製造設備

製造設備で，地盤面に対して移動することができるものである．

(6) 定置式製造設備

製造設備で，移動式製造設備以外のものである．

(7) 冷媒設備

冷凍設備のうち，冷媒ガスが通る部分をいう．

冷媒設備は，冷凍サイクルを構成する圧縮機，凝縮器，受液器，膨張弁，蒸発器などの冷凍機器や冷媒配管，弁などを冷媒ガスが通過するすべての部分である．

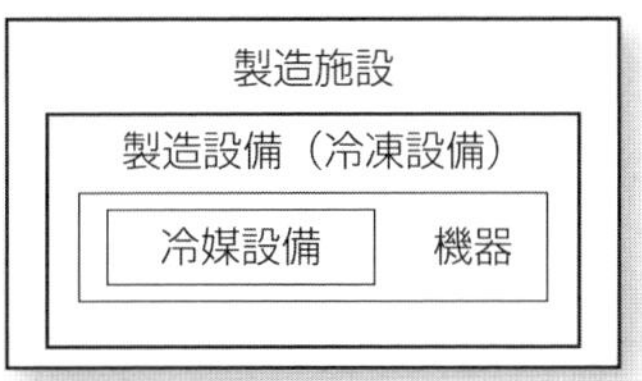

○冷媒設備：冷凍設備のうち，冷媒ガスが通る部分．
○機器：圧縮機，凝縮器，受液器およびその他の部品よりなり，それらを配管で連絡したもの．
○製造設備：高圧ガスを製造するのに必要な設備．
○製造施設：製造設備およびこれに付随して必要な建築物，換気装置および毒性ガス吸収装置など．

要点整理

冷凍設備で冷媒が流れている部分を冷媒設備というが，凝縮器の冷却水や蒸発器の冷水（ブライン）配管は冷媒設備ではない．

図 1.5　法令上の製造施設などの概念

(8)　最小引張強さ

同じ種類の材料から作られた複数の材料引張試験片の材料引張試験により得られた引張強さのうち最も小さい値で，材料引張試験について十分な知見を有する者が定めたものである．

2　冷凍能力の算定基準（冷凍則第５条）

製造許可や製造届を行う際の基準となる法定冷凍能力（トン）は，標準的条件による算定式が冷凍設備ごとに，次のように規定されている．

(1)　遠心式圧縮機を使用する製造設備では，圧縮機の原動機の定格出力 **1.2 kW** を１日の冷凍能力１トンとする．

(2)　吸収式冷凍設備では，発生器を加熱する１時間の入熱量 **27 800 kJ** を１日の冷凍能力１トンとする．

(3)　自然環流式冷凍設備および自然循環式冷凍設備では，次の算式によるものを１日の冷凍能力とする．

　１日の冷凍能力　$R = QA$〔トン〕

　ここで，Q：冷媒ガスの種類に応じた数値

　　　　　A：蒸発部または蒸発器の冷媒ガスに接する側の表面積〔m^2〕の数値

(4)　多段圧縮方式または多元冷凍方式による製造設備，回転ピストン型圧縮機使用する製造設備では，次の算式によるものを１日の冷凍能力とする．

　１日の冷凍能力　$R = V/C$〔トン〕

ここで，C：冷媒ガスの種類に応じた数値，
V：圧縮機の標準回転速度における１時間のピストン押しのけ量〔m^3〕

Point
回転ピストン型圧縮機のピストン押しのけ量の算出として，気筒の内径やピストンの外形の数値〔m〕も関係する．

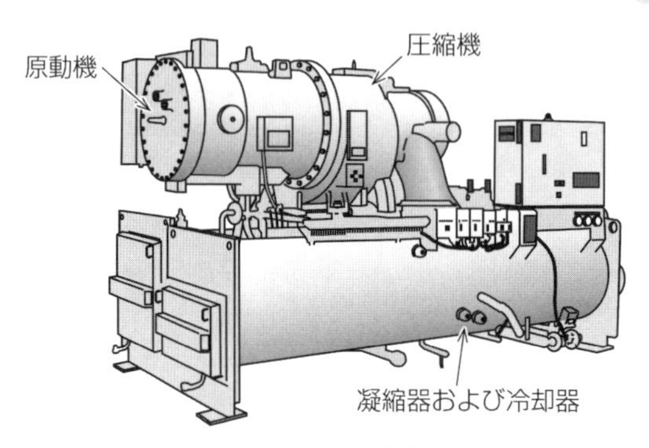

1日の冷凍トン
＝
圧縮機の原動力の
定格出力 1.2kW

図 1.6 遠心式冷凍設備

例題

次のイ，ロ，ハの記述のうち，冷凍保安規則上正しいものはどれか．

イ．アンモニアは，可燃性ガスであり，かつ，毒性ガスである．

ロ．フルオロカーボン 407C は，可燃性ガスである．

ハ．冷媒設備とは，冷却水の通る部分をいう．

(1) イ　(2) ロ　(3) ハ　(4) イ，ロ　(5) イ，ロ，ハ

▶解説

イ：(正) アンモニアは，冷凍則では可燃性で毒性ガスであるので正しい（アメリカ暖房冷凍空調学会：ASHRAE では，微燃性ガス）．

ロ：(誤) R407C は不活性ガスで，可燃性ガスではない．

ハ：(誤)：冷媒設備は冷凍設備のうち，冷媒ガスが通る部分をいう．

[解答]　(1)

例題

次のイ，ロ，ハの記述のうち，冷凍能力の算定基準について冷凍保安規則上正しいものはどれか．

イ．吸収式冷凍設備の1日の冷凍能力は，発生器を加熱する1時間の入熱量をもって算定する．

ロ．冷媒設備内の冷媒ガスの充填量の数値は，往復動式圧縮機を使用する冷凍設備の1日の冷凍能力の算定に必要な数値の一つである．

ハ．圧縮機の標準回転速度における1時間のピストン押しのけ量の数値は，遠心式圧縮機を使用する冷凍設備の1日の冷凍能力の算定に必要な数値の一つである．

(1) イ　(2) ハ　(3) イ，ロ　(4) ロ，ハ　(5) イ，ロ，ハ

▶解説

イ：(正) 発生器を加熱する1時間の入熱量の数値27 800 kJは，吸収式冷凍設備の1日の冷凍能カの算定に必要な数値の一つである．

ロ：(誤) 冷媒設備内の冷媒ガスの充填量の数値は，往復動式圧縮機を使用する冷凍設備の1日の冷凍能力の算定に必要な数値の一つとして定められていない．

ハ：(誤) 圧縮機の標準回転速度における1時間のピストン押しのけ量の数値は，回転ピストン型圧縮機を使用する製造設備の1日の冷凍能力の算定に必要な数値の一つである．遠心式圧縮機を使用する冷凍設備の1日の冷凍能力の算定に必要な数値の一つとして定められていない．

[解答] (1)

第2章 事業

2-1 高圧ガス製造の許可と届出

1 製造の許可など（法第５条）

Point
「都道府県知事等」とは，都道府県知事または高圧ガス保安法に関する事務を処理する指定都市の長をいう．

（1） 第一種製造者

・第一種製造者は，事業所ごとに，都道府県知事等（都道府県知事および指定都市の長）の許可を受ける．

・第一種製造者は，1日の冷凍能力が次の値の高圧ガスの製造設備で高圧ガスを製造する者である．

　・冷媒ガスが第一種ガス，アンモニアおよび難燃性ガス以外のフルオロカーボン…50トン以上

　・その他の冷媒ガス（プロパンなど）…20トン以上

・認定指定設備のみを使用して高圧ガスを製造をする事業所は，処理能力に関係なく，第二種製造事業所としての法手続き（事前届出）を行う．

（2） 第二種製造者

・第二種製造者は，事業所ごとに，製造開始の日の20日前までに，製造する高圧ガスの種類，製造のための施設の位置，構造および設備ならびに製造の方法を記載した書面を添えて，その旨を都道府県知事等に届け出る．

・第二種製造者は，1日の冷凍能力が次の値の高圧ガスを製造する設備で高圧ガスの製造する者である．

　・冷媒ガスが第一種ガス…20トン以上50トン未満

　・冷媒ガスがアンモニアおよび難燃性ガス以外のフルオロカーボン…5トン以上50トン未満

　・その他の冷媒ガス…3トン以上20トン未満

2 製造等の廃止などの届出（法第21条）

Point
「遅滞なく」とは，「すぐに」という意味．

・第一種製造者は，高圧ガスの製造を開始し，または廃止したときは，遅滞なく，その旨を都道府県知事等に届け出なければならない．

・第二種製造者で，高圧ガスの製造を廃止したときは，遅滞なく，その旨を都道府県知事等に届け出なければならない．

法定冷凍トン	0〜3	3〜5	5〜20	20〜50	50〜〔トン〕
第一種ガス	適用除外	適用除外	その他の製造者	第二種製造者	第一種製造者
難燃性ガス以外のフルオロカーボン	適用除外	その他の製造者	第二種製造者	第二種製造者	第一種製造者
アンモニア	適用除外	その他の製造者	第二種製造者	第二種製造者	第一種製造者
その他のガス（プロパンなど）	適用除外	第二種製造者	第二種製造者	第一種製造者	第一種製造者

図 2.1　高圧ガス製造者の区分

3　第一種製造者への規制

・第一種製造者として，以下の規制を受ける．

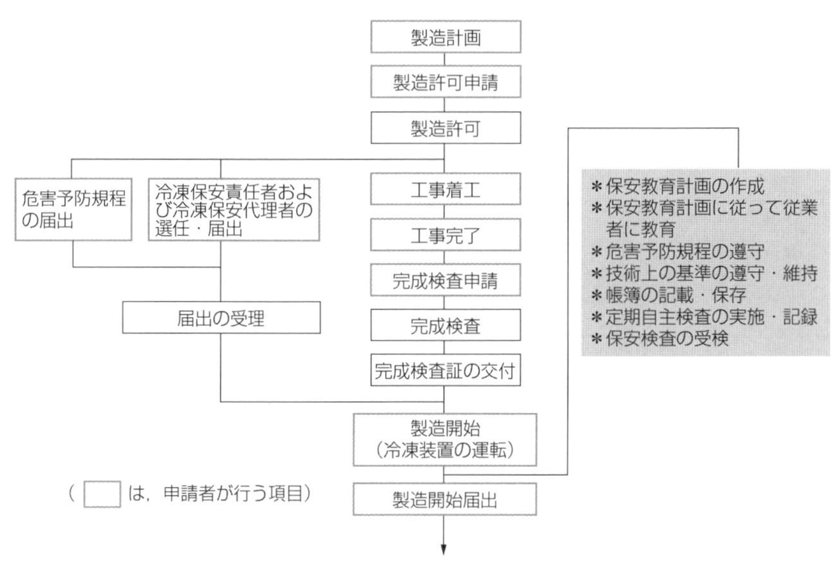

図 2.2　第一種製造者の製造開始までの流れ

① 事業所ごとに都道府県知事等の許可（法第 5 条第 1 項）

② 省令で定める技術上の基準への適合（法第 11 条）

③ 完成検査の受検（法第 20 条）

④ 危害予防規程の制定・遵守と都道府県知事等への届出（法第 26 条）

⑤ 保安教育計画の設定と実施（法第 27 条）

⑥ 事業所ごとに冷凍保安責任者および代理者の選任（法第 27 条の 4，法第 33 条）

⑦ 定期に都道府県知事等が行う保安検査の受検（法第 35 条）

⑧　定期自主検査の実施と検査記録の作成および保存（法第35条の2）

4　第二種製造者への規制

・第二種製造者は，第一種製造者に比べ規制がゆるくなっている．

・第二種製造者として，以下の規制を受ける．

①　事業所ごとに製造開始の20日前までに都道府県知事等に届出（法第5条第2項）

②　省令で定める技術上の基準への適合（法第12条）

③　保安教育の実施（法第27条）

④　一部の製造施設のみ事業所ごとに冷凍保安責任者および代理者の選任届（第27条の4）

⑤　一部の製造施設のみ定期自主検査の実施と検査記録の作成および保存（第35条の2）

・第二種製造者は，完成検査や保安検査が除かれ，危害予防規程や保安教育計画の設定が不要である．

・冷凍保安責任者とその代理者の選任および定期自主検査は，冷凍能力20トン以上のアンモニア（ユニット型は除く）および不活性以外のフルオロカーボンの冷凍施設には必要となっている．

例題

次のイ，ロ，ハの記述のうち，正しいものはどれか．

イ．1日の冷凍能力が50トンである冷凍のための設備（一つの設備であって，認定指定設備でないもの）を使用して高圧ガスの製造をしようとする者は，事業所ごとに都道府県知事等の許可を受けなければならない．

ロ．不活性ガスのフルオロカーボンを冷媒ガスとする1日の冷凍能力が30トンの設備を使用して冷凍のための高圧ガスの製造をしようとする者は，都道府県知事等の許可を受けなければならない．

ハ．1日の冷凍能力が50トン以上である認定指定設備のみを使用して冷凍のため高圧ガスの製造をしようとする者は，都道府県知事等の許可を受けなくてもよい．

(1) イ　(2) ロ　(3) イ，ロ　(4) イ，ハ　(5) イ，ロ，ハ

▶解説

イ：(正) 認定指定設備を除く50トンの冷凍設備を使用して高圧ガスの製造をしようとする者は，都道府県知事等の許可を受けなければならない.

ロ：(誤) 1日の冷凍能力が，不活性ガスのフルオロカーボンなどの第一種ガスでは20トン以上50トン未満の設備で高圧ガスの製造をするものは，製造開始の日の20日前までに，都道府県知事等に届け出なければならない.

ハ：(正) 認定指定設備による高圧ガスの製造は，都道府県知事等の許可を受けなくてもよい.

[解答] (4)

例題

次のイ，ロ，ハの記述のうち，正しいものはどれか.

イ. 第二種製造者は，事業所ごとに，高圧ガスの製造開始の日の20日前までに，その旨を都道府県知事等に届け出なければならない.

ロ. 冷凍のための設備を使用して高圧ガスの製造をしようとする者が，都道府県知事等の許可を受けなければならない場合の1日の冷凍能力の最小の値は，冷媒ガスである高圧ガスの種類に関係なく同じである.

ハ. 第一種製造者は，高圧ガスの製造を開始したときは，遅滞なく，その旨を都道府県知事等に届け出なければならないが，高圧ガスの製造を廃止したときは，その旨を届け出る必要はない.

(1) イ　(2) ロ　(3) イ，ロ　(4) ロ，ハ　(5) イ，ロ，ハ

▶解説

イ：(正) 第二種製造者は，都道府県知事等に届け出なければならない.

ロ：(誤) 都道府県知事等の許可を受けなければならないのは，1日の冷凍能力が第一種ガス，難燃性ガス以外のフルオロカーボンおよびアンモニアを冷媒ガスとする設備では50トン以上とその他の冷媒ガスとする設備では20トン以上と異なる.

ハ：(誤) 第一種製造者は，高圧ガスの製造を開始し，または廃止したしたときは，遅滞なく，その旨を都道府県知事等に届け出なければならない.

[解答] (1)

例題

次のイ，ロ，ハの記述のうち，正しいものはどれか．

イ．1日の冷凍能力が60トンである冷凍設備（一つの設備であって，認定指定設備でないもの）を使用して高圧ガスの製造をしようとする者は，その製造をする高圧ガスの種類にかかわらず，事業所ごとに都道府県知事等の許可を受けなければならない．

ロ．第二種製造者は，事業所ごとに，製造を開始後遅滞なく，製造をする高圧ガスの種類，製造のための施設の位置，構造および設備並びに製造の方法を記載した書面を添えて，その旨を都道府県知事等に届け出なければならない．

ハ．アンモニアを冷媒とする1日の冷凍能力が40トンの冷凍設備（一の製造設備であるもの）を使用して冷凍のための高圧ガスを製造しようとする者は，その旨を都道府県知事等に届け出なくてよい．

(1) イ　(2) ロ　(3) イ，ロ　(4) ロ，ハ　(5) イ，ロ，ハ

▶解説

イ：(正) 1日の冷凍能力が50トン以上の場合，冷媒ガスの種類にかかわらず都道府県知事等の許可を受けなければならない．

ロ：(誤) 第二種製造者は，事業所ごとに，高圧ガスの製造開始の日から30日以内に，高圧ガスの製造をした旨を都道府県知事等に届け出なければならない．

ハ：(誤) アンモニアを冷媒とする1日の冷凍能力が40トンの冷凍設備を使用して高圧ガスを製造しようとする者は，その旨を都道府県知事等に届け出なくてはならない．

[解答] (1)

2-2 高圧ガスの貯蔵

1 高圧ガスの貯蔵（法第 15 条）

(1) 高圧ガスの貯蔵は，所定の貯蔵に係る技術上の基準（一般則第 18 条）に従って行わなければならない．ただし，容積が **0.15 m³ 以下（液化ガスで 1.5 kg 以下）**の高圧ガスについては，この限りでない．

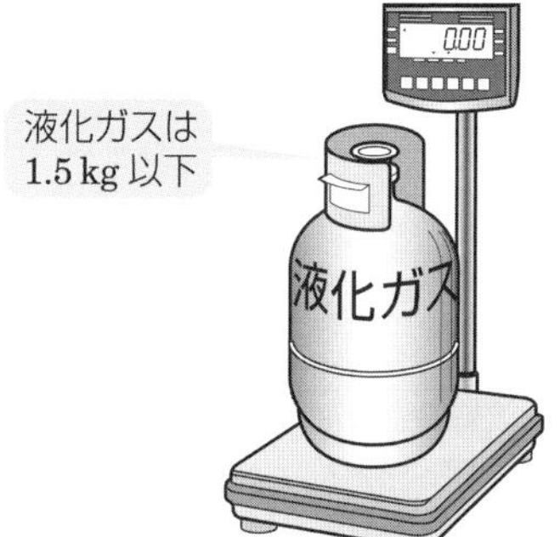

容積		ガス質量
1 m³	=	10 kg
0.15 m³	→	1.5 kg

液化ガス 10 kg をもって，容積 1 m³ とみなす

<貯蔵の規制を受けない容積>
（一般則第 19 条）

① 貯蔵の規制を受けない容積は，0.15 m³ 以下とする．

② 貯蔵する高圧ガスが液化ガスのときは，質量 10 kg で容積 1 m³ とみなす．

図 2.3 貯蔵の規制を受けない液化ガスの容積

(2) 都道府県知事等は，貯蔵所の所有者または占有者がその貯蔵所においてする高圧ガスの貯蔵が貯蔵の方法に係る技術上の基準（一般則第 18 条）に適合していないと認めるときは，その者に対し，その技術上の基準に従って高圧ガスを貯蔵すべきことを命ずることができる．

2 貯蔵の方法に係る技術上の基準（一般則第 18 条抜粋，第 6 条）

容器により貯蔵する場合は，次の基準に適合しなければならない（燃料装置用容器を除く）．

(1) 通風のよい場所（可燃性ガスまたは毒性ガス）

可燃性ガスまたは毒性ガスの充填容器等（充填容器および残ガス容器）の貯蔵は，通風の良い場所ですること．

(2) 容器置場および充填容器等の適合基準

容器置場および充填容器等は，次に掲げる基準に適合すること．

① 充填容器等は，充填容器および残ガス容器にそれぞれ区分して容器置場に

置くこと．

② 可燃性ガス，毒性ガス，特定不活性ガスおよび酸素の充填容器等は，それぞれ区分して容器置場に置くこと．

③ 容器置場には，計量器など作業に必要な物以外の物を置かないこと．

④ 容器置場（特定不活性ガス以外の不活性ガスおよび空気を除く）の周囲 **2 m** 以内では，火気の使用を禁じ，かつ，引火性または発火性の物を置かないこと．ただし，容器と火気または引火性もしくは発火性の物の間を有効に遮る措置を講じた場合は，この限りでない．

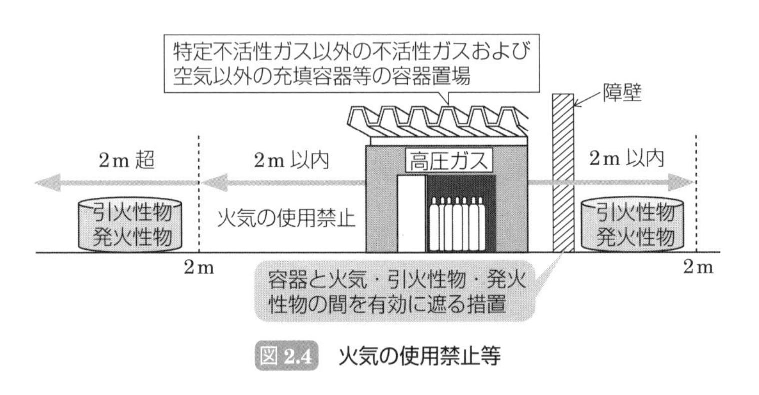

図 2.4 火気の使用禁止等

⑤ 超低温容器以外の充填容器等は，高圧ガスの種類に関係なく，常に温度 **40℃** 以下に保つこと．

⑥ 充填容器等（内容積が **5 ℓ** 以下のものを除く）には，転落，転倒などによる衝撃およびバルブの損傷を防止する措置を講じ，かつ，粗暴な取扱いをしないこと．

⑦ 可燃性ガスの容器置場には，携帯電燈以外の燈火を携えて立ち入らないこと．

(3) 容器の車両積載貯蔵の原則禁止（消火用関係容器は除外）

貯蔵は，船，車両もしくは鉄道車両に固定し，または積載した容器（消火の用に供する不活性ガスおよび消防自動車，救急自動車等で緊急時に使用する高圧ガスを充填してあるものを除く）によりしないこと．

> **Point**
> 不活性ガスのフルオロカーボンの充填容器を車両に積載して貯蔵することも，消防自動車等の特別な場合以外は，禁じられている．

(4) 一般複合容器等の経過年数制限

一般複合容器等で，その容器の刻印等において示された年月から **15** 年を経過したものを高圧ガスの貯蔵に使用しないこと.

2　貯蔵所（法第 16 条，第 17 条の 2，施行令第 5 条）

(1)　**3 000 m^3** 以上の第一種ガス（第一種ガス以外：**1 000 m^3** 以上）の高圧ガスを貯蔵する場合は，あらかじめ都道府県知事等の許可を受けた貯蔵所（第一種貯蔵所）でなければならない.

(2)　**300 m^3** 以上 **3 000 m^3** 未満の第一種ガス（第一種ガス以外：**1 000 m^3** 未満）の高圧ガスを貯蔵する場合は，都道府県知事等に届け出て設置する貯蔵所（第二種貯蔵所）でなければならない.

表 2.1　貯蔵所

区　分		第一種貯蔵所	第二種貯蔵所	貯　蔵
貯蔵量	第一種ガスのみの場合	3 000 m^3 以上	300 m^3 ～ 3 000 m^3 未満	0.15 m^3 を超え 300 m^3 未満
	第二種ガスのみの場合	1 000 m^3 以上	300 m^3 ～ 1 000 m^3 未満	
許可及び届出の種類		貯蔵所の許可	貯蔵所の届出	なし
検　査		完成検査	なし	なし

要点整理

第一種ガス
　ヘリウム，ネオン，アルゴン，クリプトン，キセノン，ラドン，窒素，二酸化炭素（炭酸ガス），フルオロカーボン（可燃性のものを除く），空気
第二種ガス
　第一種ガス以外のガス（第三種ガスを除く：第三種ガスは現在のところ規定されていない.）
※第一種製造者が高圧ガスを製造するために貯蔵するときは，製造するガスに関しては貯蔵所の許可または届出の必要はない.

例題

冷凍のため高圧ガスの製造をする事業所における冷媒ガスの補充用としての容器による高圧ガス（質量が 1.5 kg を超えるもの）の貯蔵に係る技術上の基準について一般高圧ガス保安規則上正しいものはどれか.

イ. 液化アンモニアの容器は，充填容器および残ガス容器にそれぞれ区分して容器置場に置かなければならないが，不活性ガスである液化フルオロカーボン 134a の容器の場合は，充填容器および残ガス容器に区分する必要はない.

ロ. 液化アンモニアの充填容器および残ガス容器の貯蔵は，通風の良い場所で行わなければならない.

ハ. 充填容器を車両に積載した状態で貯蔵することは，特に定められた場合を除き，禁じられている.

(1) イ　(2) ロ　(3) イ，ハ　(4) ロ，ハ　(5) イ，ロ，ハ

▶ 解説

イ：(誤) とくに不活性のフルオロカーボンの充填容器についての除外規定はない.

ロ：(正) 可燃性ガスまたは毒性ガスの充填容器等の貯蔵は，通風の良い場所で行わなければならない.

ハ：(正) 消防自動車などの例外を除き，充填容器等の車両搭載を禁止している.

[解答] (4)

例題

冷凍のため高圧ガスの製造をする事業所における冷媒ガスの補充用としての容器による高圧ガス（質量が 1.5 kg を超えるもの）の貯蔵に係る技術上の基準について一般高圧ガス保安規則上正しいものはどれか.

イ. 液化アンモニアの充填容器等を置く容器置場の周囲 2 m 以内においては，火気の使用および引火性または発火性の物を置くことが禁じられているが，容器と火気または引火性もしくは発火性の物の間を有効に遮る措置を講じた場合は，この限りではない.

ロ. 液化アンモニアの充填容器および残ガス容器の貯蔵は，そのガスが漏えいしたとき拡散しないように通風の良い場所でしてはならない.

ハ. 容器置場内に，冷凍保安責任者の承諾を得て，予備の潤滑油を置いた.

(1) イ　(2) ロ　(3) イ，ハ　(4) ロ，ハ　(5) イ，ロ，ハ

▶ 解説

イ：(正) 液化アンモニアの充填容器と火気または引火性もしくは発火性の物の間を有効に遮る措置を講じた場合には，除かれる.

ロ：(誤) 可燃性ガスまたは毒性ガスの充填容器等の貯蔵は，通風の良い場所でしなければならない.

ハ：(誤) 容器置場には，計量器等作業に必要な物以外の物を置かないことと定められている．冷凍保安責任者の承諾の有無は関係しない.

[解答] (1)

Ch.1
Ch.2
Ch.3
Ch.4

事業

例題

冷凍のため高圧ガスの製造をする事業所における冷媒ガスの補充用としての高圧ガスの貯蔵（容積が $0.15\,m^3$ を超えるもの）について一般高圧ガス保安規則上正しいものはどれか.

イ. 一般高圧ガス保安規則に定められている高圧ガスの貯蔵の方法に係る技術上の基準に従うべき高圧ガスは，可燃性ガスおよび毒性ガスの種類に限られている.

ロ. 内容積が 5ℓ を超える充填容器および残ガス容器には，転落，転倒等による衝撃およびバルブの損傷を防止する措置を講じ，かつ，粗暴な取扱いをしてはならない.

ハ. 液化アンモニアを充填した容器を貯蔵する場合は，その容器を常に温度40℃以下に保たなければならないが．液化フルオロカーボン134a を充填した容器については，いかなる場合であってもその定めはない.

(1) イ　(2) ロ　(3) イ，ハ　(4) ロ，ハ　(5) イ，ロ，ハ

▶解説

イ：(誤) 高圧ガスの貯蔵は，貯蔵の方法に係る技術上に基準に従わなければならないと規定されている．ガスの種類が規定されていないのでガスの種類には関係なく技術上の基準に従わなければならない.

ロ：(正) 内容積が 5ℓ を超える充填容器等には，衝撃およびバルブ損傷の防止措置を講じ，かつ，粗暴な取扱いをしてはならない.

ハ：(誤) 超低温容器以外の充填容器等は，高圧ガスの種類に関係なく常に温度40℃以下に保つことと定められている.

[解答]　(2)

2-3 高圧ガスの販売，消費および機器の製造

1　販売事業の届出（法第 20 条の 4）

高圧ガスの販売の事業を営もうとする者は，販売所ごとに，事業開始の 20 日前までに，販売する高圧ガスの種類を記載した書面を添えて，都道府県知事等に届け出なければならない．

Point
高圧ガスの販売事業を行おうとする場合は，許可ではなく，届出をすることに注意．

2　高圧ガスの輸入（法第 22 条）

高圧ガスの輸入をした者は，輸入をした高圧ガスおよびその容器につき，都道府県知事等が行う輸入検査を受け，輸入検査技術基準に適合していると認められた後でなければ，これを移動してはならない．

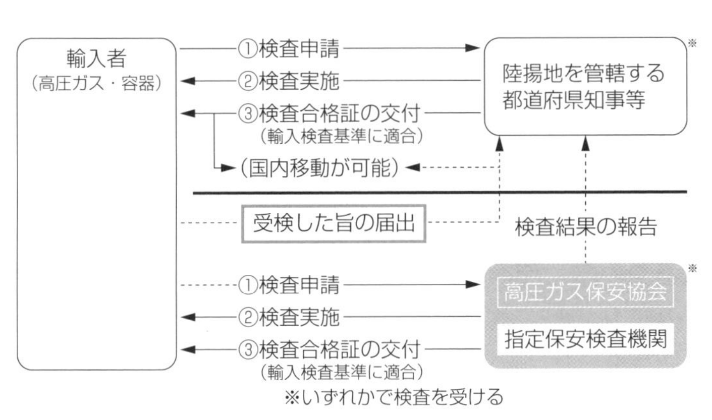

図 2.5　高圧ガスの輸入検査手続等

3　高圧ガスの消費（法第 24 条の 2）

(1)　特定高圧ガス消費者（特定高圧ガスを消費する者）は，事業所ごとに，消費開始の日の 20 日前までに，消費する特定高圧ガスの種類，消費のための施設の位置，構造および設備ならびに消費の方法を記載した書面を添えて，その旨を都道府県知事等に届け出なければならない．

Point
高圧ガスの消費とは，高圧ガスを減圧，燃焼，反応，溶解等により廃棄以外の一定の目的のために使用することである．

(2) 特定高圧ガスとは，表 2.2 に掲げる種類の高圧ガスで，その貯蔵設備の貯蔵能力が表の数量以上であるものである．

表 2.2 特定高圧ガス

種　類	数　量
特殊高圧ガス（アルシン，ジシラン，ジボラン，セレン化水素，ホスフィン，モノゲルマン，モノシラン）	0 m^3 以上（容量を問わず 1 本でも貯蔵し，消費すると該当）
圧縮水素，圧縮天然ガス	300 m^3 以上
液化酸素，液化アンモニア，液化石油ガス	3 000 kg 以上
液化塩素ガス	1 000 kg 以上

(3) 特定高圧ガス消費者は，所定の消費に係る技術上の基準（一般則第 60 条）に従って特定高圧ガスの消費をしなければならない．

(4) 特定高圧ガス以外の高圧ガスのうち消費に係る技術上の基準に従うべき高圧ガスは，可燃性ガス（高圧ガスを燃料として使用する車両において，その車両の燃料用のみに消費される高圧ガスを除く），毒性ガス，酸素および空気である（一般則第 54 条）．

Point

特殊高圧ガスを消費する場合は，貯蔵数量に関係なく，すべてが「特定高圧ガス消費者」となる．

4 冷凍設備に用いる機器の製造（法第 57 条，冷凍則第 63 条，第 64 条）

・1 日の冷凍能力が 3 トン以上（ヘリウム，ネオン，アルゴン，クリプトン，キセノン，ラドン，窒素，二酸化炭素，可燃性ガスを除くフルオロカーボンまたは空気では，5 トン以上）を冷媒ガスとする冷凍機を用いる冷凍設備の機器製造業者は，機器製造に係る技術上の基準（冷凍則第 64 条）に従ってその機器を製造しなければならない．

・機器製造業者は，1 日の冷凍能力が 20 トン以上の冷媒設備に用いる機器のうち，定められた容器については，その材料，強度，溶接方法などに係る技術上の基準に従って製造しなければならない．

Point

「機器製造業者」とは，もっぱら冷凍設備に用いる機器であって，所定の機器の製造の事業を行う者で，許可や届出は不要である．

例題

次のイ，ロ，ハの記述のうち，正しいものはどれか．

イ．冷媒ガスの補充用の高圧ガスの販売の事業を営もうとする者は，特に定められた場合を除き，販売所ごとに，事業の開始後遅滞なく，その旨を都道府県知事等に届け出なければならない．

ロ．特定高圧ガス以外の高圧ガスのうち消費の技術上の基準に従うべき高圧ガスは，可燃性ガス（高圧ガスを燃料として使用する車両において，当該車両の燃料の用のみに消費される高圧ガスを除く），毒性ガス，酸素および空気である．

ハ．専ら冷凍設備に用いる機器の製造の事業を行う者（機器製造業者）が所定の技術上の基準に従って製造しなければならない機器は，冷媒ガスの種類にかかわらず，1日の冷凍能力が20トン以上の冷凍機に用いられるものに限られている．

(1) イ　(2) ロ　(3) イ，ロ　(4) ロ，ハ　(5) イ，ロ，ハ

▶解説

イ：(誤) 高圧ガスの販売の事業を営もうとする者は，定められた場合を除き，販売所ごとに，事業開始の日の20日前までに，その旨を都道府県知事等に届け出なければならない．

ロ：(正) 特定高圧ガス以外に高圧ガスとして可燃性ガス，毒性ガス，酸素および空気が定められている．

ハ：(誤) 機器製造業者が所定の技術上の基準に従って製造しなければならない機器は，1日の冷凍能力が3トン以上（ヘリウム，ネオン，アルゴン，クリプトン，キセノン，ラドン，窒素，二酸化炭素，フルオロカーボン（可燃性ガスを除く）または空気では，5トン以上）の冷凍機と定められている．

[解答] (2)

2-4 第一種製造者の法的規制Ⅰ（許可および施設の変更）

1 許可の申請（冷凍則第３条）

第一種製造者は，高圧ガス製造の許可の申請を事業所の所在地を管轄する都道府県知事等に提出しなければならない．

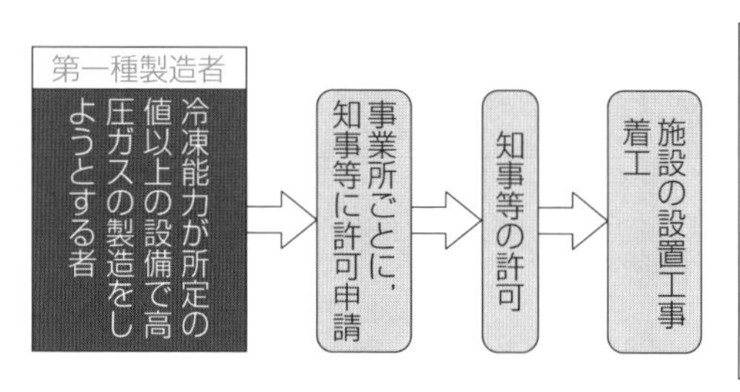

図 2.6　第一種製造者の許可申請

2 承　継（法第 10 条）

(1)　第一種製造者について相続，合併または分割があった場合のみ，第一種製造者の地位を承継する．

(2)　第一種製造者の地位を承継した者は，遅滞なく，書面を添えてその旨を都道府県知事等に届け出なければならない．

Point
第一種製造者から製造のための施設の全部または一部の引渡し（譲渡等）を受けた者は，第一種製造者の地位を承継していないので，改めて都道府県知事等の許可を受けなければならない．

3 製造施設および製造の方法（法第 11 条）

(1)　第一種製造者は，製造施設の位置，構造および設備が，所定の製造設備の技術上の基準（冷凍則第７条）に適合するように維持しなければならない．

(2)　第一種製造者は，所定の製造方法に係る技術上の基準（冷凍則第９条）に従って高圧ガスの製造をしなければならない．

(3)　都道府県知事等は，第一種製造者の製造のための施設または製造の方法が所定の技術上の基準に適合していないと認めるときは，その技術上の基準に適合するように製造のための施設を修理し，改造し，もしくは移転し，またはその技術上の基準に従って高圧ガスの製造をすべきことを命ずることができる.

4　製造施設などの変更（法第14条）

(1)　第一種製造者は，次の製造施設などの変更をするときは，都道府県知事等の許可を受けなければならない.

① 製造施設の位置，構造，設備の変更（軽微な変更の工事を除く）

② 製造をする高圧ガスの種類の変更

③ 製造の方法の変更

Point

設備のための施設等の変更をしようと都道府県知事等の許可を受けたものは，完成検査を受検しなければならない.

(2)　第一種製造者は軽微な変更の工事をしたときは，その完成後遅滞なく，その旨を都道府県知事等に届け出なければならない（事後届出）.

5　軽微な変更の工事（冷凍則第17条）

省令で定める軽微な変更の工事（公共の安全の維持および災害に発生防止に支障のない変更工事）には，次に掲げるものがある.

① 独立した製造設備の撤去の工事.

② 製造設備の取替え工事で，冷凍能力の変更をともなわないもの．ただし，次のものを除く.

・耐震設計構造物として適用を受ける製造設備

・可燃性ガスおよび毒性ガスを冷媒とする冷媒設備の取替え

・冷媒設備に係る切断，溶接をともなう工事

③ 製造設備以外の製造施設に係る設備の取替えの工事.

④ 認定指定設備の設置の工事.

⑤ 指定設備認定証が無効とならない認定指定設備に係る変更の工事

Point

アンモニアを冷媒ガスとする製造設備の圧縮機の取替えの工事やその設備の冷凍能力が増加する製造設備の取替えの工事は，いずれも軽微な変更の工事による届出に該当しない.

例題

次のイ，ロ，ハの記述のうち，正しいものはどれか．

イ．第一種製造者が特定不活性ガスであるフルオロカーボン 32 を冷媒ガスとする冷媒設備の圧縮機の取替えの工事は，冷媒設備に係る切断，溶接をともなわない工事であって，その設備の冷凍能力の変更をともなわないものであっても，定められた軽微な変更の工事には該当しない．

ロ．第一種製造者は，製造施設にブラインを共通とする認定指定設備を増設したときは，軽微な変更の工事として，その完成後遅滞なく，都道府県知事等に届け出ればよい．

ハ．第一種製造者の製造施設の位置，構造または設備の変更の工事のうちには，その工事の完成後遅滞なく，その旨を都道府県知事等に届け出ればよい軽微な変更の工事がある．

(1) イ　(2) ロ　(3) イ，ロ　(4) ロ，ハ　(5) イ，ロ，ハ

▶解説

イ：(誤) 可燃性ガスおよび毒性ガスでない R32 を冷媒とする冷媒設備の取替えの工事は，軽微な変更工事に該当する．

ロ：(正) 認定指定設備の増設は，軽微な変更の工事に該当する．

ハ：(正) 軽微な変更の工事は省令で定められている．

[解答]　(4)

例題

次のイ，ロ，ハの記述のうち，正しいものはどれか．

イ．不活性ガスを冷媒ガスとする製造設備の圧縮機の取替えの工事を行う場合，切断，溶接をともなわない工事であって，冷凍能力の変更をともなわないものであれば，その完成後遅滞なく，都道府県知事等にその旨を届け出ればよい．

ロ．第一種製造者は，製造設備の冷媒ガスの種類を変更しようとするときは，その製造設備の変更の工事をともなわない場合であっても，都道府県知事等の許可を受けなければならない．

ハ．第一種製造者は，高圧ガスの製造を開始したときは，遅滞なく，その旨を都道府県知事等に届け出なければならないが，高圧ガスの製造を廃止したときは，その旨を届け出る必要はない．

(1) イ　(2) ロ　(3) イ，ロ　(4) ロ，ハ　(5) イ，ロ，ハ

▶解説

イ：(正) 不活性ガスを冷媒とする冷媒設備の取替えの工事は，軽微な変更工事に該当するので，都道府県知事等にその旨を届け出ればよい．

ロ：(正) 製造をする高圧ガスの種類または製造の方法を変更するときは，都道府県知事等の許可を受けなければならない．

ハ：(誤) 第一種製造者は，高圧ガスの製造を開始し，または廃止したときは，遅滞なく，その旨を都道府県知事等に届け出る．

[解答] (3)

例題

次のイ，ロ，ハの記述のうち，正しいものはどれか．

イ．第一種製造者は，冷媒設備である圧縮機の取替えの工事であって，その工事を行うことにより冷凍能力が増加するときは，その冷凍能力の変更の範囲にかかわらず，都道府県知事等の許可を受けなければならない．

ロ．第一種製造者がその高圧ガスの製造事業の全部を譲り渡したときは，その事業の全部を譲り受けた者はその第一種製造者の地位を承継する．

ハ．第一種製造者が製造施設の位置，構造もしくは設備の変更の工事をし，または製造をする高圧ガスの種類もしくは製造の方法を変更しようとするとき，都道府県知事等の許可を受ける場合に適用される技術上の基準は，その第一種製造者が高圧ガスの製造の許可を受けたときの技術上の基準が準用される．

(1) イ　(2) ロ　(3) イ，ハ　(4) ロ，ハ　(5) イ，ロ，ハ

▶解説

イ：(正) 冷凍能力の増加は，軽微な変更工事に該当しないので都道府県知事等の許可を受ける．

ロ：(誤) 第一種製造者について，相続，合併または分割があった場合は，所定の届出をすれば第一種製造者の地位を承継することができるが，第一種製造者から製造のための施設の全部または一部の引渡し（譲り渡し）を受けた者は，第一種製造者の地位を承継していないので，改めて都道府県知事等の許可を受けなければならない．

ハ：(正) 製造施設の変更許可は設置の基準と同一である．

[解答] (3)

2-5 第一種製造者の法的規制Ⅱ（完成検査）

1 完成検査（法第 20 条）

第二種製造者はこれらの工事を完成しても完成検査を受ける必要がない．

完成検査は，第一種製造者が高圧ガスの製造施設の許可を受け，その設置工事が完了したときまたは製造施設の変更許可を受け，その変更工事（特定変更工事）が完了したときに，その施設が製造施設の位置，構造および設備が所定の技術基準に適合しているかを確認するための法定検査の一つである．

(1) 施設工事の完成検査（新規に製造許可を受けた製造施設の完成検査）

- 第一種製造者の許可を受けた者は，高圧ガスの製造施設の工事が完成したときは，都道府県知事等が行う完成検査を受け，所定の技術上の基準（冷凍則第 7 条）に適合していると認められた後でなければ使用できない．
- 高圧ガス保安協会（協会），指定完成検査機関が行う完成検査を受け，所定の技術上の基準に適合していると認められ，都道府県知事等に完成検査受検の届出をした場合は，都道府県知事等が行う完成検査を受けないで，その施設を使用できる．

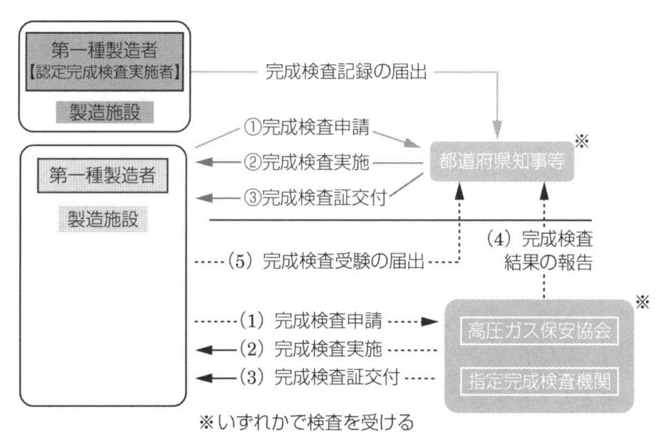

図 2.7 製造施設設置の完成検査の手続等

(2) 譲渡施設の完成検査

第一種製造者からその製造施設の全部または一部の引渡しを受け，都道府県知事等の許可を受けた者は，すでに完成検査を受け，所定の技術上の基準に適合していると認められ，または検査の記録の届出をした場合には，完成検査を受けることなく，その施設を使用することができる．

	承継	完成検査
相続	承継届出	不要
合併	承継届出	不要
分割	承継届出	不要
譲り渡し	製造の許可	必要※

※完成検査必要
（前の所有者が完成検査を受け基準に適合しており，その後変更がなければ完成検査は不要）

改めて高圧ガス製造の許可が必要

図 2.8　第一種製造者の承継および完成検査

(3)　特定変更工事の完成検査（変更許可を受けた製造施設の完成検査）

・第一種製造者は，高圧ガスの製造施設の特定変更工事が完成したときは，都道府県知事等が行う完成検査を受け，所定の技術基準に適合していると認められた後でなければ使用してはならない．ただし，次の場合は，その限りでない．

① 協会（高圧ガス保安協会）または指定完成検査機関が行う完成検査を受け，所定の技術上の基準に適合していると認められ，その旨を都道府県知事等に届け出た場合

② 認定完成検査実施者が所定の検査記録を都道府県知事等に届け出た場合

Point
「指定完成検査機関」とは，他人の求めに応じて製造施設の完成検査を行う第三者機関として，所定の要件を満たし，経済産業大臣等の指定を受けた者である．

第一種製造者
【認定完成検査実施者】
製造施設
―― 完成検査記録の届出 → 都道府県知事等

要点整理
認定完成検査実施者とは，自ら特定変更工事に係る完成検査を行うことができる者として経済産業大臣の認定を受けている者をいう．

図 2.9　特定変更工事の完成検査（認定完成検査実施者）

2　完成検査を要しない変更の工事の範囲（冷凍則第 23 条）

第一種製造者の製造設備の取替えの工事で，都道府県知事等の許可を受けた後，設備の冷凍能力の変更が所定の範囲内（変更前の冷凍能力の 20%以下）であるものは，完成検査を受けることなくその施設を使用することができる．ただし，次のものを除く．

・耐震設計構造物として適用を受ける製造設備
・可燃性ガスおよび毒性ガスを冷媒とする冷媒設備
・冷媒設備に係る切断，溶接をともなう工事

コラム

［特定変更工事］

特定変更工事とは第一種製造者の製造設備の変更工事で，軽微な変更工事以外の都道府県知事等の許可を要する変更工事で，その変更の工事完了後，都道府県知事等の完成検査を受けなければならないものである．

ただし，都道府県知事等の許可を要する変更の工事で，その変更に付随する処理能力の変更が所定の範囲（変更前の冷凍能力の 20%以下）のもの（特定変更工事以外の変更工事）は，都道府県知事等が行う完成検査を受けなくてもよいことになっている．

［認定完成検査実施者］

特定変更工事（継続して 2 年以上高圧ガスを製造している施設）に係る完成検査を，自ら行うことができる者として経済産業大臣の認定を受けた第一種製造者である．自ら行った完成検査の記録を都道府県知事等に届け出れば，都道府県知事等が行う完成検査を受ける必要がない．

なお，自ら完成検査ができる認定完成検査実施者および自ら保安検査ができる認定保安検査実施者を認定実施者という．

例題

次のイ，ロ，ハの記述のうち，冷凍のため高圧ガスの製造をする第一種製造者（認定完成検査実施者である者を除く）について正しいものはどれか．

イ．第一種製造者は，その製造施設の位置，構造または製造設備について，定められた軽微な変更の工事をしようとするときは，都道府県知事等の許可を受ける必要はないが，その工事の完成後遅滞なく，都道府県知事等が行う完成検査を受けなければならない．

ロ．製造施設の変更の工事について都道府県知事等の許可を受けた場合であっても，完成検査を受けることなくその施設を使用することができる変更の工事がある．

ハ．第一種製造者からその高圧ガスの製造施設の全部の引渡しを受け都道府県知事等の許可を受けた者は，その第一種製造者がその施設について既に完成検査を受け，所定の技術上の基準に適合していると認められている場合にあっては，都道府県知事等または高圧ガス保安協会もしくは指定完成検査機関が行う完成検査を受けることなくその施設を使用することができる．

(1) イ　(2) ロ　(3) イ，ハ　(4) ロ，ハ　(5) イ，ロ，ハ

▶解説

イ：(誤) 省令に定められた軽微な変更の工事をしたときは，都道府県知事等の許可を受ける必要はなく，その完成後遅滞なく，都道府県知事等に届け出なければならない．また，完成検査も受ける必要はない．

ロ：(正) 冷凍設備の冷凍能力の変更が所定の範囲内であり，冷媒設備に係る切断，溶接をともなわず，かつ，耐震設計構造物として適用を受けない製造設備の取替の工事は，都道府県知事等の許可を受けなければならないが，完成検査を要しない．

ハ：(正) すでに完成検査を受け所定の技術上の基準に適合していると認められているこの製造施設なので，完成検査は受ける必要がない．

[解答] (4)

2-6 第二種製造者の法的規制

1 製造の許可等（法第５条）

第二種製造者は，事業所ごとに，高圧ガスの製造開始の日の20日前までに，その旨を都道府県知事等に届け出なければならない．

Point

第二種製造者は，完成検査，保安検査が除かれ，危害予防規程の制定が不要である．また，冷凍機械責任者の選任が不要（ただし，冷凍能力20トン以上である可燃性ガスのフルオロカーボン，アンモニアを冷媒ガスとする第二種製造者は必要）となっている．

2 製造施設および製造の方法（法第12条）

・第二種製造者は，製造施設を，その位置，構造および設備が所定の製造設備の技術上の基準（冷凍則第11条）に適合するように維持しなければならない．

・第二種製造者は，所定の製造方法に係る技術上の基準（冷凍則第14条）に従って高圧ガスの製造をしなければならない．

・都道府県知事等は，第二種製造者の製造施設または製造方法が所定の技術上の基準に適合していないと認めるときは，その技術上の基準に適合するように製造施設を修理し，改造し，もしくは移転し，またはその技術上の基準に従って高圧ガスの製造をすべきことを命ずることができる．

3 第二種製造者の製造施設および製造方法に係る技術上の基準（冷凍則第14条）

・製造設備の設置または変更の工事を完成したときは，次のいずれかの試験を行った後でなければ製造をしないこと．

① 酸素以外のガスを使用する試運転

② 許容圧力以上の圧力で行う気密試験（空気を使用するときは，あらかじめ，冷媒設備中にある可燃性ガスを排除した後に行うものに限る．）

Point

認定指定設備の場合，第９条第３号ロ（可燃性ガス，毒性ガスを冷媒とする冷媒設備の修理等は，危険を防止する措置を講じること．）を除く．

・冷凍則第９条（製造の方法に係る技術基準）第１号から第４号までの基準に適合すること．

4　製造のための施設などの変更（法第 14 条）

・第二種製造者は，製造のための施設の位置，構造もしくは設備の変更の工事をし，または製造をする高圧ガスの種類もしくは製造の方法を変更しようとするときは，あらかじめ，都道府県知事等に届け出なければならない．

・製造のための施設の位置，構造または設備について，所定の軽微な変更の工事（冷凍則第 19 条）をしようとするときは，この限りでない．

軽微な変更の工事に該当する場合は，届出は不要である．

5　第二種製造者に係る軽微な変更の工事（冷凍則第 19 条）

省令で定める軽微な変更の工事は，次に掲げるものとする．

① 独立した製造設備（認定指定設備を除く）の撤去の工事

② 製造設備の取替えの工事で，その設備の冷凍能力の変更をともなわないもの．ただし，次のものを除く．

・可燃性ガスおよび毒性ガスを冷媒とする冷媒設備の取替え

・冷媒設備に係る切断，溶接をともなう工事

③ 製造設備以外の製造施設に係る設備の取替え工事

④ 指定設備認定証が無効とならない認定指定設備に係る変更の工事

⑤ 試験研究施設における冷凍能力の変更をともなわない変更の工事で，経済産業大臣が軽微なものと認めたもの．

コラム

製造施設などの変更手続き

	第一種製造者	第二種製造者
許可等 ➡	変更の許可取得	あらかじめ，変更届を届け出る
軽微な変更 ➡	事後の届出	変更届不要
技術基準 ➡	適合義務	適合義務

図 2.10　製造のための施設などの変更手続きの流れ

例題

次のイ，ロ，ハの記述のうち，冷凍のため高圧ガスの製造をする第二種製造者について正しいものはどれか．

イ．第二種製造者は，事業所ごとに，高圧ガスの製造開始の日の20日前までに，その旨を都道府県知事等に届け出なければならない．

ロ．製造設備の変更の工事を完成したとき，許容圧力以上の圧力で行う所定の気密試験を行った後に高圧ガスの製造をすることができる．

ハ．第二種製造者が，製造をする高圧ガスの種類または製造の方法を変更しようとするとき，その旨を都道府県知事等に届け出るべき定めはない．

(1) イ　(2) ロ　(3) イ，ロ　(4) ロ，ハ　(5) イ，ロ，ハ

▶解説

イ：(正) 都道府県知事等への届出は，製造開始の日の20日前までに行う．

ロ：(正) 製造設備の変更の工事を完成したときは，酸素以外のガスを使用する試運転または所定の気密試験を行った後で，高圧ガスの製造を行うことができる．

ハ：(誤) 第二種製造者は，製造のための施設の位置，構造もしくは設備の変更の工事をし，または製造をする高圧ガスの種類もしくは製造の方法を変更しようとするときは，あらかじめ，都道府県知事等に届け出なければならないと定められている．

[解答] (3)

2-7 定置式製造設備に係る技術上の基準

第一種製造者は，製造施設を，その位置，構造および設備が，所定の製造設備の技術上の基準（冷凍則第 7 条）に適合するように維持しなければならない．

定置式製造設備（認定指定設備を除く）に係る技術上の基準は，次に掲げるものである．なお，第二種製造者は冷凍則第 11 条に適合するように維持しなければならない（表 2.3 参照）．

(1) 引火性，発火性のたい積した場所および火気の付近での配管などの禁止（第一号）

・圧縮機，油分離器，凝縮器および受液器ならびにこれらの間の配管は，引火性または発火性の物（作業に必要なものを除く）をたい積した場所および火気の付近（その製造設備内のものを除く）にないこと．

・火気に対して安全な措置を講じた場合は，この限りでない．

Point

冷媒設備の高圧部は，引火性および発火性のあるものは火気の付近を避ける．なお，冷媒ガスの種類および製造設備が，専用機械室に設置されているか否かについての除外規定はない．

(2) 警戒標の掲示（第二号）

製造施設には，外部から見やすいように警戒標を掲げること．

Point

外部から容易に立ち入ることができない措置をした場合などの除外規定はない．

(3) 可燃性ガスまたは毒性ガスまたは特定不活性ガスが滞留しない構造（第三号）

圧縮機，油分離器，凝縮器，受液器またはこれらの間の配管（可燃性ガス，毒性ガスまたは特定不活性ガスの製造設備に限る）を設置する室は，冷媒ガスが漏えいしたとき滞留しない構造とすること．

(4) 冷媒ガスが漏えいしない構造（第四号）

製造設備は，振動，衝撃，腐食などにより冷媒ガスが漏れないものであること．

(5) 凝縮器などの耐震構造（第五号）

下記の①～③とその支持構造物および基礎は，所定の耐震設計の基準により，地震の影響に対して安全な構造とする．

① 凝縮器…縦置円筒形で胴部の長さが **5 m** 以上

② 受液器…内容積が **5 000 ℓ** 以上

Point

耐震設計基準が適用される凝縮器は，縦置円筒形で胴部の長さが 5 m 以上のものと限られており，横置円筒形または胴部の長さが 5 m 未満の凝縮器は該当しない．

③　所定の配管

(6)　気密試験，耐圧試験の実施（第六号）

冷媒設備は，次のいずれかの気密試験，耐圧試験に合格しなければならない．

① 許容圧力以上の圧力で行う気密試験および配管以外の部分について，許容圧力の1.5倍以上の圧力で，水その他の安全な液体を使用して行う耐圧試験（液体を使用することが困難な場合は，許容圧力の1.25倍以上の圧力で空気，窒素などの気体を使用して行う耐圧試験）

② 経済産業大臣がこれらの試験と同等以上のものと認めた高圧ガス保安協会が行う試験

> **Point**
> 気密試験は，耐圧試験に合格した容器等の組立品ならびにこれらを冷媒配管で連結した冷媒設備について行うガス圧試験である．（保安管理技術第11章参照）

(7)　圧力計の設置（第七号）

冷媒設備（圧縮機の油圧系統を含む）には圧力計を設けること．ただし，圧縮機が強制潤滑方式で，潤滑油圧力に対する保護装置を有する場合には，圧縮機の油圧系統を除く冷媒設備には圧力計を設ける．

(8)　安全装置の設置（第八号）

冷媒設備には，設備内の冷媒ガスの圧力が許容圧力を超えた場合，直ちに許容圧力以下に戻すことができる安全装置を設けること．

> **Point**
> 安全装置を設ける条件に，冷媒ガスの種類，自動制御装置の有無には関係しない．

(9)　安全弁，破裂版の放出管の設置（第九号）

安全装置の安全弁または破裂板には，放出管を設ける．なお，放出管の開口部の位置は，放出する冷媒ガスの性質に応じ適切な位置でなければならない．

ただし，次のものは除かれる．

・その冷媒設備から大気に冷媒ガスを放出することのないもの

・不活性ガスを冷媒ガスとする冷媒設備に設けたもの

・吸収式アンモニア冷凍機（とくに定める基準に適合するものに限る）に設けたもの

> **Point**
> 可燃性ガスの開口部は軒先より高く，毒性ガスの開口部は，除害設備（水槽など）内などで設ける．

> **Point**
> とくに製造設備が専用機械室に設置されている場合の除外規定はない．

(10) 可燃性ガスまたは毒性ガスでの受液器で丸形ガラス管以外の液面計の使用（第十号）

可燃性ガスまたは毒性ガスを冷媒ガスとする冷媒設備の受液器の液面計は，丸形ガラス管液面計以外のものを使用すること．

Point

丸形ガラス管液面計は，強度が弱くて破損する危険があるため，可燃性ガス，毒性ガスを冷媒とした冷媒設備に使用できない．

Point

受液器に設ける液面計には，その液面計の破損を防止するための措置を講じても，丸形ガラス管液面計を使用してはならない．

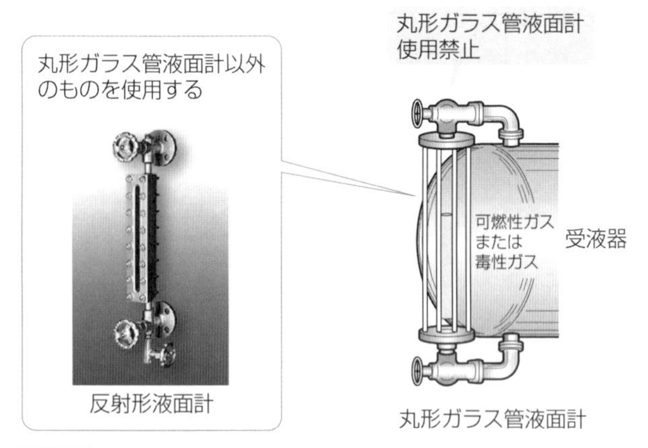

図 2.11　可燃性ガス，毒性ガスを冷媒ガスとする受液器の液面計

(11) 液面計の破損防止（第十一号）

受液器にガラス管液面計を設ける場合には，次の措置を講じなければならない．

・そのガラス液面計には破損を防止するための措置を講じる．
・可燃性ガスまたは毒性ガスを冷媒とする設備の受液器とガラス管液面計とを接続する配管には，ガラス管液面計の破損による漏えいを防止する措置（止め弁など）を講じる．

(12) 消火設備の設置（第十二号）

可燃性ガスの製造施設には，その規模に応じて，適切な消火設備を適切な箇所に設けること．

Point

ガス漏えい検知警報設備の設置の有無には関係しない．

(13)　受液器（内容積が1万ℓ以上）への毒性ガス流出防止の措置（第十三号）

毒性ガスを冷媒ガスとする冷凍設備の受液器（内容積が1万ℓ以上）の周囲には，液状のガスが漏えいした場合に，その流出を防止するための措置（防液堤など）を講ずること．

(14)　可燃性ガス（アンモニアを除く）の電気設備の防爆装置（第十四号）

可燃性ガス（アンモニアを除く）を冷媒ガスとする冷媒設備の電気設備は，その設置場所およびガスの種類に応じた防爆性能を有する構造であること．

Point
可燃性ガスであるアンモニアを冷媒ガスとする設備が適用除外とされていることに注意する．

(15)　可燃性ガス，毒性ガスまたは特性不活性ガスの漏えい検知と警報装置（第十五号）

可燃性ガス，毒性ガスまたは特性不活性ガスの製造施設には，漏えいガスが滞留するおそれのある場所に，ガスの漏えいを検知し，かつ，警報設備を設けること（吸収式アンモニア冷凍設備は除く）．

Point
アンモニア冷媒のように可燃性ガス，毒性ガスが微量に漏れても大きな被害を及ぼすおそれがあるため，この漏れを早期発見し，警報を出して被害の拡大を防止する．

Point
製造施設が専用機械室に設置されている場合の除外規定はない．

(16)　毒性ガスの除害のための措置（第十六号）

毒性ガスの製造設備には，ガスが漏えいしたときに安全に，かつ，速やかに除害するための措置を講じること（吸収式アンモニア冷凍機は除く）．

Point
専用機械室に設置されているか否かには関係しない．

(17)　バルブまたはコックの操作に係る適切な措置（第十七号）

製造設備に設けたバルブまたはコック（操作ボタン等で操作する場合は，その操作ボタン等）には，作業員がバルブまたはコックを適切に操作することができるような措置を講ずること．ただし，操作ボタン等を使用することなく

Point
冷媒ガスの充填量の多少には関係ない．

Point
操作ボタンなどの日常の運転操作に必要としないものへの除外規定はない．

自動制御で開閉されるバルブまたはコックを除く.

コラム

[バルブ等の操作に係る適切な措置（冷凍則関係例示基準の 15）]

バルブ等の操作に係る適切な措置に関して，次のように規定している.

① 手動操作するバルブ等（バルブまたはコック）には，そのハンドルまたは別に取り付けた標示板等に，バルブ等の開閉方向を明示すること.

② 操作することにより製造設備に保安上重大な影響を与えるバルブ等（安全弁の元弁，電磁弁，冷却水止め弁など）には，開閉状態を明示すること.

③ バルブ等（操作ボタンにより製造設備に保安上重大な影響を与えるバルブ等であって，可燃性ガスまたは毒性ガス以外の冷媒ガスを除く）に係る配管には，バルブ等に近接する部分に，流体の種類を塗色，銘板またはラベル等で表示と流れの方向を表示すること.

④ 操作することにより，製造設備に保安上重大な影響を与えるバルブ等のうち，通常使用しないバルブ等には誤操作を防止するため施錠，封印またはハンドルを取り外すなどの措置を講ずること.

⑤ バルブ等を操作する場所には，バルブ等の機能及び使用頻度に応じ，バルブ等を確実に操作するために必要な操作空間および照度を確保すること.

表 2.3　製造設備の技術上の基準

号	定置式製造設備	第一種製造者（冷凍則第 7 条）			第二種製造者（冷凍則第 11 条）			備　考
		その他	可燃性ガス	毒性ガス	その他	可燃性ガス	毒性ガス	
1	引火性，発火性のたい積した場所および火気の付近の禁止	○	○	○	○	○	○	
2	警戒標の掲示	○	○	○	○	○	○	
3	冷媒ガスが滞留しない構造	−	○	○	−	○	○	
4	冷媒ガスが漏えいしない構造	○	○	○	○	○	○	
5	凝縮器などの耐震構造	○	○	○	−	−	−	
6	気密試験，耐圧試験の実施	○	○	○	○	○	○	
7	圧力計の設置	○	○	○	−	−	−	
8	安全装置の設置	○	○	○	○	○	○	
9	安全弁，破裂板の放出管の設置	−	○	○	−	○	○	吸収式アンモニア冷凍機を除く
10	受液器で丸形ガラス管以外の液面計の使用	−	○	○	−	○	○	
11	液面計の破損防止	○	○	○	○	○	○	
12	消火設備の設置	−	○	−	−	○	−	
13	受液器の冷媒ガス流出防止の措置	−	−	○	−	−	−	
14	電気設備の防爆装置	−	○	−	−	○	−	アンモニアを除く
15	冷媒ガスの漏えい検知と警報設備	−	○	○	−	○	○	吸収式アンモニア冷凍機を除く
16	除害のための措置	−	−	○	−	−	○	吸収式アンモニア冷凍機を除く
17	バルブ等の操作に係る適切な措置	○	○	○	○	○	○	

○印は規定条文に該当している．

Ch.1
Ch.2
Ch.3
Ch.4
事業

例題

次のイ，ロ，ハの記述のうち，製造設備がアンモニアを冷媒ガスとする定置式製造設備（吸収式アンモニア冷凍機であるものを除く）である第一種製造者の製造施設に係る技術上の基準について冷凍保安規則上正しいものはどれか．

イ．製造施設の冷媒設備に設けた安全弁の放出管の開口部の位置は，冷媒ガスであるアンモニアの性質に応じた適切な位置でなければならない．

ロ．受液器にガラス管液面計を設ける場合には，丸形ガラス管液面計以外のものとし，その液面計に破損を防止するための措置か，受液器とその液面計とを接続する配管にその液面計の破損による漏えいを防止するための措置のいずれか一方の措置を講じることと定められている．

ハ．凝縮器には，その構造，形状などにより耐震に関する性能を有しなければならないものがあるが，横置円筒形の凝縮器は，その胴部の長さにかかわらず，耐震に関する性能を有すべき定めはない．

(1) イ　(2) ロ　(3) イ，ハ　(4) ロ，ハ　(5) イ，ロ，ハ

▶解説

イ：(正) 安全弁の放出管の開口部の位置は，冷媒ガスの性質に応じた適切な位置でなければならない．

ロ：(誤) 受液器にガラス管液面計を設ける場合には，丸形ガラス管液面計以外のものとし，そのガラス管液面計にはその破損を防止するための措置を講じ，可燃性ガスまたは毒性ガスを冷媒とする設備の受液器とガラス管液面計とを接続する配管には，そのガラス管液面計の破損による漏えいを防止するための措置のいずれも講じなければならないと定められている．

ハ：(正) 凝縮器の耐震設計の適用規模は，縦置円筒形で胴部の長さ5 m以上である．横置円筒形の凝縮器は，その胴部の長さにかかわらず，耐震に関する性能を有すべき定めはない．

[解答] (3)

例題

次のイ，ロ，ハの記述のうち，第一種製造業者のフルオロカーボン134aの製造設備に適用される技術上の基準について正しいものはどれか.

イ. 製造設備が専用機械室に設置されていても，製造施設には，その製造施設の外部から見やすいように警戒標を掲げなければならない.

ロ. 配管以外の冷媒設備は，所定の気密試験および所定の耐圧試験または経済産業大臣がこれらと同等以上のものと認めた高圧ガス保安協会が行う試験に合格するものでなければならない.

ハ. 冷媒ガスが不活性ガスであるので，この製造設備に自動制御装置を設ければ，その冷媒設備には，その設備内の冷媒ガスの圧力が許容圧力を超えた場合に，直ちに許容圧力以下に戻すことができる安全装置を設ける必要はない.

(1) イ　(2) ハ　(3) イ，ロ　(4) ロ，ハ　(5) イ，ロ，ハ

▶解説

イ：(正) 警戒標の表示は，製造設備を専用機械室に設置しても必要である.

ロ：(正) 冷媒設備が，所定の気密試験および配管以外の部分について，所定の耐圧試験または経済産業大臣がこれらと同等以上のものと認めた高圧ガス保安協会が行う試験に合格するものでなければならない旨の定めは，不活性ガスを冷媒ガスとする製造施設にも適用される.

ハ：(誤) 冷媒設備内の冷媒ガスの圧力が許容圧力を超えた場合，直ちに許容圧力以下に戻すことができる安全装置を設けなければならない. 自動制御装置を設ければ，除外される規定はない.

[解答] (3)

例題

次のイ，ロ，ハの記述のうち，アンモニアを冷媒ガスとする冷凍設備（吸収式のものを除く）を使用して，冷凍のため高圧ガスの製造をする第一種製造者の定置式製造設備である製造施設に適用される技術上の基準について正しいものはどれか．

イ．冷媒設備の圧縮機は火気（その製造設備内のものを除く）の付近に設置してはならないが，その火気に対して安全な措置を講じた場合はこの限りでない．

ロ．圧縮機．油分離器，受液器またはこれらの間の配管を設置する室は，冷媒ガスであるアンモニアが漏えいしたとき滞留しないような構造としなければならないが，凝縮器を設置する室については定められていない．

ハ．製造設備が専用機械室に設置されている場合は，冷媒ガスであるアンモニアが漏えいしたときに安全に，かつ，速やかに除害するための措置を講じなくてよい．

(1) イ　(2) ロ　(3) イ，ロ　(4) ロ，ハ　(5) イ，ロ，ハ

▶解説

イ：(正) 冷媒設備の圧縮機は火気（その製造設備内のものを除く）の付近に設置してはならないが，火気に対する安全措置を講じた場合は可能である．

ロ：(誤) 圧縮機，油分離器，凝縮器もしくは受液器またはこれらの間の配管（可燃性ガス，毒性ガスの製造設備のものに限る．）を設置する室は，冷媒ガスが漏えいしたときに滞留しないような構造とすることと定められている．したがって，凝縮器を設置する室についても該当する．

ハ：(誤) 毒性ガスの製造設備には，ガスが漏えいしたときに安全に，かつ，速やかに除害するための措置を講じることと定められている．製造設備が専用機械室に設置されている場合の除害規定はない．

[解答] (1)

例題

次のイ，ロ，ハの記述のうち，製造設備がアンモニアを冷媒ガスとする定置式製造設備（吸収式アンモニア冷凍機であるものを除く）である第一種製造者の製造施設に係る技術上の基準について冷凍保安規則上正しいものはどれか．

イ．冷媒設備に設けなければならない安全装置は，冷媒ガスの圧力が耐圧試験圧力を超えた場合に直ちに運転を停止するものでなければならない．

ロ．製造設備が専用機械室に設置され，かつ，その室に運転中常時強制換気できる装置を設けている場合であっても，製造施設から漏えいしたガスが滞留するおそれのある場所には，そのガスの漏えいを検知し，かつ，警報するための設備を設けなければならない．

ハ．受液器には，その周囲に，冷媒ガスである液状のアンモニアが漏えいした場合にその流出を防止するための措置を講じなければならないものがあるが，その受液器の内容積が１万 ℓ であるものは，それに該当する．

(1) イ　(2) ロ　(3) イ，ハ　(4) ロ，ハ　(5) イ，ロ，ハ

▶解説

イ：(誤) 冷媒設備には，設備内の冷媒ガスの圧力が許容圧力を超えた場合，直ちに許容圧力以下に戻すことができる安全装置を設けることと定められている．

ロ：(正) アンモニア漏えいガスが滞留するおそれのある場所には，検知警報装置が必要である．

ハ：(誤) 毒性ガス（アンモニアなど）を冷媒ガスとする冷凍設備の受液器で，内容積が１万 ℓ 以上（１万 ℓ の値を含む）のものの周囲には，そのガスが漏えいした場合に，その流出を防止するための措置を講ずることと定められている．

[解答] (2)

例題

次のイ，ロ，ハの記述のうち，製造設備が定置式製造設備である第一種製造者の製造施設に係る技術上の基準について冷凍保安規則上正しいものはどれか．

イ．受液器には所定の耐震設計の規準により，地震の影響に対して安全な構造としなければならないものがあるが，内容積が3 000 ℓ のものは，その構造としなくてよい．

ロ．製造設備に設けたバルブまたはコックには，作業員がそのバルブまたはコックを適切に操作することができるような措置を講じなければならないが，そのバルブまたはコックが操作ボタン等により開閉される場合は，操作ボタン等にはその措置を講じなくてよい．

ハ．製造設備の冷媒設備に冷媒ガスの圧力に対する安全装置を設けた場合，この冷媒設備には，圧力計を設ける必要はない．

(1) イ　(2) ロ　(3) イ，ハ　(4) ロ，ハ　(5) イ，ロ，ハ

▶解説

イ：(正) 内容積が5 000 ℓ 以上の受液器ならびにその支持構造物および基礎は，所定の耐震に関する性能を有するものとしなければならない．したがって，内容積が3 000 ℓ のものは，耐震構造としなくてよい．

ロ：(誤) 製造設備に設けたバルブまたはコックが操作ボタン等により開閉される場合に，その操作ボタン等に従業員が適切に操作することができるような措置を講じることと定められている．

ハ：(誤) 冷媒設備には，圧力計を設けることと定められている．安全装置を設けることによる除害規定はない．

[解答] (1)

2-8 製造方法に係る技術上の基準

第一種製造者の定置式製造設備の製造方法に係る技術上の基準（冷凍則第9条）は，次のように定められている．

(1) 安全弁の止め弁は常に全開

安全弁に付帯して設けた止め弁（元弁）は，常に全開にしておく．ただし，安全弁の修理等のため，とくに必要な場合はこの限りでない．

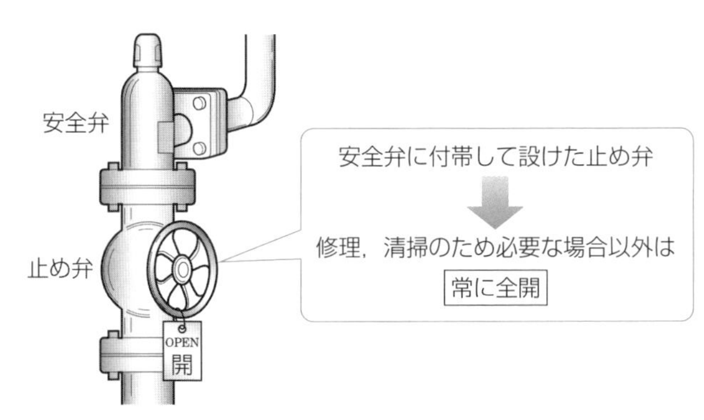

図 2.12 止め弁は全開

(2) 異常の有無の点検と危険防止措置

高圧ガスの製造は，製造する高圧ガスの種類および製造設備の態様に応じ，1日1回以上製造施設の異常の有無を点検し，異常のあるときは，設備の補修その他の危険を防止する措置を講ずる．

Point
認定指定設備および不活性ガス，自動制御装置について除外する規定はない．

(3) 修理等した後の保安

冷凍設備の修理等（修理または清掃）をした後の高圧ガスの製造は，次の基準により保安上支障のない状態で行う．

Point
認定指定設備であるか否かによって必要であるかないかの定めはない．

① 作業計画とその作業責任者

冷凍設備の修理等をするときは，あらかじめ，修理等の作業計画およびその作業責任者を定め，修理作業計画に従い，その責任者の監視の下で行う．または異常があったときは直ちにその責任者に通報するための措置を講じる.

② 可燃性ガスなどの修理等の危険防止

可燃性ガス，毒性ガスを冷媒とする冷媒設備の修理等は，危険を防止する措置を講ずる.

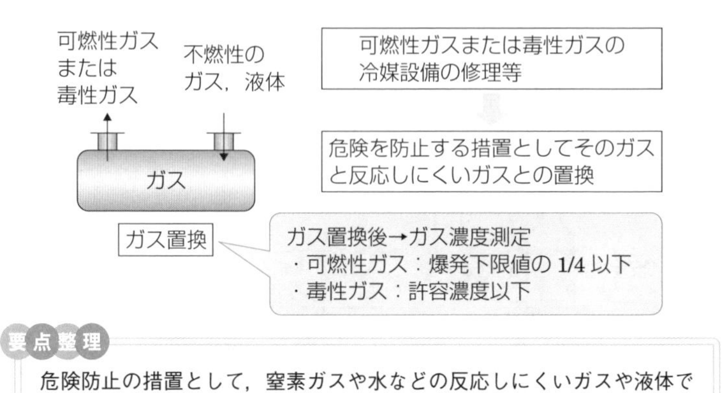

図 2.13 危険防止措置

③ 冷媒設備の開放修理

冷媒設備を開放して修理等をするときは，開放部分に他の部分からガスが漏えいすることを防止する措置を講ずる.

④ 修理等の終了

修理等が終了したときは，冷媒設備が正常に作動することを確認した後でなければ製造しない.

(4) バルブの操作

製造設備に設けたバルブの操作は，バルブの材質，構造，状態を勘案して過大な力を加えないよう必要な措置を講ずる.

例題

次のイ，ロ，ハの記述のうち，第一種製造者の製造の方法に係る技術上の基準について冷凍保安規則上正しいものはどれか．

イ．高圧ガスの製造は，製造する高圧ガスの種類および製造設備の態様に応じ，1日に1回以上その製造設備の属する製造施設の異常の有無を点検し，異常のあるときは，その設備の補修その他の危険を防止する措置を講じて行わなければならない．

ロ．冷媒設備の安全弁に付帯して設けた止め弁は，その安全弁の修理または清掃のためとくに必要な場合を除き，常に全開しておかなければならない．

ハ．他の製造設備とブラインを共通にする認定指定設備を使用する高圧ガスの製造は，認定指定設備には自動制御装置が設けられているので，1か月に1回その認定指定設備の異常の有無を点検して行うことと定められている．

(1) イ　(2) ロ　(3) ハ　(4) イ，ロ　(5) ロ，ハ

▶解説

イ：(正) 高圧ガスの製造は，1日に1回以上その製造設備が属する製造施設の異常の有無を点検して行い，異常のあるときは，その設備の補修その他の危険を防止する措置を講じて行わなければならない．

ロ：(正) 安全弁に付帯して設けた止め弁は，常に全開にしておかなければならないが，その安全弁の修理等のため必要な場合に限り閉止してもよい．

ハ：(誤) 高圧ガスの製造は，製造する高圧ガスの種類および製造設備の態様に応じ，1日に1回以上その製造設備に属する製造施設の異常の有無を点検することと定められている．とくに認定指定設備について1か月に1回とする規定はない．

[解答] (4)

例題

次のイ，ロ，ハの記述のうち，冷凍保安規則に定める第一種製造者の製造の方法に係る技術上の基準に適合しているものはどれか．

イ．冷媒設備の安全弁に付帯して設けた止め弁を，その製造設備の運転終了時から運転開始時までの間，閉止してしている．

ロ．冷媒設備の修理または清掃を行うときは，あらかじめ，その作業計画およびその作業の責任者を定め，修理または清掃はその作業計画に従うとともに，その作業の責任者の監視の下で行うか，または異常があったときに直ちにその旨をその責任者に通報するための措置を講じて行わなければならない．

ハ．冷媒設備を開放して修理等をするとき，冷媒ガスが不活性ガスであるフルオロカーボン 134a であるため，その開放する部分に他の部分からガスが漏えいすることを防止するための措置は講じないで行った．

(1) イ　(2) ロ　(3) ハ　(4) ロ，ハ　(5) イ，ハ

▶解説

イ：(誤) 安全弁に付帯して設けた止め弁は，製造設備の運転終了時から運転開始時までの運転停止の場合でも全開にしておかなければならない．

ロ：(正) 冷媒設備の修理または清掃を行うときは，あらかじめ，その作業計画およびその作業の責任者を定め，責任者の監視の下で行うか，責任者に通報措置を講じて行う．

ハ：(誤) 冷媒設備を開放して修理等をするとき，冷媒設備のうち開放する部分に他の部分からガスが漏えいすることを防止するための措置を講じなければならないことと定められている．冷媒ガスの種類に関係しない．

[解答] (2)

2-9 高圧ガスの移動・廃棄

1 移 動（法第 23 条）

(1) 高圧ガスを移動するには，その容器について，所定の保安上必要な措置を講じなければならない.

(2) 車両により高圧ガスを移動するには，その積載方法および移動方法について所定の技術上の基準（一般則第 50 条）に従ってしなければならない.

Point

高圧ガスを充填した容器の移動には，「タンクローリ等の車両に固定された容器の場合」および「バラ積容器等の場合」がある.

2 移動の技術上の基準（一般則第 50 条抜粋）

トラックなどによるバラ積み容器等その他の場合による移動は，次の技術上の基準に従って行われなければならない.

① 警戒標の掲示

充填容器等（充填容器および残ガス容器）を車両に積載して移動するとき車両の見やすい箇所に警戒標を掲げること．ただし，次のものは除く.

・毒性ガスを除く容器の内容積が 25 ℓ 以下の充填容器等のみを搭載した車両で，その積載容器の内容積の合計が 50 ℓ 以下.

・消防自動車等の特定車両.

② 充填容器等の取扱規定

・充填容器等は，その温度を常に 40℃以下に保つこと

・充填容器等（内容積が 5 ℓ 以下のものを除く）には，転落，転倒等による衝撃およびバルブの損傷を防止する措置を講じ，かつ粗暴な取扱いをしないこと.

・可燃性ガスの充填容器等と酸素の充填容器等とを同一の車両に積載して移動するときは，充填容器等のバルブが相互に向き合わないようにすること.

・毒性ガスの充填容器等には，木枠またはパッキンを施すこと.

③ 移動時の携帯品（消火設備・防毒マスク・手袋・資材・薬剤・工具）

・可燃性ガス，特定不活性ガス，酸素または三フッ化窒素の充填容器等を車両に積載して移動するときは，消火設備ならびに災害発生防止のための応急措

置に必要な資材，工具などを携行すること（容器の内容積が 25 ℓ 以下で内容積の合計が 50 ℓ 以下を除く）.

・毒性ガスの充填容器等を車両に積載して移動するときは，毒性ガスの種類に応じた防毒マスク，手袋その他の保護具ならびに災害発生防止のための応急措置に必要な資材，薬剤，工具などを携行すること.

Point

可燃性ガスであり毒性ガスでもあるアンモニアを積載する際は，消火設備等と防毒マスク等をどちらも携行する必要がある.

④　**注意事項記載書面交付（運転手の携帯・遵守）**

可燃性ガス，毒性ガス，特定不活性ガスまたは酸素の高圧ガスを移動するときは，その高圧ガスの名称，性状および移動中の災害発生防止のために必要な注意事項を記載した書面（イエローカード）を運転者に交付し，移動中携帯させ，これを遵守させること（毒性ガスを除いて内容積 25 ℓ 以下で移動時の注意事項を示したラベルが貼付されているもののみを積載し，その容器の内容積の合計が 50 ℓ 以下を除く）.

Point

イエローカードを運転者に交付し，移動中携帯させ，これを遵守させなければならない高圧ガスの種類は，可燃性ガス，毒性ガス，特定不活性ガスおよび酸素に限られる.

Point

毒性ガスである液化アンモニアなどを移動する場合は，その質量の多少にかかわらず必要な注意事項を記載した書面（イエローカード）を運転者に交付し，移動中携帯させ，これを遵守させなければならない.

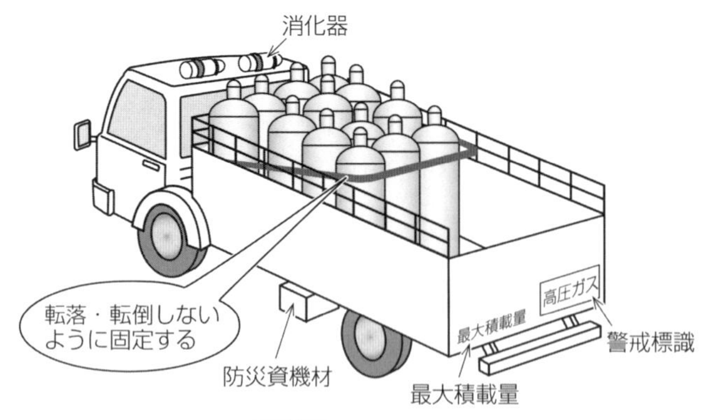

図 2.14　容器配送車

3　廃　棄（法第 25 条）

所定の高圧ガス（可燃性ガス，毒性ガスおよび特定不活性ガス）の廃棄は，廃棄の場所，数量その他廃棄の方法について，所定の廃棄に係る技術上の基準（冷凍則第 34 条）に従ってしなければならない.

Point
冷凍保安規則に定められている高圧ガスの廃棄に係る技術上の基準に従って廃棄しなければならない高圧ガスとして，可燃性ガス，毒性ガスおよび特定不活性ガスの 3 種類だけが規定されている.

4　冷凍則における高圧ガスの廃棄に係る技術上の基準等（冷凍則第 34 条）

① 可燃性ガスおよび特定不活性ガスの廃棄は，火気を取り扱う場所または引火性もしくは発火性のたい積した場所およびその付近を避け，かつ大気中に放出して廃棄するときは，通風の良い場所で少量ずつ放出すること.

Point
高圧ガスを廃棄する場合は，可燃性ガスは燃焼させ，毒性ガスは除害装置で除害して大気放出することが原則である.

② 毒性ガスを大気中に放出して廃棄するときは，危険または損害を他に及ばすおそれのない場所で少量ずつ放出すること.

5　一般則における高圧ガスの廃棄に係る技術上の基準等（一般則第 61 条，第 62 条）

(1) 省令で定める高圧ガスは，可燃性ガス，毒性ガス，特定不活性ガスおよび酸素とする.

(2) 廃棄に係る技術上の基準は，次に掲げるものとする（抜粋）.

① 廃棄は，容器とともに行わないこと.

② 可燃性ガスまたは特定不活性ガスの廃棄は，火気を取り扱う場所または引火性もしくは発火性の物をたい積した場所およびその付近を避け，かつ，大気中に放出して廃棄するときは，通風の良い場所で少量ずつすること.

③ 毒性ガスを大気中に放出して廃棄するときは，危険，損害を他に及ぼすおそれのない場所で少量ずつすること.

④ 可燃性ガスまたは毒性ガスまたは特定不活性ガスを継続かつ反復して廃棄するときは，ガスの滞留を検知するための措置を講ずること.

⑤ 酸素または三フッ化窒素の廃棄は，バルブおよび廃棄に使用する器具の石油類，油脂類その他可燃性の物を除去した後にすること.

⑥ 廃棄した後はバルブを閉じ，容器の転倒およびバルブの損傷を防止する措置を講ずること．

例題

次のイ，ロ，ハの記述のうち，冷凍設備の冷媒ガスの補充用の高圧ガスを車両に積載した容器（高圧ガスを充填するためのもの）により移動する場合について一般高圧ガス保安規則上正しいものはどれか．

イ．液化アンモニアを移動するときは，消火設備のほか防毒マスク，手袋その他の保護具ならびに災害発生防止のための応急措置に必要な資材，薬剤および工具等も携行しなければならない．

ロ．液化アンモニアを移動するときは，その充填容器および残ガス容器には，木枠またはパッキンを施さなければならない．

ハ．質量 50 kg の液化アンモニアの充填容器 2 本を移動するときは，液化アンモニアの名称，性状および移動中の危害防止のために必要な注意事項を記載した書面を運転者に交付しなくてもよい．

(1) イ　(2) ロ　(3) ハ　(4) イ，ロ　(5) イ，ハ

▶解説

イ：(正) 液化アンモニア移動時には，携帯品（保護具ならびに応急措置に必要な資材，薬剤および工具など）のほか，消火設備を携行しなければならない．

ロ：(正) 毒性ガスである液化アンモニアの充填容器等を移動するときには，木枠またはパッキンを施さなければならない．

ハ：(誤) 毒性ガスである液化アンモニアの充填容器等を移動する場合は，その質量の多少にかかわらず，液化アンモニアの名称，性状および移動中の危害防止のために必要な注意事項を記載した書面を運転者に交付しなければならない．

[解答] (4)

例題

次のイ，ロ，ハの記述のうち，車両に積載した容器（内容積 48 ℓ のもの）による冷凍設備の冷媒ガスの補充用の高圧ガス移動に係わる技術的基準などについて一般高圧ガス保安規則上正しいものはどれか．

イ．液化フルオロカーボン 134a を移動するときは，液化アンモニアを移動するときと同様にその車両の見やすい箇所に警戒標を掲げなければならない．

ロ．液化アンモニアを移動するときは，充填容器および残ガス容器には，転落，転倒などによる衝撃およびバルブの損傷を防止する措置を講じ，かつ，粗暴な取扱いをしてはならない．

ハ．液化アンモニアを移動するときは，そのガスの名称，性状および移動中の災害防止のために必要な注意事項を記載した書面を運転者に交付し，移動中携帯させ，これを遵守させなければならないが，特定不活性ガスである液化フルオロカーボンを移動するときはその定めはない．

(1) イ　(2) ロ　(3) ハ　(4) イ，ロ　(5) イ，ロ，ハ

▶解説

イ：(正) 充填容器等を車両に積載して移動するとき，車両の見やすい箇所に警戒標を掲げることと定められていて，ガスの種類には関係なく警戒標は必要である．

ロ：(正) 充填容器等（内容積が 5 ℓ 以下のものを除く）には，衝撃および損傷防止の措置を講じ，かつ粗暴な取扱いをしてはならない．

ハ：(誤) 可燃性ガス，毒性ガス，特定不活性ガスまたは酸素の高圧ガスを移動するときは，注意事項記載書面を運転者に交付し，携帯させ，遵守させる．

[解答] (4)

Ch.1
Ch.2
Ch.3
Ch.4
事業

例題

次のイ，ロ，ハの記述のうち，正しいものはどれか．

イ．冷凍のための製造施設の冷媒設備内の高圧ガスであるアンモニアは，冷凍保安規則で定める高圧ガスの廃棄に係る技術上の基準に従って廃棄しなければならないものに該当する．

ロ．可燃性のガスおよび特定不活性ガスを大気中に放出して廃棄するときは，火気を取り扱う場所または引火性もしくは発火性の物をたい積した場所およびその付近を避け，かつ，通風の良い場所で少量ずつしなければならない．

ハ．廃棄した後は，その容器のバルブを確実に閉止しておけば，その容器の転倒およびバルブの損傷を防止する措置は講じなくてもよい．

(1) イ　(2) ロ　(3) ハ　(4) イ，ロ　(5) イ，ハ

▶解説

イ：(正) 冷凍保安規則に定められている高圧ガスの廃棄に係る技術上の基準に従って廃棄しなければならない高圧ガスは，可燃性ガス，毒性ガスおよび特定不活性ガスである．

ロ：(正) 大気中に放出して廃棄するときは，通風の良い場所で少量ずつしなければならない．

ハ：(誤) 廃棄した後は，その容器のバルブを閉じ，容器の転倒およびバルブの損傷を防止する措置を講ずる．

[解答] (4)

Part 1 保安管理技術 Part 2 法令

2-10 指定設備

1 指定設備の定義（法第 56 条の 7，施行令第 15 条）

高圧ガスの製造（製造に係る貯蔵を含む）のための設備のうち，公共の安全の維持または災害の発生の防止に支障を及ぼすおそれがないものを指定設備として，政令（施行令関係告示第 6 条）で次の要件が定められている．

冷凍のため不活性ガスを圧縮し，または液化して高圧ガスの製造をする設備でユニット型のもののうち，次のいずれにも該当する設備である．

① 定置式製造設備であること．

② 冷媒ガスが不活性のフルオロカーボンであること．

③ 冷媒ガスの充填量が **3 000 kg** 未満であること．

④ 1 日の冷凍能力が **50** トン以上であること．

2 指定設備の認定（法第 56 条の 7）

(1) 指定設備の製造をする者，指定設備の輸入をした者は，その指定設備について，経済産業大臣，協会または指定設備認定機関が行う認定を受けることができる．

Point

認定指定設備とは，冷凍設備のうち，指定設備認定証を受けた冷凍設備である．

(2) 指定設備の認定の申請が行われた場合に，経済産業大臣，協会または指定設備認定機関は，その指定設備が所定の技術上の基準（冷凍則第 57 条）に適合するときは，認定を行うものとする（認定指定設備）．

Point

認定指定設備を使用（単独使用）する冷凍事業所は，本来，第一種製造者に該当する設備であるにもかかわらず，第二種製造事業所としての法手続きを行うことになる．ただし，定期自主検査は実施しなければならない．

3 指定設備認定証が無効となる設備変更の工事等（冷凍則第 62 条）

(1) 認定指定設備に変更の工事を施したときまたは認定指定設備の移設などを行ったときは，認定指定設備に係る指定認定証は無効とする．

ただし，次に掲げる場合にはこの限りではない．

① 変更の工事が同一の部品への交換のみである場合

② 指定認定設備の移設を行った場合で，指定設備認定機関により調査を受け，認定指定設備技術基準適合書の交付を受けた場合．

Point
消耗品の取換えは，認定証の無効とはならない．

(2) 認定指定設備を設置した者は，その認定指定設備に変更の工事を施したとき，または認定指定設備の移設などを行ったときは（1）のただし書の場合を除き指定設備認定証を返納しなければならない．

4 指定設備に係る技術上の基準（冷凍則第57条）

指定設備に係る技術上の基準は，次に掲げるものとする．

① 指定設備は，その設備の製造業者の事業所（以下この条で，事業所という）で，第一種製造者が設置するものでは，冷凍則第7条第2項，第二種製造者が設置するものでは，冷凍則第12条第2項の基準に適合することを確保するように製造されていること．

② 指定設備は，ブラインを共通に使用する以外には，他の設備と共通に使用する部分がないこと．

③ 指定設備の冷媒設備は，事業所において脚上または一つの架台上に組み立てられていること．

④ 指定設備の冷媒設備は，製造業者の事業所で行う所定の耐圧試験，気密試験に合格するものであること．

⑤ 指定設備の冷媒設備は，製造業者の事業所で試運転を行い，使用場所に分割されずに搬入されるものであること．

⑥ 指定設備の冷媒設備のうち直接風雨にさらされる部分および外表面に結露のおそれのある部分には，銅，銅合金，ステンレス鋼その他耐腐食性材料を使用し，または耐腐食処理を施しているものであること．

⑦ 指定設備の冷媒設備に係る配管，管継手およびバルブの接合は，溶接またはろう付けによること．ただし，溶接またはろう付けによることが適当でない場合は，保安上必要な強度を有するフランジ接合またはねじ接合継手による接合をもって代えることができる．

⑧ 凝縮器が縦置円筒形の場合は，胴部の長さが **5 m** 未満であること．

⑨ 受液器は，その内容積が **5 000 ℓ** 未満であること．

⑩ 指定設備の冷媒設備には，許容圧力以下に戻す安全装置として破裂板を使

用しないこと．ただし，安全弁と破裂板を直列に使用する場合は，この限りでない．

⑪ 液状の冷媒ガスが充填され，かつ，冷媒設備の他の部分から隔離されることのある容器で，内容積 300 ℓ 以上のものには，同一の切換え弁に接続された二つ以上の安全弁を設けること．

指定設備の冷媒設備は，その設備の使用場所の事業所ではなく，製造業者の事業所において脚上，または一つの架台に組み立てられたものでなければならない．

⑫ 冷凍のための指定設備の日常の運転操作に必要となる冷媒ガスの止め弁には，手動式のものを使用しないこと．

⑬ 冷凍のための指定設備には，自動制御装置を設けること．

⑭ 容積圧縮式圧縮機には，吐出冷媒ガス温度が設定温度以上になった場合に圧縮機の運転を停止する装置が設けられていること．

例題

次のイ，ロ，ハの記述のうち，認定指定設備について冷凍保安規則上正しいものはどれか．

イ．認定指定設備である条件の一つには，自動制御装置が設けられていなければならないことがある．

ロ．認定指定設備の冷媒設備は，所定の気密試験および耐圧試験に合格するものでなければならないが，その試験を行うべき場所については定められていない．

ハ．製造設備の日常の運転操作に必要となる冷媒ガスの止め弁には，手動式のものを使用しなければならない．

(1) イ (2) ロ (3) イ，ハ (4) ロ，ハ (5) イ，ロ，ハ

▶解説

イ：(正) 冷凍のための指定設備には，自動制御装置を設ける．

ロ：(誤) 指定設備の冷媒設備は，製造業者の事業所で行う所定の耐圧試験，気密試験に合格するものであることと定められている．

ハ：(誤) 認定指定設備である条件の一つに「日常の運転操作に必要となる冷媒ガスの止め弁には，手動式のものを使用しないこと」がある．

[解答] (1)

例題

次のイ，ロ，ハの記述のうち，認定指定設備について冷凍保安規則上正しいものはどれか．

イ．認定指定設備に変更の工事を施したときまたは認定指定設備を移設したときは．指定設備認定証を返納しなければならない場合がある．

ロ．認定指定設備の冷媒設備は，その認定指定設備の製造業者の事業所において試運転を行い，使用場所に分割して搬入されたものでなければならない．

ハ．「指定設備の冷媒設備は，使用場所である事業所に分割して搬入され，一つの架台上に組み立てられていること」は，製造設備が認定指定設備である条件の一つである．

(1) イ　(2) ハ　(3) イ，ロ　(4) ロ，ハ　(5) イ，ロ，ハ

▶解説

イ：(正) 認定指定設備に変更の工事を施すと，指定設備認定証が無効になる場合がある．

ロ：(誤) 冷媒設備は，その指定設備の製造業者の事業所において試運転を行い，使用場所に分割されずに搬入されるものでなければならない．

ハ：(誤) 冷媒設備は，その設備の製造業者の事業所において脚上または一つの架台上に組み立てられたもので，その事業所において試運転を行い，使用場所に分割されずに搬入されたものであることが製造設備が認定指定設備である条件の一つである．

[解答] (1)

3-1　危害予防規程と保安教育

1　危害予防規程（法第 26 条）

第一種製造者は，災害の発生の防止や災害の発生が起きた場合，事業所が自らが行うべき保安活動について定めた危害予防規程を都道府県知事等に届け出なければならない．

第二種製造者には，危害予防規程の作成は不要である．

(1)　第一種製造者は，危害予防規程を定め，都道府県知事等に届け出なければならない．これを変更したときも，同様とする．
(2)　都道府県知事等は，公共の安全の維持または災害の発生の防止のため必要があると認めるときは，危害予防規程の変更を命ずることができる．
(3)　第一種製造者およびその従業者（冷凍保安責任者等を含む）は，危害予防規程を守らなければならない．
(4)　都道府県知事等は，第一種製造者またはその従業者が危害予防規程を守っていない場合，公共の安全の維持または災害の発生の防止のため必要があると認めるときは，第一種製造者に対し，その危害予防規程を守るべきことまたはその従業者に危害予防規程を守らせるための必要な措置をとるべきことを命じ，または勧告することができる．

2　危害予防規程の細目（冷凍則第 35 条）

危害予防規程は，施設の大きさなどを勘案し，次に定める最低限のものを事業所の所在地を管轄する都道府県知事等に届け出なければならない．

①　所定の技術上の基準（冷凍則第 7 条，冷凍則第 9 条）に関すること．
②　保安管理体制および冷凍保安責任者の行うべき職務の範囲に関すること．
③　製造設備の安全な運転および操作に関すること．
④　製造施設の保安に係る巡視および点検に関すること．
⑤　製造施設の増設の工事および修理作業の管理に関すること．
⑥　製造施設が危険な状態のときの措置およびその訓練方法に関すること．
⑦　大規模地震に係る防災および減災対策に関すること．
⑧　協力会社（下請会社も含む）の作業の管理に関すること．
⑨　従業員に対する危害予防規程の周知方法および危害予防規程に違反した者

に対する措置に関すること.

⑩ 保安に係る記録に関すること.

⑪ 危害予防規程の作成および変更の手続に関すること.

⑫ 災害の発生の防止のために必要な事項に関すること.

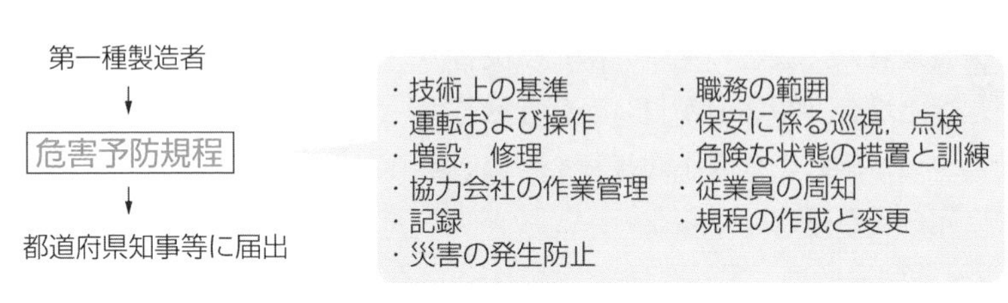

図 3.1 危害予防規程

3 保安教育（法第 27 条）

第一種製造者は，従業者に対し保安教育計画を定め，これに従って，設備の操作方法や管理，高圧ガスの知識，高圧ガス保安法の理解などの保安教育を実施し，高圧ガスによる人的および物的損傷を防止し，公共の安全を確保しなければならない.

(1) 第一種製造者は，その従業者（高圧ガスの製造作業に従事するすべての人）に対する保安教育計画を定めなければならない.

(2) 都道府県知事等は，公共の安全の維持または災害の発生の防止上十分でないと認めるときは，保安教育計画の変更を命ずることができる.

(3) 第一種製造者は，保安教育計画を忠実に実行しなければならない.

Point

第一種製造者（事業者）が定める保安教育計画は，冷凍保安責任者およびその代理者を含め，その事業者の従業者に対する保安教育計画を定め，その計画を忠実に実行しなければならない．なお，この保安教育計画については知事の許可や届出は不要である.

(4) 第二種製造者等（第二種製造者，第一種貯蔵所・第二種貯蔵所の所有者，販売業者，特定高圧ガス消費者）は，従業員に保安教育を施さなければならない.

(5) 都道府県知事等は，次の場合に第一種製造者または第二種製造者等に対し，それぞれ保安教育計画を忠実に実行し，またはその従業者に保安教育を施し，もしくはその内容もしくは方法を改善すべきことを勧告することができる.

① 第一種製造者が保安教育計画を忠実に実行していない場合，公共の安全の

維持もしくは災害の発生の防止上十分でないと認めるとき．

② 第二種製造者等が従業者に施す保安教育が，公共の安全の維持もしくは災害の発生の防止上十分でないと認められるとき．

(6) 協会は，高圧ガスによる災害の防止に資するため，高圧ガスの種類ごとに，保安教育計画を定め，または保安教育を施す基準となるべき事項を作成し，これを公表しなければならない．

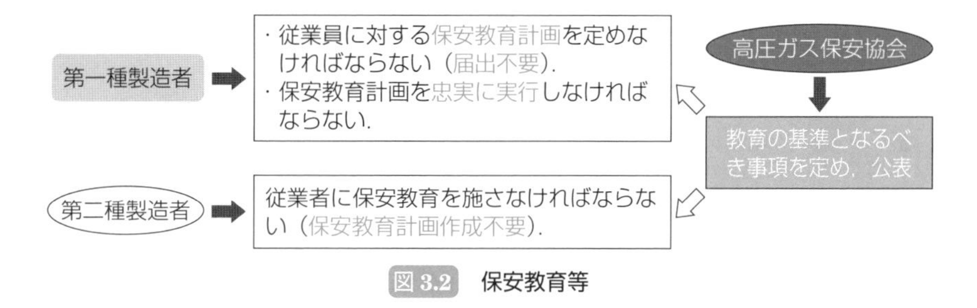

図 3.2 保安教育等

コラム

危害予防規程の目的

法に基づき，当該事業所の保安維持に必要な事項を定め，もって人的および物的損傷を防止し，公共の安全を確保することを目的としている．

例題

次のイ，ロ，ハの記述のうち，冷凍のため高圧ガスの製造をする第一種製造者が定める危害予防規程について正しいものはどれか．

イ．危害予防規程を定め，これを都道府県知事等に届け出なければならないが，その危害予防規定を変更したときは，その旨を都道府県知事等に届け出る必要はない．

ロ．危害予防規定を守るべき者は，その第一種製造者およびその従業者である．

ハ．危害予防規定に記載すべき事項の一つに，保安管理体制および冷凍保安責任者の行うべき職務の範囲に関することがある．

(1) イ　(2) ハ　(3) イ，ロ　(4) ロ，ハ　(5) イ，ロ，ハ

▶解説

イ：(誤) 所定の事項を記載した危害予防規程を定め，都道府県知事等に届け出なければならない．これを変更したときも同様とすると定められている．

ロ：(正) 危害予防規程は，その規定を定めた事業者のみならず従業者も遵守しなければならない．

ハ：(正) 保安管理体制および冷凍保安責任者の行うべき職務の範囲に関することは，危害予防規定に記載すべき事項の一つである．

[解答] (4)

例題

次のイ，ロ，ハの記述のうち，冷凍のため高圧ガスの製造をする第一種製造者が定める危害予防規程について正しいものはどれか．

イ．危害予防規程に記載しなければならない事項の一つに，製造施設の保安に係る巡視および点検に関することがある．

ロ．危害予防規程には，協力会社の作業の管理に関することも定めなければならない．

ハ．保安教育計画は，その計画およびその実行の結果を都道府県知事等に届け出なければならない．

(1) イ　(2) ハ　(3) イ，ロ　(4) ロ，ハ　(5) イ，ロ，ハ

▶解説

イ：(正) 製造施設の保安に係る巡視および点検に関することは，危害予防規程に定めるべき事項の一つである．

ロ：(正) 危害予防規程に定めるべき事項の一つに，協力会社の作業の管理に関することがある．

ハ：(誤) 従業者に対する保安教育計画を定め，これを忠実に実行しなければならないが，その保安教育計画およびその実行の結果を都道府県知事等に届け出る必要はない．

[解答] (3)

例題

次のイ，ロ，ハの記述のうち，冷凍のため高圧ガスの製造をする第一種製造者について正しいものはどれか．

イ．従業者に対して随時保安教育を施せば，保安教育計画を定める必要はない．

ロ．危害予防規程には，製造設備の安全な運転および操作に関することや従業者に対する危害予防規程の周知方法に関することを定めなければならないが，危害予防規程の変更の手続に関することは定める必要がない．

ハ．危害予防規程は，公共の安全の維持または災害の発生の防止のため必要があると認められるときは，都道府県知事等からその規程の変更を命じられることがある．

(1) イ　(2) ロ　(3) ハ　(4) ロ，ハ　(5) イ，ロ，ハ

▶解説

イ：(誤) 第一種製造者は，その従業者に対する保安教育計画を定め，これを忠実に実行しなければならないと定められている．

ロ：(誤) 危害予防規程に定めるべき事項の一つとして，危害予防規程の作成および変更の手続きに関することも定められている．

ハ：(正) 都道府県知事等は，公共の安全の維持または災害の発生の防止のため必要があると認めるときは，危害予防規程の変更を命ずることができる．

[解答] (3)

3-2 冷凍保安責任者

冷凍保安責任者とは，第一種製造者，第二種製造者などの事業場で冷凍設備の運転や保守の責任者のことで，現場責任者となる立場にある．

1 冷凍保安責任者の選任（法第27条の4）

第一種製造者および冷凍能力が20トン以上であるアンモニアまたは可燃性ガスのフルオロカーボンを冷媒とする第二種製造者は，事業所ごとに製造保安責任者免状（冷凍機械責任者免状）の交付を受けている者で，所定の高圧ガスの製造に関する経験を有する者（冷凍則第36条）のうちから，冷凍保安責任者を選任し，高圧ガスの製造に係る保安に関する業務を管理する職務を行わせなければならない．

なお，認定指定設備を設置している場合は，その認定指定設備の冷凍能力を除いた冷凍能力に対して選任する．

表3.1 冷凍保安責任者の選任など（冷凍則第36条）

製造施設の区分（1日の冷凍能力）	製造保安責任者免状の交付を受けている者（該当冷凍機械責任者免状：○印）			高圧ガスの製造に関する経験	
	第一種	第二種	第三種	製造施設の1日の冷凍能力	高圧ガスの製造に関する経験年数
300トン以上	○	－	－	100トン以上	1年以上
100トン以上300トン未満	○	○	－	20トン以上	1年以上
100トン未満	○	○	○	3トン以上	1年以上

2 冷凍保安責任者選任の必要がない施設（冷凍則第36条第2項，第3項）

次の施設は冷凍責任者を選任しなくてもよい．

（1） 第一種製造者で冷凍機械責任者を選任しなくてもよい施設

① 冷凍則第36条第2項に定める製造施設（ユニット型製造施設）

② フルオロカーボン114（R114）を冷媒ガスとする製造施設

（2） 第二種製造者で冷凍機械責任者を選任しなくてもよい施設

① 1日の冷凍能力が3トン以上（ヘリウム，ネオン，アルゴン，クリプトン，

キセノン，ラドン，窒素，二酸化炭素，可燃性ガスを除くフルオロカーボンまたは空気では，20 トン以上，アンモニアまたは可燃性ガスのフルオロカーボンでは，5 トン以上 20 トン未満）の製造施設

② アンモニアを冷媒ガスとするユニット型製造施設で，その製造設備の 1 日の冷凍能力が 20 トン以上 50 トン未満の製造施設

表 3.2 冷凍保安責任者の選任等

		法定冷凍トン〔トン〕	0〜3	3〜5	5〜20	20〜50	50〜60	60〜
第一種ガス	通常	事業者の区分	適用除外		その他の製造者	第二種製造者	第一種製造者	
		冷凍保安責任者					選任（R114 は除く）	
	ユニット型	事業者の区分	適用除外		その他の製造者	第二種製造者	第一種製造者	
		冷凍保安責任者						
	認定指定設備	事業者の区分					第二種製造者	
		冷凍保安責任者						
難燃性ガス以外のフルオロカーボン	通常	事業者の区分	適用除外	その他の製造者	第二種製造者		第一種製造者	
		冷凍保安責任者				選任		
アンモニア	通常	事業者の区分	適用除外	その他の製造者	第二種製造者		第一種製造者	
		冷凍保安責任者				選任		
	ユニット型	事業者の区分	適用除外	その他の製造者	第二種製造者		第一種製造者	
		冷凍保安責任者						
その他のガス（プロパンなど）		事業者の区分	適用除外	第二種製造者		第一種製造者		
		冷凍保安責任者				選任（ユニット型は除く）		

要点整理

第一種製造者およびアンモニアまたは 20 トン以上の難燃性ガス以外のフルオロカーボンを冷媒ガスとする第二種製造者は，事業者ごとに冷凍機械責任者免状の交付を受け，かつ，所定の経験を有する者を冷凍保安責任者およびその代理者を選任しなければならない．

3 冷凍保安責任者免状の選任等届出（法第 27 条の 4 第 2 項）

冷凍保安責任者を選任したときは，遅滞なくのその旨を都道府県知事等に届け出なければならない．これを解任したときも，同様とする．

4 冷凍保安責任者の代理者（法第 33 条，法第 27 条の 4 第 2 項の準用）

(1) 冷凍保安責任者の代理者の選任

・あらかじめ，冷凍保安責任者の代理者を選任し，冷凍保安責任者が旅行，疾病その他の事故によってその職務を行うことができない場合に，その職務を代行させなければならない．

・冷凍保安責任者の代理者については，所定の冷凍保安責任者免状の交付を受けている者で，所定の高圧ガスの製造に関する経験を有する者のうちから，選任しなければならない．

Point

「あらかじめ」という語句がある．その都度ではない．

Point

冷凍保安責任者を選任しなければならない事業所には，常に 2 名の有資格者が必要となる．

(2) 代理者の職務

冷凍保安責任者の代理者は，冷凍保安責任者の職務を代行する場合は，この法律の規定の適用については，冷凍保安責任者とみなす．

(3) 冷凍保安責任者の代理者の選任および解任の届出

冷凍保安責任者の代理者を選任したときは，遅滞なく，その旨を都道府県知事等に届け出なければならない．これを解任したときも，同様とする．

例題

次のイ，ロ，ハの記述のうち，第一種製造者が冷凍保安責任者を選任しなければならない事業所における冷凍保安責任者およびその代理者について正しいものはどれか．

イ．1日の冷凍能力が90トンの製造施設を有する事業所には，第三種冷凍機械責任者免状の交付を受けている者であって，かつ，所定の経験を有する者のうちから冷凍保安責任者を選任することができる．

ロ．冷凍保安責任者の代理者には，高圧ガスの製造に関する経験を有していれば，製造保安責任者免状の交付を受けていない者を選任することができる．

ハ．定期自主検査において，冷凍保安責任者が旅行，疾病その他の事故によってその検査の実施について監督を行うことができない場合，あらかじめ選任したその代理者にその職務を行わせなければならない．

(1) イ　(2) ハ　(3) イ，ハ　(4) ロ，ハ　(5) イ，ロ，ハ

▶解説

イ：(正) この事業所は90トンとされ，100トン未満なので，第三種冷凍機械責任者免状と3トン以上の製造施設で1年以上の経験が必要である．

ロ：(誤) 冷凍保安責任者の代理者には，所定の冷凍保安責任者免状と所定の経験を有する者のうちから，選任しなければならない．

ハ：(正) 冷凍保安責任者が疾病などにより，その職務を行うことができないときに，その代理者に定期自主検査の実施について監督させることができる．

[解答]　(3)

Ch.1
Ch.2
Ch.3
Ch.4

保安

例題

次のイ，ロ，ハの記述のうち，冷凍保安責任者を選任しなければならない事業所における冷凍保安責任者およびその代理者について正しいものはどれか．

イ．選任している冷凍保安責任者を解任し，新たな者を選任したときは，遅滞なく，その旨を都道府県知事等に届け出なければならないが，冷凍保安責任者の代理者を解任および選任したときには届け出る必要はない．

ロ．冷凍保安責任者の代理者は，冷凍保安責任者の職務を代行する場合は，高圧ガス保安法の規定の適用については，冷凍保安責任者とみなされる．

ハ．すべての第二種製造者は，冷凍保安責任者を選任しなくてもよい．

(1) イ　(2) ロ　(3) ハ　(4) ロ，ハ　(5) イ，ロ，ハ

▶解説

イ：(誤) 冷凍保安責任者の代理者を解任および選任したときにも遅滞なく，その旨を都道府県知事等に届け出る必要がある．

ロ：(正) あらかじめ選任した冷凍保安責任者の代理者が冷凍保安責任者の職務を代行する場合は，高圧ガス保安法の規定の運用については，この代理者は冷凍保安責任者とみなされる．

ハ：(誤) アンモニアまたは可燃性ガスのフルオロカーボンでは，20 トン以上の冷凍のための設備を使用して高圧ガスの製造をしようとする第二種製造者は，その事業所ごとに冷凍保安責任者およびその代理者を選任しなければならないと定められている．したがって，第二種製造者においても，冷凍保安責任者を選任しなければならない場合がある．

[解答]　(2)

3-3 保安検査および定期自主検査

1 保安検査（法第35条）

保安検査とは，製造施設を一定期間，運転した後，特定施設の位置，構造および設備が所定の技術基準（冷凍則第7条）に適合しているかを点検・確認する法定検査の一つで，次のように規定されている．

(1) 第一種製造者の製造施設のうち，特定施設について，定期（3年以内に少なくとも1回以上）に，都道府県知事等が行う保安検査を受けなければならない．ただし，次に掲げる場合は，その都道府県知事等が行う保安検査を受けなくてもよい．

① 高圧ガス保安協会または指定保安検査機関が行う保安検査を受け，その旨を都道府県知事等に届け出た場合

② 認定保安検査実施者が，その認定に係る特定施設について，検査の記録を都道府県知事等に届け出た場合

(2) 協会または指定保安検査機関は，保安検査を行ったときは，遅滞なく，その結果を都道府県知事等に報告しなければならない．

Point
保安検査は，高圧ガスの製造の方法が技術上の基準に適合しているかどうかについて行われるものではない．

Point
指定保安検査機関…高圧ガス保安協会または経済産業大臣の指定する者

Point
認定保安検査実施者…自ら特定施設に係る保安検査を行うことができる者として経済産業大臣の認定を受けている者

Point
保安検査は都道府県知事等または協会または経済産業大臣の指定する者が行うこととなっている．保安検査を冷凍保安責任者の職務の一つとする定めはない．

2 特定施設の範囲等（冷凍則第40条）

(1) 次に掲げる保安検査不要施設を除く製造施設を特定施設という．

① ヘリウム，R21またはR114を冷媒ガスとする製造施設

② 製造施設のうち認定指定設備の部分

(2) 都道府県知事等が行う保安検査は，3年以内に少なくとも1回以上行う．

Point
特定施設…高圧ガスの爆発その他災害の発生するおそれがある製造施設

Ch.1
Ch.2
Ch.3
Ch.4
保安

(3)　保安検査を受ける第一種製造者は，製造施設完成検査証の交付を受けた日または前回の保安検査証の交付を受けた日から2年11月を超えない日までに，保安検査申請書を事業所の所在地を管轄する都道府県知事等に提出しなければならない．

(4)　都道府県知事等は，保安検査で特定施設が技術上の基準に適合していると認めるときは，保安検査証を交付するものとする．

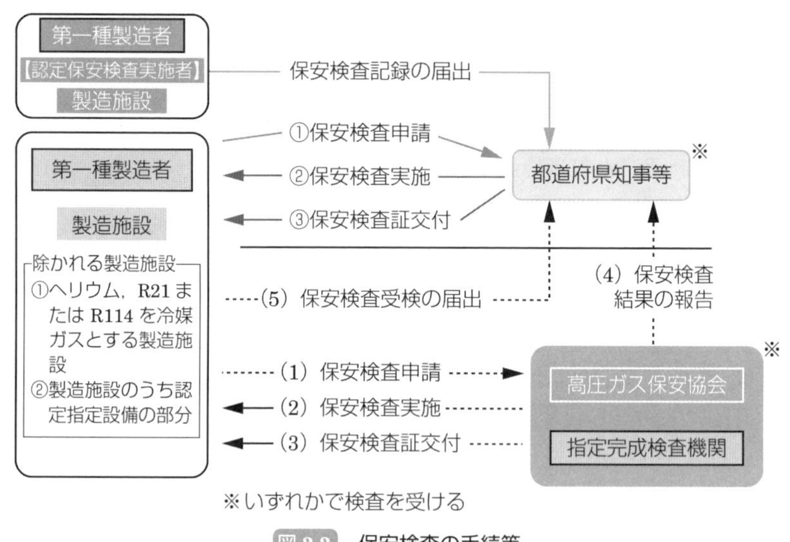

図3.3　保安検査の手続等

3　定期自主検査（法第35条の2，冷凍則第44条）

(1)　定期自主検査の内容（施設の位置，構造および技術上の基準）

定期自主検査は，製造施設の冷凍保安責任者など（冷凍保安責任者を選任した事業所は，冷凍保安責任者が監督）が，自ら定期的に設備の点検などを行う検査で，製造施設の位置，構造および設備が所定の技術上の基準（耐圧試験に係るものを除く）に適合しているかどうかについて行われる．

(2)　定期自主検査を行う製造施設など

次の者は，定期に保安のための自主検査を行い，その保安記録を作成し，保存しなければならない．

① 第一種製造者
② 認定指定設備
③ 第二種製造者でアンモニアまたは不活性

> **Point**
> 第二製造者の第一種ガスを冷媒とする製造設備は，定期自主検査は除外されている．

以外のフルオロカーボンを冷媒ガスとする製造設備の冷凍能力が1日20トン以上～50トン未満のもの

④　特定高圧ガス消費者

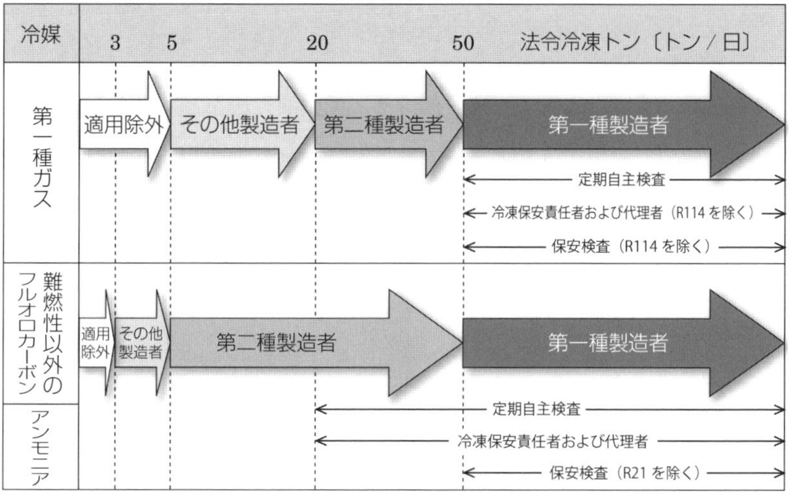

冷媒	3	5	20	50	法令冷凍トン〔トン/日〕
第一種ガス	適用除外	その他製造者	第二種製造者	第一種製造者	
				定期自主検査	
				冷凍保安責任者および代理者（R114を除く）	
				保安検査（R114を除く）	
難燃性以外のフルオロカーボン	適用除外	その他製造者	第二種製造者	第一種製造者	
アンモニア			定期自主検査		
			冷凍保安責任者および代理者		
				保安検査（R21を除く）	

要点整理

第二種製造者で，アンモニアまた不活性以外のフルオロカーボンを冷媒ガスとする1日の冷凍能力が20トン未満の場合は，定期自主検査が除かれている（20トン以上は定期自主検査を実施する）．

図3.4　冷媒ガス種別規制体系一覧表

(3)　定期自主検査の期間（1年に1回以上）

製造設備の自主検査は，技術上の基準（耐圧試験に係るものを除く）に適合しているかどうかについて，1年に1回以上行わなければならない．

(4)　定期自主検査の監督

選任した冷凍保安責任者に自主検査の実施について監督を行わせなければならない．

(5)　定期自主検査の記録と保存

自主検査の検査記録を作成し，これを保存しなければならない．

①　定期自主検査の記録事項

検査記録に次の各号に掲げる事項を記載し

Point

検査記録の記載事項の中に「検査の実施について監督を行った者（冷凍保安責任者またはその代理者）の氏名」があることに注意する．

なければならない.

・検査をした製造施設
・検査をした製造施設の設備ごとの検査方法および結果
・検査年月日
・検査の実施について監督を行った者の氏名

② 検査記録方法

検査記録は，電磁的方法（電子的方法，磁気的方法など）により記録することにより作成し，保存することができる．ただし，検査記録が必要に応じ電子計算機などの機器を用いて直ちに表示できるようにしておく．

保安検査	定期自主検査
○第一種製造者の特定施設	○冷凍保安責任者に自主検査の実施監督
○届出	○自主検査
○3 年以内に 1 回以上	○1 年に 1 回以上

図 3.5 保安検査と定期自主検査

Point

定期自主検査を行ったときは，検査記録を作成し保存しなければならないが，都道府県知事等に届け出る必要はない．

資料

表 3.3　冷媒ガス種別規制体系一覧表

法定冷凍トン（3, 5, 20, 50, 60〔トン〕）

ガス	型	項目	〜3	3〜5	5〜20	20〜50	50〜60	60〜
第一種ガス	通常	事業者の区分	適用除外		その他の製造者	第二種製造者	第一種製造者	
		冷凍保安責任者					選任（R114は除く）	
		保安検査					受検（R114は除く）	
		保安教育計画					制定	
		保安教育				実施	実施	
		定期自主検査					実施	
		危害予防規定					制定	
	ユニット型	事業者の区分	適用除外		その他の製造者	第二種製造者	第一種製造者	
		保安検査					受検（R114は除く）	
		保安教育計画					制定	
		保安教育				実施	実施	
		定期自主検査					実施	
		危害予防規定					制定	
	認定指定設備	事業者の区分					第二種製造者	
		保安教育					実施	
		定期自主検査					実施	
難燃性以外のフルオロカーボン	通常	事業者の区分	適用除外	その他の製造者	第二種製造者		第一種製造者	
		冷凍保安責任者				選任		
		保安検査					受検	
		保安教育計画					制定	
		保安教育			実施		実施	
		定期自主検査				実施		
		危害予防規定					制定	
アンモニア	通常	事業者の区分	適用除外	その他の製造者	第二種製造者		第一種製造者	
		冷凍保安責任者				選任		
		保安検査					受検	
		保安教育計画					制定	
		保安教育			実施		実施	
		定期自主検査				実施		
		危害予防規定					制定	
	ユニット型	事業者の区分	適用除外	その他の製造者	第二種製造者		第一種製造者	
		保安教育					受検	
		保安教育計画					制定	
		保安教育			実施		実施	
		定期自主検査					実施	
		危害予防規定					制定	
その他のガス（ヘリウム，プロパンなど）		事業者の区分	適用除外	第二種製造者		第一種製造者		
		冷凍保安責任者				選任（ユニット型は除く）		
		保安検査				受検（ヘリウムは除く）		
		保安教育計画				制定		
		保安教育		実施		実施		
		定期自主検査				実施		
		危害予防規定				制定		

例題

次のイ，ロ，ハの記述のうち，冷凍のため高圧ガスの製造をする第一種製造者（認定保安検査実施者である者を除く）が受ける保安検査について正しいものはどれか．

イ．保安検査は，特定施設が製造施設の位置，構造および設備ならびに製造の方法に係る技術上の基準に適合しているかどうかについて行われる．

ロ．特定施設について．高圧ガス保安協会が行う保安検査を受け，その旨を都道府県知事等に届け出た場合は．都道府県知事等が行う保安検査を受けなくてよい．

ハ．保安検査の実施を監督することは，冷凍保安責任者の職務の一つとして定められている．

(1) ロ　(2) ハ　(3) イ，ロ　(4) イ，ハ　(5) イ，ロ，ハ

▶解説

イ：(誤) 保安検査は，製造のための施設の位置，構造および設備が所定の製造設備に係る技術上の基準に適合しているかどうかについて行われる．製造の方法に係る技術上の基準については，保安検査の対象にならない．

ロ：(正) 高圧ガス保安協会による保安検査を受け，その旨を都道府県知事等に届け出た場合は．都道府県知事等が行う保安検査が不要である．

ハ：(誤) 製造施設について，定期に都道府県知事等が行う保安検査を受けなければならないと定められている．選任した冷凍保安責任者にその保安検査の実施について監督などを行わせなければならない旨の規定はない．

[解答] (1)

例題

次のイ，ロ，ハの記述のうち，冷凍のため高圧ガスの製造をする第一種製造者（認定保安検査実施者である者を除く）が受ける保安検査について正しいものはどれか．

イ．製造施設のうち認定指定設備である部分は，保安検査を受けなくてよい．

ロ．フルオロカーボン114を冷媒ガスとする製造施設は，都道府県知事等，高圧ガス保安協会または指定保安検査機関が行う保安検査を受けなくてよい．

ハ．製造施設について，高圧ガス保安協会が行う保安検査を受けた場合，高圧ガス保安協会がその検査結果を都道府県知事等に報告することとなっているので，その保安検査を受けた旨を都道府県知事等に届ける必要はない．

(1) イ　(2) ハ　(3) イ，ロ　(4) ロ，ハ　(5) イ，ロ，ハ

▶解説

イ：(正) 製造施設のうち，認定指定設備に係る部分については，保安検査を受ける必要はない．

ロ：(正) ヘリウム，R21またはR114を冷媒ガスとする製造施設は，特定施設から除外されている．

ハ：(誤) 高圧ガス保安協会が行う保安検査を受け，その旨を都道府県知事等に届け出た場合に，都道府県知事等が行う保安検査を受けなくてもよい．

[解答]　(3)

Ch.1
Ch.2
Ch.3
Ch.4

保安

例題

次のイ，ロ，ハの記述のうち，冷凍のため高圧ガスの製造をする第一種製造者が行う定期自主検査について正しいものはどれか．

イ．定期自主検査は，1年に1回以上行わなければならない．

ロ．製造施設のうち，認定指定設備の部分については，定期自主検査を行わなくてよい．

ハ．選任している冷凍保安責任者または冷凍保安責任者の代理者以外の者であっても，所定の製造保安責任者免状の交付を受けている者に，定期自主検査の実施について監督を行わせることができる．

(1) イ　(2) ハ　(3) イ，ロ　(4) ロ，ハ　(5) イ，ロ，ハ

▶解説

イ：(正) 定期自主検査の実施頻度は，1年に1回以上である．

ロ：(誤) 第一種製造者，第二種製造者，特定高圧ガス消費者が定期に，保安のための自主検査を行い，その検査記録を作成し，これを保存しなければならないと定められている．認定指定設備に係る部分についての除外規定はない．

ハ：(誤) 定期自主検査を行うときは，その選任している冷凍保安責任者または冷凍保安責任者の代理者にその自主検査の実施について監督を行わせなければならないと定められている．冷凍保安責任者または冷凍保安責任者の代理者以外にその職務の代行をさせることはできない．

[解答] (1)

例題

次のイ，ロ，ハの記述のうち，冷凍のため高圧ガスの製造をする第一種製造者が行う定期自主検査について正しいものはどれか．

イ．定期自主検査は，製造施設の位置，構造および設備が所定の技術上の基準に適合しているかどうかについて行わなければならないが，その技術上の基準のうち耐圧試験に係るものは除かれている．

ロ．製造施設について保安検査を受け，かつ，所定の技術上の基準に適合していると認められたときは，その翌年の定期自主検査を行わなくてよい．

ハ．定期自主検査を行ったときは，所定の検査記録を作成し，遅滞なく，これを都道府県知事等に届け出なければならない．

(1) イ　(2) ハ　(3) イ，ロ　(4) ロ，ハ　(5) イ，ロ，ハ

▶解説

イ：(正) 定期自主検査は，製造施設の位置構造および設備が所定の技術上の基準（耐圧試験に係るものを除く）に適合しているかどうかについて行わなければならない．

ロ：(誤) 第一種製造者は，1年に1回以上の定期自主検査を行わなければならないと定められている．とくに保安検査を受けることによる除外規定はない．

ハ：(誤) 製造施設で，保安のための定期自主検査を行い所定の技術上の基準に適合している場合は，その記録を作成し，これを保存しなければならないが都道府県知事等に届け出る定めはない．

[解答] (1)

例題

次のイ，ロ，ハの記述のうち，冷凍のため高圧ガスの製造をする第一種製造者が行うべき定期自主検査について正しいものはどれか.

イ．冷凍のための製造施設について定期自主検査を行わなければならないのは，第一種製造者のみである.

ロ．定期自主検査は．冷媒ガスが不活性ガスである製造施設の場合は行わなくてよいと定められている.

ハ．定期自主検査の検査記録は，電磁的方法で記録することにより作成し，保存することができるが，その記録が必要に応じ電子計算機その他の機器を用いて直ちに表示されることができるようにしておかなければならない.

(1) イ　(2) ハ　(3) イ，ハ　(4) ロ，ハ　(5) イ，ロ，ハ

▶解説

イ：(誤) 第二種製造者で，アンモニアまたはフルオロカーボン（不活性のものを除く）を冷媒ガスとする1日の冷凍能力が20トン以上の冷凍設備を使用して高圧ガスの製造をしようとする者およびその他冷凍能力が50トン以上で認定指定設備を使用する者は，その施設について定期自主検査を行わなければならない．したがって，第二種製造者の製造施設のうちには，定期に，保安のための自主検査を行わければならないものがある.

ロ：(誤) 冷媒ガスの種類にかかわらず，定期自主検査は行う.

ハ：(正) 定期自主検査の記録は，直ちに表示されることができるようにして，電磁的方法により記録することにより作成し，保存することができる.

[解答]　(2)

例題

次のイ，ロ，ハの記述のうち，冷凍のため高圧ガスの製造をする第一種製造者（認定保安検査実施者である者を除く）が受ける保安検査について正しいものはどれか．

イ．保安検査は，高圧ガスの製造の方法が所定の技術上の基準に適合しているかどうかについて行われる．

ロ．ヘリウムを冷媒ガスとする製造施設は，都道府県知事等，高圧ガス保安協会または指定保安検査機関が行う保安検査を受ける必要はない．

ハ．都道府県知事等，高圧ガス保安協会または指定保安検査機関が行う保安検査は，3 年以内に少なくとも 1 回以上行われる．

(1) イ　(2) ロ　(3) イ，ハ　(4) ロ，ハ　(5) イ，ロ，ハ

▶解説

イ：(誤) 保安検査は，高圧ガスの製造のための施設の位置，構造および設備が技術上の基準に適合しているかどうかについて行うものと定められている．製造の方法に係る技術上の基準については，保安検査の対象にならない．

ロ：(正) ヘリウム，R21 または R114 を冷媒ガスとする製造施設は，特定施設から除外されている．

ハ：(正) 3 年以内に少なくとも 1 回以上都道府県知事等が行う保安検査を受けなければならない．

[解答]　(4)

3-4 危険時の措置，事故届および帳簿

1 危険時の措置，届け出（法第 36 条）

(1) 応急の措置

高圧ガスの製造施設，貯蔵所，販売施設，特定高圧ガスの消費施設または高圧ガスを充填した容器が危険な状態になったときは，製造施設等の所有者または占有者は，直ちに所定の災害の発生防止のための応急の措置（冷凍則第 45 条）を講じなければならない．

(2) 発見者の届出義務

危険な事態を発見した者は，直ちにその旨を都道府県知事等または警察官，消防吏員もしくは消防団員もしくは海上保安官に届け出なければならない．

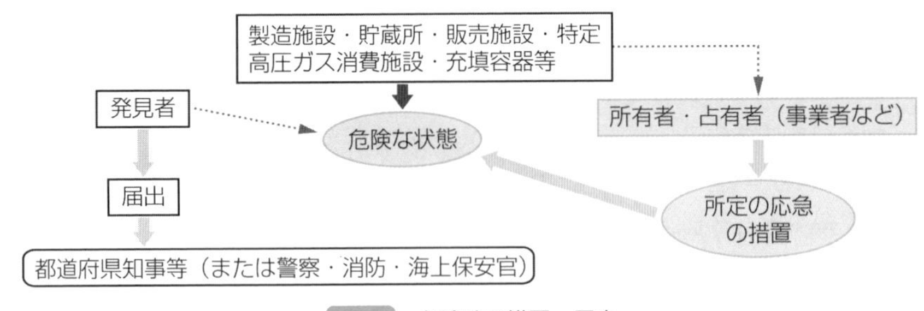

図 3.6 危険時の措置・届出

2 危険時の応急措置（冷凍則第 45 条）

災害の発生により製造施設が危険な状態になったときの応急の措置は，次の掲げるものである．

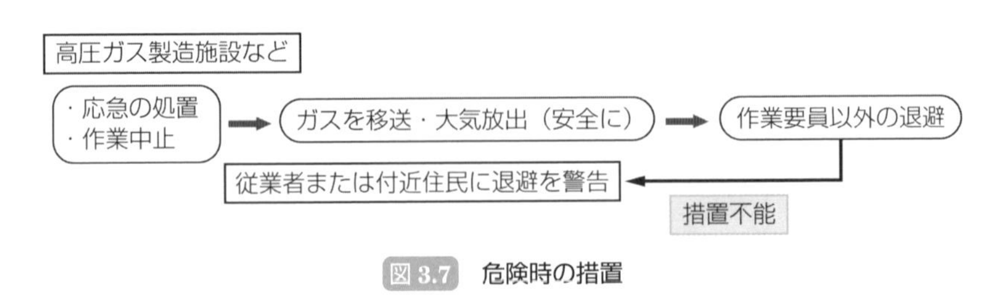

図 3.7 危険時の措置

① 製造施設が危険な状態になったときは，直ちに，応急の措置を行うととも

に製造の作業を中止し，冷媒設備内のガスを安全な場所に移し，または大気中に安全に放出し，この作業にとくに必要な作業員のほかは退避させること．

② ①に掲げる措置を講ずることができないときは，従業者または必要に応じ付近の住民に退避するよう警告すること．

3 火気などの制限（法第 37 条）

（1） 火気取扱禁止

何人も，第一種製造者などが指定する場所で火気を取り扱ってはならない．

Point
何人とは，事業所の従業員（その事業所に選任された冷凍保安責任者も含む）はもちろんのこと，一般人にも適用される．

（2） 発火しやすい物の携帯禁止

何人も，第一種製造者などに承諾を得ないで，発火しやすい物を携帯して，指定する場所に立ち入ってはならない．

4 帳　簿（法第 60 条）

（1） 帳簿の備え

第一種製造者，第一種貯蔵所または第二種貯蔵所の所有者または占有者，販売業者，容器製造業者および容器検査所の登録を受けた者は，帳簿を備え，高圧ガスもしくは容器の製造，販売もしくは出納または容器再検査もしくは付属品再検査について，所定の事項（冷凍則第 65 条）を記載し，これを保存しなければならない．

Point
ここで，第二種製造者が除かれていることに注意する．

（2） 帳簿に記載する事項と保存（冷凍則第 65 条）

第一種製造者は，事業所ごとに，下記を記載した帳簿を備え，10 年間保存しなければならない．

・製造施設に異常があった年月日

・それに対してとった措置

Point
帳簿には，製造施設全体について所定の事項を記載し，これを保存する．

5 事故届（法第 63 条）

第一種製造者，第二種製造者，販売業者，高圧ガスを貯蔵し，または消費する者，容器製造業者，容器の輸入をした者その他高圧ガスまたは容器を取り扱う者は，次に掲げる場合は，遅滞なく，その旨を都道府県知事等または警察官に届け出なければならない.

① その所有し，または占有する高圧ガスについて災害が発生したとき.

② その所有し，または占有する高圧ガスまたは容器を喪失し，または盗まれたとき.

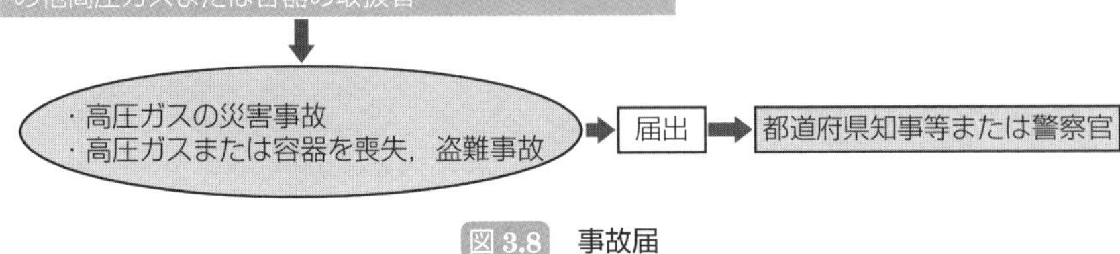

図 3.8 事故届

危険時の応急措置

第一段階

・応急の措置を行うとともに製造の作業を中止する.

・冷媒設備内のガスを安全な場所に移す（または大気中に安全に放出する）.

・その作業にとくに必要な作業員のほかは退避させる.

第二段階

・従業者または必要に応じ付近の住民に退避するよう警告

例題

次のイ，ロ，ハの記述のうち，正しいものはどれか．

イ．第一種製造者がその事業所内において指定した場所では，その事業所に選任された冷凍保安責任者を除き，何人も火気を取り扱ってはならない．

ロ．「製造施設が危険な状態となったときは，直ちに応急の措置を行うとともに製造の作業を中止し，冷媒設備内のガスを安全な場所に移し，または大気中に安全に放出し，この作業にとくに必要な作業員のほかは退避させること」の定めは，第二種製造者には適用されない．

ハ．製造施設の所有者または占有者が，その所有または占有する製造施設が危険な状態となったときは，直ちに，所定の応急の措置を講じなければならないが，その措置を講ずることができない場合は，従業者または必要に応じ付近の住民に退避するよう警告しなければならない．

(1) イ　(2) ロ　(3) ハ　(4) イ，ハ　(5) ロ，ハ

▶解説

イ：(誤) 何人も，第一種製造者などが指定する場所で火気を取り扱ってはならないと定められている．したがって，冷凍保安責任者はもちろん，従業員，役員でも指定場所での火気取扱は禁止である．

ロ：(誤) 製造施設の種類による除外規定はないので，第二種製造者の製造施設にも適用される．

ハ：(正) 製造施設が危険な状態になったとき，直ちに，所定の応急の措置を講じなければならないが，応急の措置を講ずることができない場合は，従業者と付近の住民に退避するように警告しなければならない．

[解答] (3)

例題

次のイ，ロ，ハの記述のうち，冷凍のため高圧ガスの製造をする第一種製造者について正しいものはどれか．

イ．高圧ガスの製造施設が危険な状態となったときは，直ちに応急の措置を講じなければならない．また，この第一種製造者に限らずこの事態を発見した者は，直ちにその旨を都道府県知事等または警察官，消防吏員もしくは消防団員もしくは海上保安官に届け出なければならない．

ロ．その占有する液化アンモニアの充塡容器を盗まれたときは，遅滞なく，その旨を都道府県知事等または警察官に届け出なければならないが，残ガス容器を喪失したときは，その必要はない．

ハ．事業所ごとに帳簿を備え，製造施設に異常があった場合，異常があった年月日およびそれに対してとった措置をその帳簿に記載しなければならない．また，その帳簿は製造開始の日から10年間保存しなければならない．

(1) イ　(2) ロ　(3) ハ　(4) イ，ハ　(5) ロ，ハ

▶解説

イ：(正) 製造施設が危険な状態になったときは，直ちに，応急の措置を講じなければならない．また，この事業者に限らずこの事態を発見した者は，直ちに，その旨を都道府県知事等または警察官などに届け出なければならない．

ロ：(誤) 第一種製造者は，その所有し，または占有する高圧ガスまたは容器を喪失し，または盗まれたときは，遅滞なく，その旨を都道府県知事等または警察官に届け出なければならないと定められている．残ガス容器を喪失したときも同様である．

ハ：(誤) 帳簿の保存期間は，製造開始の日から10年間保存でなく，記載の日から10年間保存（要するに異常のあった日から）である．

[解答] (1)

4-1 容器検査等

1 容器検査（法第44条）

(1) 容器の製造または輸入をした者は，経済産業大臣，協会または経済産業大臣が指定する者（指定容器検査機関）が行う容器検査を受け，これに合格したものとして刻印または標章の掲示がされているものでなければ，容器を譲渡し，または引き渡してはならない.

ただし，次に掲げる容器については，この限りでない.

① 登録容器製造業者が製造した容器で，刻印または標章の掲示（自主検査刻印等）がされているもの.

② 輸出その他の所定の用途（容器則第5条）に供するもの.

③ 高圧ガスを充填して輸入された容器で，高圧ガスを充填してあるもの.

(2) 容器検査を受けようとする者は，容器に充填しようとする高圧ガスの種類および圧力を明らかにしなければならない.

(3) 再充填禁止容器について，容器検査を受けようとする者は，その容器が再充填禁止容器である旨を明らかにしなければならない.

(4) 容器検査においては，その容器が所定の高圧ガスの種類および圧力の大きさ別の容器の規格に適合するときは，これを合格とする.

> **Point**
> 再充填禁止容器とは，高圧ガスを一度充填した後，再度高圧ガスを充填することができないものとして製造された容器である.

2 刻印等（法第45条）

(1) 経済産業大臣，協会または指定容器検査機関は，容器が容器検査に合格した場合，速やかに，その容器に，刻印をしなければならない.

(2) 刻印をすることが困難な容器には，その容器に標章を掲示しなければならない.

> **Point**
> 標章の掲示とは，プレートに所定の事項を打刻したものを取れないように容器の肩部などに溶接等をすることである.

(3) 何人も，容器に，所定の刻印等（刻印または標章の掲示）と紛らわしい刻印等をしてはならない.

3　容器再検査（法第 49 条抜粋）

容器再検査は，容器が容器検査または前回の容器再検査の後，一定期間を経過したときおよび容器が損傷を受けたときに，容器の安全性を確認するために行う．

① 容器再検査は，経済産業大臣，協会，指定容器検査機関または経済産業大臣が行う容器検査所の登録を受けた者が所定の方法により行う．

② 容器再検査に合格した場合，速やかに，所定の刻印，または刻印をすることが困難なものとして定める容器には標章の掲示をしなければならない．

③ 何人も，容器に，所定の刻印または標章の掲示と紛らわしい刻印または標章の掲示をしてはならない．

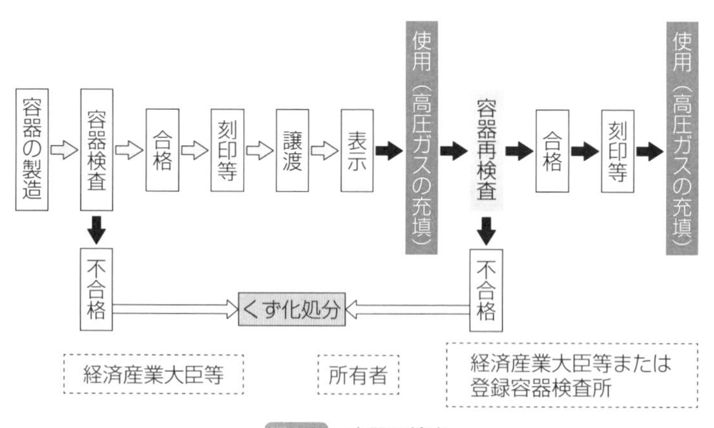

図 4.1　容器再検査

4　容器再検査の期間（容器則第 24 条）

容器は，次の所定の期間ごとに再検査を受ける必要がある．

① 溶接容器など（溶接容器，超低温容器およびろう付け容器）
- 経過年数（製造した後の経年数）が 20 年以上のもの…2 年
- 経過年数が 20 年未満のもの…5 年

② 一般継目なし容器…5 年

③ 一般複合容器…3 年

Point

容器検査または容器再検査を受け，これに合格し所定の刻印等がされた容器に高圧ガスを充填する場合の条件の一つに，その容器が所定の期間を経過していないことがある．

5　附属品検査および附属品再検査（法 49 条の 2，法 49 条の 4）

附属品（バルブその他の容器の附属品）の製造または輸入をした者は，経済産業大臣，協会または指定容器検査機関が所定の方法で行う附属品検査を受け，これに合格したものとして所定の刻印がされているものでなければ，附属品を譲渡し，または引き渡してはならない．また，附属品再検査に合格した場合にも，所定の刻印をすべきと定められている．

Point

附属品には刻印をするのみ（標章の掲示はない）であるため，「刻印等」でなく「刻印」としている．

6　高圧ガスの充填（法第 48 条抜粋）

(1)　高圧ガスを充填する容器の規定

高圧ガス容器（再充填禁止容器を除く）は，次のいずれにも該当するものでなければならない．

① 容器検査に合格し，所定の刻印等（刻印または標章）または自主検査刻印等がされていること．

② 所定の表示（法第 46 条）をしてあること．

③ 容器検査もしくは容器再検査を受けた後，所定の期間を経過した容器または損傷を受けた容器は，容器再検査を受け，これに合格し，容器に所定の刻印または標章の掲示がされているものであること．

(2)　再充填禁止容器の規定

高圧ガスを充填した再充填禁止容器および高圧ガスを充填して輸入された再充填禁止容器には，再度高圧ガスを充填してはならない．

(3)　容器に充填する高圧ガスの規定

容器に充填する高圧ガスは，刻印または自主検査刻印に示された種類の高圧ガスである．

- 圧縮ガスは，刻印または自主検査刻印において示された最高充填圧力（記号：**FP**）以下のものである．
- 液化ガスは，所定の方法（容器則第 22 条）により，刻印，自主検査刻印で示された内容積に応じて計算した質量以下のものであること．

Point

刻印等により最高充填質量の数値の刻印はされない．その高圧ガスの種類と容器の内容積に応じて所定の計算による数値以下で充填しなければならないと定められている．

7　液化ガスの質量の計算方法（容器則第 22 条）

液化ガスの充填は，次の式で計算した質量以下で行う．

液化ガスの質量　$G = \frac{V}{C}$〔kg〕

ここで，V：容器の内容積〔ℓ〕

C：容器保安規則で定める液化ガスの種類に応じた値〔ℓ/kg〕

8　容器に充填する高圧ガスの種類または圧力の変更（法第 54 条）

(1)　容器の所有者は，その容器に充填しようとする高圧ガスの種類または圧力を変更しようとするときは，刻印等をすべきことを経済産業大臣，協会または指定容器検査機関に申請しなければならない．

(2)　経済産業大臣，協会または指定容器検査機関は，規定による申請があった場合，変更後においてもその容器が所定の規格に適合すると認めるときは，速やかに，刻印等をしなければならない．この場合，経済産業大臣，協会または指定容器検査機関は，その容器にされていた刻印等を抹消しなければならない．

(3)　規定による申請をした者は，所定の刻印等がされたときは，遅滞なく，その容器に，所定の表示をしなければならない．

9　容器および附属品のくず化その他の処分

規格に適合しない容器および附属品は，くず化し，使用できないようにしなければならない．

(1)　経済産業大臣は，容器検査に合格しなかった容器がこれに充填する高圧ガスの種類または圧力を変更しても規格に適合しないと認めるときは，その所有者に対し，これをくず化し，その他容器として使用することができないように処分すべきことを命ずることができる．

(2)　協会または指定容器検査機関は，その行う容器検査に合格しなかった容器がこれに充填する高圧ガスの種類または圧力を変更しても規格に適合しないと認めるときは，遅滞なく，その旨を経済産業大臣に報告しなければならない．

(3)　容器の所有者は，容器再検査に合格しなかった容器について 3 月以内に規定による刻印等がされなかったときは，遅滞なく，これをくず化し，その他容器として使用することができないように処分しなければならない．

(4)　(1)～(3) の規定は，附属品検査または附属品再検査に合格しなかった附属品について準用する．

(5)　容器または附属品の廃棄をする者は，くず化し，その他容器または附属品として使用することができないように処分しなければならない．

コラム

用語の定義（容器則第 1 条，第 2 条抜粋）

(1)　容器

高圧ガスを充填するための容器で，地盤面に対して移動することができるもの．なお，移動できないものを貯槽という．

① 継目なし容器　内面に 0 Pa を超える圧力を受ける部分に溶接部を有しない容器．

② 溶接容器　耐圧部分に溶接部を有する容器．

③ 超低温容器　温度が－50℃以下の液化ガスを充填することができる容器で，断熱材で被覆することにより容器内のガスの温度が常用の温度を超えて，上昇しないような措置を講じてある容器．

④ 低温容器　断熱材で被覆し，または冷凍設備で冷却することにより容器内のガスの温度が常用の温度を超えて上昇しないような措置を講じてある液化ガスを充填するための容器で超低温容器以外の容器．

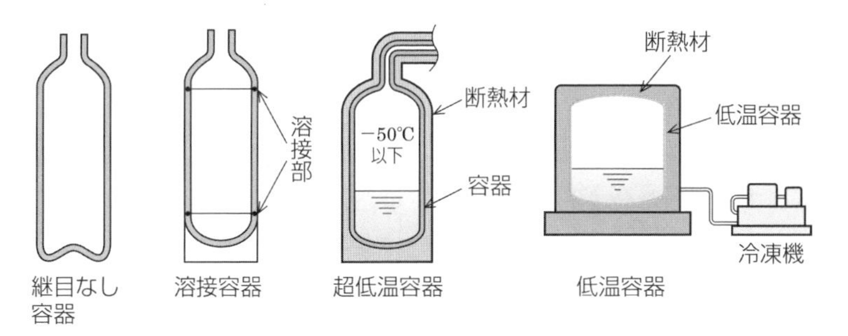

図 4.2　容器

⑤ ろう付け容器　耐圧部分がろう付けにより接合された容器．

⑥ 再充填禁止容器　高圧ガスを一度充填した後再度高圧ガスを充填することができないものとして製造された容器．

(2)　最高充填圧力：表 4.1 の容器の区分に応じて，掲げるゲージ圧力．

表 4.1　容器の区分

容器の区分	圧　力
圧縮ガスを充塡する容器	温度 35℃（アセチレンガスにあっては温度 15℃）においてその容器に充塡することができるガスの圧力のうち最高のものの数値

(3)　耐圧試験圧力：表 4.2 の高圧ガスの種類を充塡する容器に応じて，掲げるゲージ圧力．

表 4.2　高圧ガスの種類

高圧ガスの種類		圧力（単位：MPa）
圧縮ガス	アセチレンガス	最高充塡圧力の数値の 3 倍
	アセチレンガス以外のガス	最高充塡圧力の数値の 5/3 倍

例題

次のイ，ロ，ハの記述のうち，高圧ガスを充塡するための容器について正しいものはどれか．

イ．容器に充塡することができる液化フルオロカーボン 22 の質量は，次の式で表される．

$$G=V/C$$

ここで，G：液化フルオロカーボン 22 の質量（単位 kg）の数値，V：容器の内容積（単位 ℓ〕の数値，C：容器保安規則で定める数値〔ℓ/kg〕

ロ．容器検査に合格した容器には，所定の刻印等がされているが，その容器が容器再検査に合格した場合は，表示のみがされる．

ハ．容器の廃棄をする者は，その容器をくず化しその他容器として使用することができないように処分しなければならないが，容器の附属品の廃棄については．その定めはない．

(1) イ　(2) ロ　(3) ハ　(4) イ，ロ　(5) ロ，ハ

▶ 解説

イ：(正) 容器に充塡する高圧ガスである液化ガスは，所定の算式で計算した質量以下のものでなければならない．

ロ：(誤) 容器が容器再検査に合格した場合は，所定の刻印をしなければならない．また，刻印をすることが困難なものとして定める容器には標章の掲示をしなければならないと規定されている．

ハ：(誤) 容器または附属品の廃棄をする者は，その容器または附属品をくず化し，その他の容器または附属品として使用することができないように処分しなければならない．附属品の廃棄についても容器と同様の扱いが必要である．

[解答] (1)

例題

次のイ，ロ，ハの記述のうち，高圧ガスを充填するための容器（再充填禁止容器を除く）について正しいものはどれか．

イ．容器に充填する液化ガスは，刻印または自主検査刻印で示された種類の高圧ガスであり，かつ，容器に刻印または自主検査刻印で示された最大充填質量の数値以下のものでなければならない．

ロ．容器の外面に所有者の氏名などの所定の事項を明示した容器の所有者は，その事項に変更があったときは，次回の容器再検査時にその事項を明示し直さなければならないと定められている．

ハ．液化フルオロカーボンを充填する溶接容器の容器再検査の期間は，その容器の製造後の経過年数に応じて定められている．

(1) イ　(2) ロ　(3) ハ　(4) イ，ハ　(5) ロ，ハ

▶解説

イ：(誤) 容器に充填する液化ガスは，刻印等で示されている容器の内容積に応じて所定の計算式により計算した質量以下で充填することと定められている．刻印等により最高充填質量の数値の明示はされない．

ロ：(誤) 容器の外面に容器の所有者の氏名などを明示した容器の所有者は，その氏名等に変更があったときは，遅滞なく，その表示を変更するものとすると定められいる．

ハ：(正) 溶接容器の容器再検査の期間は，その容器の製造後の経過年数に応じて定められている．

[解答] (3)

4-2 容器の刻印等および表示

1 刻印等の方式（容器則第 8 条抜粋）

容器に刻印しようとする者は，容器の厚肉の部分の見やすい箇所に，明瞭に，消えないように刻印しなければならない．

① 検査実施者の名称または符号
② 容器製造業者の名称または符号
③ 充填すべき高圧ガスの種類
④ 容器の記号および番号
⑤ 内容積（記号：V，単位：ℓ）

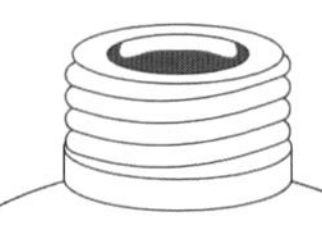

Point
内容積は刻印されているが，最大充填質量は刻印されていないので，刻印されている内容積から，最大充填質量を算出する．

⑥ 附属品を含まない容器の質量（記号：W，単位：kg）
⑦ アセチレンガスを充填する容器では，多孔質物および附属品の質量を加えた質量（記号：TW，単位：kg）
⑧ 容器検査に合格した年月（内容積が 4 000 ℓ 以上などとくに定められた容器では年月日）
⑨ 耐圧試験における圧力（記号：TP，単位：MPa）および M
⑩ 圧縮ガスを充填する容器では，最高充填圧力（記号 FP，単位 MPa および M）
⑪ 内容積が 500 ℓ を超える容器は，胴部の肉厚（記号 t，単位 mm）

Point
容器検査の合格後は，所定の期間を経過するごとに容器再検査を受ける必要がある．容器再検査に合格した容器には，その容器再検査の年・月も刻印する．

Point
「TP 2.9 M」は，その容器の耐圧試験における圧力が 2.9 MPa であることを表している．

Point
「FP 14.7 M」は，その容器の最高充填圧力が 14.7 MPa であることを表している．

2 容器表示（法第 46 条，法第 47 条）

(1) 容器の所有者は，次に掲げるときは，遅滞なく，その容器に，表示をしなければならない．その表示が滅失したときも，同様とする．

① 容器に刻印等がされたとき．

② 容器再検査で容器に刻印または標章の掲示をしたとき．

③ 自主検査刻印等がされている容器を輸入したとき．

(2) 容器（高圧ガスを充塡したものに限る）の輸入をした者は，容器が検査に合格したときは，遅滞なく，その容器に，表示をしなければならない．その表示が滅失したときも，同様とする．

(3) 容器を譲り受けた者は，遅滞なく，その容器に，表示をしなければならない．その表示が滅失したときも，同様とする．

(4) 何人も，規定された以外に，容器に表示または紛らわしい表示をしてはならない．

3 容器の表示の方式（容器則第 10 条抜粋）

(1) 高圧ガスの種類に応じて，塗色をその容器の外面の見やすい箇所に容器の表面積の 2 分の 1 以上について行うものとする．

表 4.3 高圧ガス容器の塗色

高圧ガスの種類	塗色の区分
酸素ガス	黒色
水素ガス	赤色
液化炭酸ガス	緑色
液化アンモニア	白色
液化塩素	黄色
アセチレンガス	かっ色
その他の種類の高圧ガス	ねずみ色

(2) 容器の外面に次の事項を明示する．

① 充塡することができる高圧ガスの名称

② 可燃性ガスには「燃」，毒性ガスには「毒」の文字

(3) 容器の外面に所有者の氏名など（所有者の氏名または名称，住所および電話番号）の所定の事項を明示する．その事項に変更があるときは，遅滞なく，変更しなければならない．

(4)　氏名などの表示をした容器の所有者は，その氏名などに変更があったときは，遅滞なく，その表示を変更する．

コラム

液化アンモニア充填容器の表示

液化アンモニアは毒性であり，可燃性でもあるので，その容器の表面積の2分の1以上に白色の塗色した充填容器の外面には，充填することができる高圧ガスの名称ならびに性質を示す文字として「燃」および「毒」の両方を明示することと定められている．

例題

次のイ，ロ，ハの記述のうち，高圧ガスを充填するための容器（再充填禁止容器を除く）について正しいものはどれか．

イ．容器の記号および番号は，容器検査に合格した容器に刻印をすべき事項の一つである．

ロ．液化アンモニアを充填する容器にすべき表示の一つに，その容器の外面にそのガスの性質を示す文字の明示があるが，その文字として毒のみの明示が定められている．

ハ．容器検査に合格した容器に刻印すべき事項の一つに，その容器が受けるべき次回の容器再検査の年月日がある．

(1) イ　(2) ロ　(3) ハ　(4) イ，ハ　(5) ロ，ハ

▶解説

イ：(正) 容器検査に合格した容器に刻印をすべき事項の一つに，容器の記号および番号がある．

ロ：(誤) 液化アンモニアは可燃性ガスであり毒性ガスでもあるので，「燃」および「毒」の両方を明示しなければならない．

ハ：(誤) 容器検査に合格した容器には，容器検査に合格した年月を刻印しなければならないと定められている．その容器が受けるべき次回の容器再検査の年月日の刻印はされない．

[解答]　(1)

例題

次のイ，ロ，ハの記述のうち，高圧ガスを充填するための容器について正しいものはどれか.

イ．容器の外面に所有者の氏名などの所定の事項を明示した容器の所有者は，その事項に変更があったときは，次回の容器再検査時にその事項を明示し直さなければならないと定められている.

ロ．液化フルオロカーボンを充填する容器に表示をすべき事項の一つに「その容器の外面の見やすい箇所に，その表面積の2分の1以上についてねずみ色の塗色をすることがある.

ハ．液化ガスを充填する容器に明示すべき事項の一つに，その容器に充填することができる液化ガスの最高充填質量の数値がある.

(1) イ　(2) ロ　(3) イ，ロ　(4) ロ，ハ　(5) イ，ロ，ハ

▶解説

イ：(誤) 容器の外面に容器の所有者の氏名などを明示した容器の所有者は，その氏名などに変更があったときは，遅滞なく，その表示を変更するものとすると定められいる.

ロ：(正) 液化フルオロカーボンを充填する容器にはねずみの塗色で，液化アンモニアには白色の塗色をする.

ハ：(誤) 容器に充填すべき液化ガスの最大充填質量は，容器にされる刻印または自主検査刻印もしくは表示によって示されていない．その高圧ガスの種類と容器の内容積に応じて所定の計算による数値以下で充填する.

[解答]　(2)

索 引

ア 行

アキュムレータ…………………………114
圧縮応力………………………………159
圧縮ガス………………………………203
圧縮機……………………………………26
圧縮機の吐出しガス温度………………53
圧縮比……………………………………40
圧　力……………………………………15
圧力逃がし装置………………………154
圧力配管用炭素鋼鋼管………………139
圧力比……………………………………40
油上がり…………………………………77
油分離器………………………………113
油戻し装置……………………………102
アプローチ………………………………92
アメリカ冷凍トン………………………39
泡立ち……………………………………78
安全弁…………………………………151
アンローダ………………………………74

イエローカード…………………………254
一般鋼材用圧延鋼材……………………139
移動式製造設備…………………………208
インナフィンチューブ…………………102
インバータ装置…………………………75

薄肉円筒胴圧力容器……………………166

エアパージ………………………………97
液圧試験………………………………173
液圧縮…………………………………193
液化ガス………………………………203
液ガス熱交換器………………………115
液集中器………………………………103
エキスパンションバルブ………………27
液チャージ方式………………………123
液バック…………………………………78
液　封……………………………155，193
液封防止………………………………155
液分離器………………………………114
液ポンプ式蒸発器……………………104
液戻り……………………………78，193
エチレングリコールブライン…………58
エバポレータ……………………………26
塩化カルシウムブライン………………58
塩化ナトリウムブライン………………58
遠心圧縮機………………………………62
遠心式……………………………………61

オイルセパレータ………………………113
オイルフォーミング…………………57，78
オイルリング……………………………76
応　力…………………………………159
応力集中………………………………169
応力－ひずみ線図……………………160
オフサイクル方式……………………110
温度勾配…………………………………50
温度自動膨張弁………………………121

カ 行

外部均圧形……………………………123
開放圧縮機………………………………62
ガス圧試験……………………………175
ガスチャージ方式……………………124
ガスパージャ…………………………192
ガス漏えい検知警報装置……………154
過熱蒸気…………………………………31
可燃性ガス……………………………208
過冷却液…………………………………31
過冷却度…………………………………37
乾き度……………………………………32
感温筒のチャージ方式………………123
乾式シェルアンドチューブ蒸発器……101
乾式蒸発器………………………………99

乾式プレートフィン蒸発器……………… 101
乾燥器…………………………………… 116

機械効率…………………………………69
危害予防規程…………………………… 263
気密試験………………………………… 174
キャピラリチューブ…………………… 126
吸着チャージ方式……………………… 124
吸入圧力調整弁………………………… 130
凝固熱……………………………………11
凝縮圧力調整弁………………………… 130
凝縮器……………………………………27
凝縮熱……………………………………11
凝縮負荷…………………………………83
共晶点……………………………………58
強制給油式………………………………77
鏡　板…………………………………… 168
共沸混合冷媒……………………………50
許容引張応力…………………………… 161
許容圧力………………………………… 163
均油管…………………………………… 145

空冷凝縮器………………………………87
腐れしろ………………………………… 168
クランクケースヒータ…………………57, 78
クリアランスボリューム………………68
クーリングタワー………………………91
クーリングレンジ………………………92
クロスチャージ方式…………………… 124

軽微な変更の工事……………………… 227
ゲージ圧力…………………………… 30, 205
現（在）の圧力………………………… 203
顕　熱……………………………………10

高圧圧力スイッチ……………………… 131
高圧液配管……………………………… 145
高圧ガスの区分………………………… 203
高圧ガスの定義………………………… 203
高圧ガス保安法………………………… 200
高圧遮断装置…………………………… 153
高圧受液器……………………………… 112
高圧フロート弁………………………… 134
高圧冷媒ガス配管……………………… 144
高低圧圧力スイッチ…………………… 132
降伏点…………………………………… 160
刻印等…………………………………… 289
コンデンサ………………………………27
コンデンサレシーバ……………………96
コンプレッションリング………………76

サ　行

最高充填圧力…………………………… 293
再充填禁止容器………………………… 293
最小引張り強さ………………………… 209
最低凍結温度……………………………58
サイトグラス…………………………… 117
サクションストレーナ………………… 116
サブクール………………………………37
算術平均温度差…………………………84
散水式除霜方式………………………… 109

軸封装置…………………………………64
仕　事……………………………………41
自然冷媒…………………………………48
実際の圧縮機駆動の軸動力……………69
実際の冷凍装置の成績係数……………70
指定フロン………………………………48
自動復帰式……………………………… 131
自動膨張弁……………………………… 121
四方切換弁……………………………… 133
絞り作用…………………………………37
湿り蒸気…………………………………31
シャフトシール…………………………64
邪魔板…………………………………… 101
充填容器等…………………………217, 253
修理等…………………………………… 249
受液器…………………………………… 112
手動復帰式……………………………… 131
昇華熱……………………………………12

蒸気圧縮冷凍サイクル……26
承　継……226
蒸発圧力調整弁……129
蒸発器……26
蒸発式凝縮器……91
蒸発熱……11
常用の温度……203
真空計……176
真空試験……176
真空放置試験……176

吸込み蒸気配管……142
水冷凝縮器……88
スクリュー圧縮機……62
スクロール圧縮機……62
スライド弁……75

制水弁……130
成績係数……42
設計圧力……162
摂氏温度……10
節水弁……130
接線方向応力……166
絶対圧力……30
絶対温度……10
全断熱効率……70
潜　熱……10
全密閉圧縮機……64

タ　行

耐圧試験……173
第一種ガス……204，219
第一種製造者……212
第一種貯蔵所……219
対数平均温度差……84
体積効率……67
代替フロン……48
第二種ガス……219
第二種製造者……212
第二種貯蔵所……219
対　流……18
多気筒圧縮機……62
立形シェルアンドチューブ凝縮器……89
ダブルチューブ凝縮器……89
単一成分冷媒……50
断水リレー……134
弾性限度……160
断熱効率……69

超低温容器……293
直動式電磁弁……133
貯蔵所……219

継目なし容器……293

低圧圧力スイッチ……131
定圧自動膨張弁……121，125
低圧受液器……112
低圧フロート弁……134
低圧冷媒蒸気配管……142
低温脆性……139，162
低温配管用鋼管……139
低温容器……293
ディストリビュータ……101
定置式製造設備……208
ディファレンシャル……132
電気ヒータ除霜方式……109
電磁弁……133
電子膨張弁……121，126

等圧力線……30
等温線……32
等乾き度線……32
等比エンタルピー線……31，33
等比体積線……33
動　力……41
毒性ガス……208
特定不活性ガス……208
特定高圧ガス消費者……223
特定施設……273

特定不活性ガス……49
特定フロン……48
特定変更工事……233
特定高圧ガス……224
トップクリアランス……67
ドライヤ……116

ナ 行

内部均圧形……123
長手方向応力……166

二重管凝縮器……89
二重立上り管……142
二段圧縮一段膨張冷凍装置……44
二段圧縮二段膨張冷凍装置……44
二段圧縮冷凍装置……44
日本冷凍トン……39
認定完成検査実施者……233
認定指定設備……259

熱交換器……27
熱通過……19
熱通過抵抗……20
熱通過率……20
熱伝達……18
熱伝達抵抗……19
熱伝達率……19
熱伝導……17
熱伝導抵抗……18
熱伝導率……18

ハ 行

配管用炭素鋼鋼管……139
パイロット作動式電磁弁……133
吐出し配管……144
破断点……161
バッフルプレート……101
パドル形フロースイッチ……134
はねかけ式……78
ハライドトーチ……175
破裂板……154
ハンチング現象……123
半密閉圧縮機……64

比エンタルピー……10，31
非共沸混合冷媒……50
ピストン押しのけ量……67
ピストンリング……76
ひずみ……159
比体積……33
引張応力……159
引張強さ……161
ヒートポンプサイクル……43
ヒートポンプサイクルの成績係数……44
非フルオロカーボン冷媒……48
飛沫式……78
標準沸点……50
標章の掲示……289
比例限度……160

フィルタドライヤ……116
フィンピッチ……87
不活性ガス……208
吹出し圧力……151
吹始め圧力……151
不凝縮ガス……96，192
附属品検査……291
附属品再検査……291
物質の３態……11
不凍液散布除霜方式……109
ブライン……58
フラッシュガス……115，147
ブラッシング……145
フランジ継手……139
フルオロカーボン冷媒……48
ブルドン管圧力計……30
フレア継手……139
ブレージングプレート凝縮器……90
フロートスイッチ……134
フロート弁……121，134

プロピレングリコールブライン……………58

ヘリングボーン形満液式蒸発器………… 103

保安教育……………………………… 264
放射伝熱………………………………19
防振支持……………………………… 172
膨張弁…………………………………27
法定冷凍トン…………………………39
法定冷凍能力………………… 204, 209
飽和圧力………………………………13
飽和液…………………………………13
飽和液腺………………………………31
飽和温度………………………………13
飽和蒸気………………………………13
飽和蒸気線……………………………31
ホットガスデフロスト方式………… 108
ポリアルキレングリコール油…………57
ポリオールエステル油…………………57
ポンプダウン………………………… 183

マ 行

マノメータ…………………………… 176
満液式蒸発器………………………… 102
満液式シェルアンドチューブ蒸発器…… 102
満液式プレートフィン蒸発器………… 103

密閉圧縮機……………………………64

無機ブライン…………………………58

メタリングオリフィス……………… 114

モイスチャーインジケータ………… 117
モリエル線図…………………………29

ヤ 行

油圧保護圧力スイッチ……………… 132
融解熱…………………………………11
有機ブライン…………………………58
有効内外表面積比………………………95
輸入検査……………………………… 223

容　器……………………………… 293
容器検査……………………………… 289
容器再検査…………………………… 290
容積式…………………………………61
溶接継手の効率……………………… 168
溶接容器……………………………… 293
溶　栓……………………………… 153
容量制御装置…………………………74
横形シェルアンドチューブ凝縮器……88
汚れ係数………………………………95

ラ 行

リキッドハンマ………………………78
リキッドフィルタ…………………… 116
理論凝縮熱量…………………………40
理論断熱圧縮…………………………33
理論断熱圧縮動力……………………40
理論ピストン押しのけ量……………67
理論冷凍サイクルの成績係数…………42
臨界点…………………………………14

冷却水調整弁………………………… 130
冷却塔…………………………………91
冷凍効果………………………………38
冷凍機油………………………………56
冷凍サイクル…………………………25
冷凍能力………………………………39
冷凍保安規則………………………… 208
冷凍保安責任者……………………… 268
冷凍保安責任者の選任……………… 268
冷　媒…………………………………48
冷媒循環量……………………………39
冷媒設備……………………………… 208
冷媒液強制循環式蒸発器…………… 104
レシーバ……………………………… 112

ろう付け継手………………………… 139

ろう付け容器…… 293
ロータリー圧縮機…… 62
ローフィンチューブ…… 88

ワ 行

ワイヤフィン…… 89

英字他

CFC 系冷媒 …… 48
CPR …… 130

EPR …… 129

Global Warming Potential…… 49
GWP …… 49

HCFC 系冷媒 …… 48
HFC 系冷媒 …… 48

JRt …… 39

ODP …… 49
Ozone Depletion Potential …… 49

PAG …… 57
p-h 線図 …… 29

SC …… 37
SGP …… 139
SPR …… 130
SS …… 139
STPG …… 139
STPL …… 139
sub cool …… 37

U トラップ …… 142

ゼロからはじめる　３種冷凍試験（改訂３版）

2010 年 8 月 20 日　　第 1 版第 1 刷発行
2016 年 12 月 10 日　　改訂 2 版第 1 刷発行
2023 年 5 月 25 日　　改訂 3 版第 1 刷発行

編　集　オーム社
発行者　村上和夫
発行所　株式会社 オーム社
郵便番号　101-8460
東京都千代田区神田錦町 3-1
電話　03(3233)0641(代表)
URL https://www.ohmsha.co.jp/

印刷・製本　壮光舎印刷
ISBN978-4-274-23042-4　Printed in Japan